U0893136

海藻生物技术

刘志媛　陈国福　汪文俊　乔洪金　编著

海洋出版社

2015年·北京

图书在版编目（CIP）数据

海藻生物技术/刘志媛等编著. —北京：海洋出版社，2015.7
ISBN 978-7-5027-9208-4

Ⅰ. ①海…　Ⅱ. ①刘…　Ⅲ. ①海藻-生物工程　Ⅳ. ①Q949.2

中国版本图书馆 CIP 数据核字（2015）第 176002 号

责任编辑：鹿　源
责任印制：赵麟苏
海洋出版社　**出版发行**

http：//www.oceanpress.com.cn
北京市海淀区大慧寺路 8 号　邮编：100081
北京华正印刷有限公司印刷　新华书店发行所经销
2015 年 7 月第 1 版　2015 年 7 月北京第 1 次印刷
开本：787mm×1092mm　1/16　印张：13.75
字数：348 千字　定价：38.00 元
发行部：62132549　邮购部：68038093　总编室：62114335
海洋版图书印、装错误可随时退换

前　言

藻类（algae）是指一类没有真正的根、茎、叶分化，具有叶绿素 a，能进行光合作用的孢子植物。海藻（marine algae）是海洋里各种藻类的总称，包括肉眼可见的大型藻类和显微镜下才能观察到的微型藻类。海藻是海洋中最古老的低等植物，是海洋最主要的光合自养生物和最主要的初级生产力，具有独特的系统演化地位和生态位功能，是海洋科学研究领域不可或缺的一部分。

海藻类群和物种多样性十分丰富，它们不仅是浮游动物和滤食性贝类及鱼类等的重要食源，而且在全球气候调节和海洋环境修复中发挥重大的作用。海藻具有独特的生物学特征，是植物系统学研究和逆境生理研究的重要材料。许多海藻营养丰富、口感鲜美，被人们当做健康蔬菜广为食用。某些海藻还含有活性物质，是重要的药源生物。另外，海藻还是化工和新能源领域的重要原料。

我国海岸线长达 18 000 km，涵盖热带、亚热带、温带至冷温带海域，给各种藻类的繁衍栖息提供了适宜的条件。丰富的海藻资源为我国海藻资源利用和生物技术发展奠定了基础。本书介绍了海洋藻类的分类、生态分布、细胞和繁殖等基本生物学知识以及主要经济藻类的生物技术等内容。此外，作者将多年积累的海藻生物学实验技术附于书后，以供读者参考。

我们非常努力认真地编写了《海藻生物技术》这本书，但由于学识尚浅，水平有限，书中内容必有许多不妥之处，恳请相关专家指正并提出宝贵意见。

编者

2014 年 10 月

目　录

第一章　海洋藻类概述

第一节　海藻的特点

海洋藻类是指生活在海洋中的一群最简单、最古老的低等植物，没有真正的根、茎、叶分化，具有叶绿素 a，能进行光合作用，营自养生活，具有简单生殖结构的无维管、无胚的植物。在此书中，藻类也包括了原核生物蓝藻（又称蓝细菌），虽然与藻类中其他类群相比，蓝藻在进化上更接近细菌。

海洋藻类形态多样，有单细胞个体、多细胞群体及丝状体、叶状体、管状体等；藻体大小差别较大，小到几微米，大到百米以上。

海洋藻类无真正的根、茎、叶的分化，整个藻体可由环境中直接吸收养分或交流物质，都可进行光合作用。虽然少数种类有表皮层、皮层和髓的分化，例如海带，高度分化的髓部丝体成为类似维管植物筛管那样的构造，并且也有输导营养物质的功能，但植物体无维管组织的分化，故不具有真正的根、茎、叶等器官。

海洋藻类繁殖器官简单，以单细胞的孢子或合子进行繁殖。藻类植物不开花结果，不产生种子，又称孢子植物。合子（或受精卵）直接萌发成丝状体或叶状体，而不在性器官中发育成多细胞的胚，因此，藻类植物亦称无胚植物。藻类生殖“器官”如为多细胞组成时，它的每个细胞都能生育，而生殖结构的周围没有不育细胞构成的保护层。

根据形态，一般可将海藻分为微型藻类和大型海藻两大类。微型藻类是指一类需借助显微镜才能看到的个体较小的藻类，多为单细胞，有的种类具有鞭毛，能在水中游动；其数目与种类很多，海中只要光线所到之处，均有其分布，是海洋食物链中基础的重要生产者。大型海藻则指肉眼可见的多细胞藻类，其构造比较复杂，形态多样。

根据生态习性，一般将漂浮水中的微细藻类统称为“浮游植物”，而在海边肉眼可见的大型海藻则称为“海藻”。

中国藻类学者根据藻类光合器的结构、光合色素的种类、细胞壁的结构和成分等将海洋藻类分为 12 个门：蓝藻门（Cyanophyta）、红藻门（Rhodophyta）、隐藻门（Cryptophyta）、黄藻门（Xanthophyta）、金藻门（Chrysophyta）、甲藻门（Pyrrophyta）、硅藻门（Bacillariophyta）、褐藻门（Phaeophyta）、原绿藻门（Prochlorophyta）、裸藻门（Euglenophyta）、绿藻门（Chlorophyta）、轮藻门（Charophyta）。虽然藻类学家们对藻类的分类持有不同见解，本书中的海洋藻类的系统分类将采用上述中国学者们提出来的分类方法。海洋藻类主要分属在除轮藻门以外的 11 个门中。

第二节 海藻的细胞学特征

一、细胞壁

细胞壁的结构及其所含成分是藻类分门的主要依据之一。

细胞壁是植物细胞特有的结构，具有保护和支持作用。除裸藻门、金藻门、隐藻门的绝大多数种类无植物性细胞壁外，绝大多数真核藻类具有细胞壁，但不同藻类细胞壁的化学成分和结构各不相同。无细胞壁的种类主要有三种类型：①藻体全裸露，表层不特化为周质体（Perplast，也叫表质），细胞可变形。②藻体表层特化成为坚韧有弹性的周质体，藻体形态较稳定。周质体表面平滑或具纵走条纹或具螺旋绕转的隆起，或附有硅质或钙质小板，有的硅质板上还有刺。③某些藻类还具特殊的细胞壁状的构造——囊壳。囊壳中常有钙或铁化合物的沉积，呈黄色、棕色甚至棕红色。囊壳的形状、开孔、附属物（如棘、刺、疣状突起等）在分类上，尤其在属、种的鉴定甚至分科鉴定上具重要意义。

细胞壁作用主要是支持和保护其中的原生质体，同时可防止细胞吸涨而破裂。细胞壁含有许多具有生理活性的蛋白质，参与许多生命活动过程，如植物细胞的生长，物质的吸收、运输、分泌，细胞间的相互识别，细胞分化时的细胞壁分解等。藻类的细胞壁通常由两种成分组成：一种是纤维组分，用来形成细胞壁骨架；另一种是无定形组分，形成一层内部包埋有纤维组分的基质。

蓝藻主要成分为肽葡聚糖，与细菌类相同，均可被溶菌酶溶解。绝大多数蓝藻的细胞壁外均具有或厚或薄的胶质鞘，故蓝藻也称为黏藻。绿藻细胞壁主要成分是多糖，包括纤维素、果胶质和半纤维素。红藻和褐藻细胞壁由纤维素（内层）和藻胶（外层）内外两层构成，无定形黏液成分含量最高，其含有的多糖可用于商业开发；红藻细胞壁外层的胶质成分为琼胶、海萝胶和卡拉胶等；褐藻细胞壁外层含有几种不同的藻胶，主要是褐藻胶。硅藻含有二氧化硅的特化细胞壁，通常被称为“壳壁”，是由两个半瓣、似培养皿那样套合而成的，主要成分是果胶质和硅酸（$SiO_2 \cdot H_2O$），硅酸是主要成分（有的物种细胞壁含硅质成分的比重高达细胞重量的50%），其在壳壁上有规律地排列分布，成为硅藻分类的主要依据。金藻门中有细胞壁的物种的细胞壁主要由果胶质组成，其中有些物种还含有由钙质或硅质构成的、具有一定形状的“小片（球石粒）”（coccolith），这种小片是金藻物种分类的重要依据。黄藻门中的很多物种的细胞壁是由两个似“H”形的半瓣紧密合成的；细胞壁的主要成分是果胶化合物，有的物种的细胞壁含有少量的硅质和纤维素，只有少数物种的细胞壁含有大量纤维素。甲藻门物种的细胞壁结构比较复杂，细胞以纵分裂繁殖后代的甲藻物种的细胞壁纵分成两瓣，以横裂繁殖后代的甲藻物种的细胞壁则横分成上下两部分，通常把甲藻的细胞壁也称为“壳壁”，壳壁的主要成分是纤维素，并由其构成具有一定形态的“甲片”，由于不同物种的甲片具有固定的形态、数量和在细胞壁上有固定的排列顺序，因此，甲片的形态和在细胞壁上的排列顺序是甲藻分类的依据。

二、细胞核

真核藻类细胞核由核被膜、染色质、核仁和核基质构成，是细胞内合成 DNA 和 RNA 的主要部位。核膜由内外两层膜构成，固定了核的形态并把核与细胞质分隔，核膜上有核膜孔，是核内外物质运输的通道，功能性 RNA 与特异蛋白质结合形成复合体，由此孔转输到细胞质。核仁是由微丝区和颗粒区组成的无被膜结构，功能是进行核糖体与 RNA（rRNA）的合成与加工。真核细胞染色质的主要成分是 DNA 和蛋白质，也含有少量 RNA，组成了线状结构。甲藻门物种的细胞核结构较特殊，核特别大，染色质呈念珠状排列，故称其为甲藻核或中核。核液为无定形的基质，其中存在多种酶类、无机盐和水等，核仁和染色质也都悬浮其中，核液提供了细胞核进行各种功能活动的有利的内环境。

细胞在分裂期，染色质凝聚成染色体，分裂间期又解聚成染色质。但甲藻门和裸藻门的藻类在分裂间期染色体也不解聚消失，核膜在分裂期也不消失，表现为介于原核和真核之间的状态，常称之为中核或间核。所以在分裂间期也容易观察到。

三、质体

质体是植物细胞特有的细胞器，分为叶绿体、有色质体与白色体。叶绿体是光合作用的细胞器，真核藻类均具有叶绿体，通常称为色素体。原核藻类的物种没有色素体，只有简单的片层膜分散在细胞质的外缘部分，光合色素（叶绿素 a、胡萝卜素、叶黄素、蓝藻蓝素及蓝藻红素）附在片层膜上，进行光合作用。白色体普遍存在于植物贮藏细胞中，不含色素，据其贮藏物质不同可分为三类：①贮藏淀粉的称为造粉体或淀粉体；②贮藏蛋白质的称为蛋白体；③贮藏脂类的称为造油体。质体都是从原质体发育形成的。

真核藻类各物种的叶绿体形态多样，如盘状、杯状、带状、星状、板状、片状、网状等，色素体在每个细胞中的数目因藻种类不同而异。如：大多数单细胞绿藻的细胞内只有一个大型轴生的杯状色素体；原始的褐藻和红藻也只有较大型轴生的星状色素体。

高等植物的叶绿体表面由外膜和内膜两层被膜构成，内部具有一个复杂的内膜系统，称为类囊体。其中一些类囊体膜紧密堆积，成为基粒，称为基粒类囊体，还有一些类囊体膜贯穿在基粒之间的基质中，称为基质类囊体。基质中有环状的 DNA，能编码自身部分蛋白质；具有核糖体，能合成自身的蛋白质。

与高等植物的叶绿体类似，真核藻类的色素体均有双层被膜。除红藻门和绿藻门的色素体外，其他真核藻类在色素体被膜的外面还包裹了 1 或 2 层叶绿体内质网膜。

与高等植物叶绿体不同的是，大多数藻类色素体是由不同数目的类囊体形成类似基粒的束或带，仅绿藻门和轮藻门的类囊体形成简单的基粒，红藻门则完全是单条类囊体散布在细胞质。

根据光合器膜的外面是否有内质网膜以及内部的类囊体的排列情况，真核藻类的光合器可以分为 5 个类型（图 1－1）。

红藻和绿藻的叶绿体具有两层被膜，叶绿体外不具有叶绿体内质网膜。叶绿体进化假说如下所述：具有吞噬功能的原生动物将一个蓝藻吞入食物泡内，蓝藻没有被当做食物消

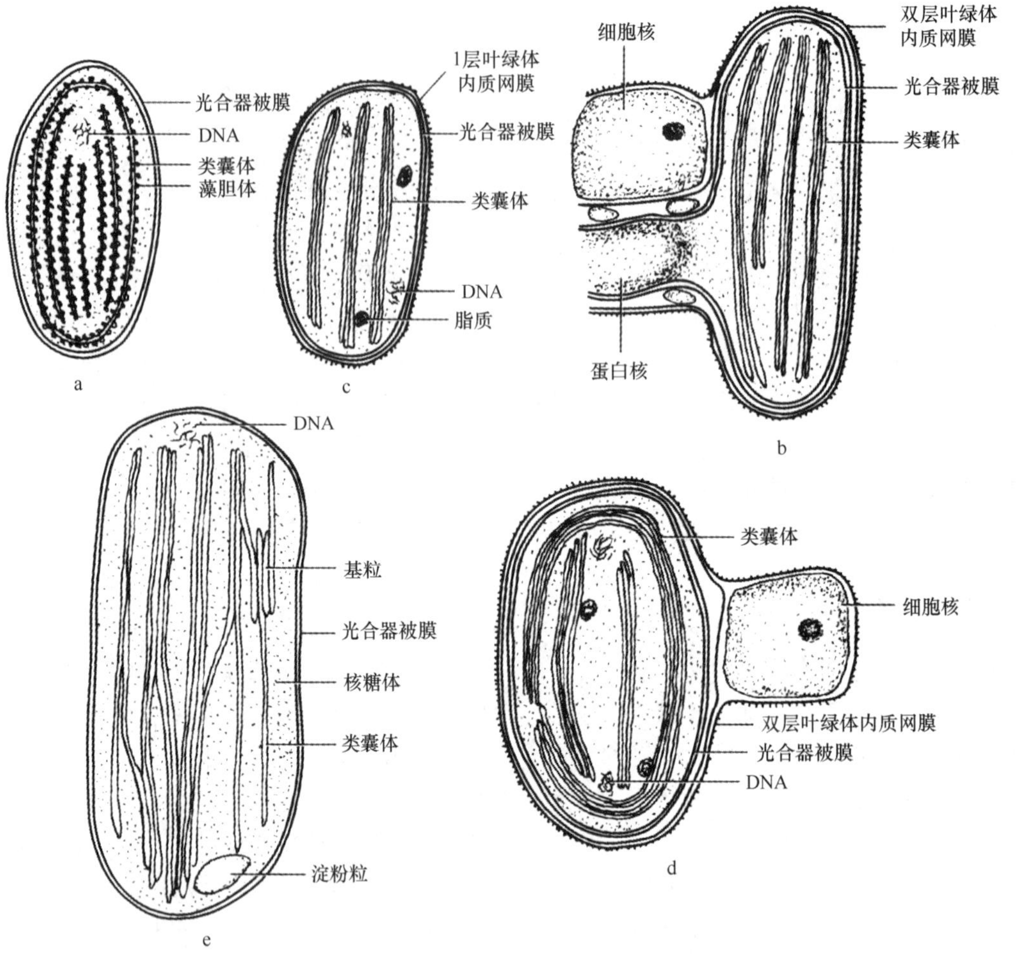

图 1－1　真核藻类色素的结构（自 Lee，2012）

a. 类囊体呈单条不形成束，不具叶绿体内质网膜（红藻门）；

b. 每 2 条类囊体形成 1 束，具双层叶绿体内质网膜（隐藻门）；

c. 每 3 条类囊体形成 1 束，具 1 层叶绿体内质网膜（甲藻门、裸藻门）；

d. 每 3 条类囊体形成 1 束，具双层叶绿体内质网膜（金藻门、硅藻门、黄藻门、褐藻门）；

e. 每 2 ~ 6 条类囊体形成 1 束，或为简单基粒，无叶绿体内质网膜（绿藻门）

化掉，反而作为该原生动物体内的内共生体存活下来。这一事件对双方都有利，原生动物可以从内共生的藻类中获得一些光合作用的产物，而蓝藻则可获得一个具有保护作用的稳定环境。通过进化，内共生蓝藻失去细胞壁，这使得寄主与内共生体之间化合物的转移更加便利。具吞噬功能的寄主的食物泡膜成为叶绿体被膜的外膜，蓝藻共生体的质膜成为叶绿体被膜的内膜（图 1－2）。

甲藻门和裸藻门具有单层膜的叶绿体内质网。当一个来自真核藻类的叶绿体被具吞噬功能的裸藻或甲藻吞入食物泡中时，叶绿体内质网得以形成（图 1－3）。通常，细胞会消化掉叶绿体以作为食物原料。但在某些情况下，叶绿体作为一个内共生体存活在寄主的细

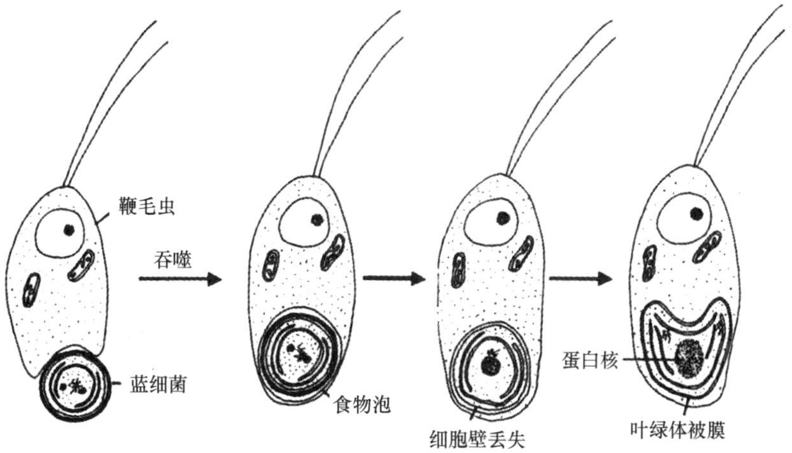

图 1-2　叶绿体内共生起源示意图（自 Lee，2012）

胞质中。寄主借由内共生的叶绿体中获得光合作用的产物而从两者联合中受益，而内共生的叶绿体因宿主液泡的酸性环境中高浓度的 CO_2 而受益。最终，宿主的食物泡膜变成环绕叶绿体的单层叶绿体内质网膜。裸藻的色素体可能是通过捕获绿藻的叶绿体进化而成的。甲藻的色素体可能源于内共生的红藻的叶绿体。

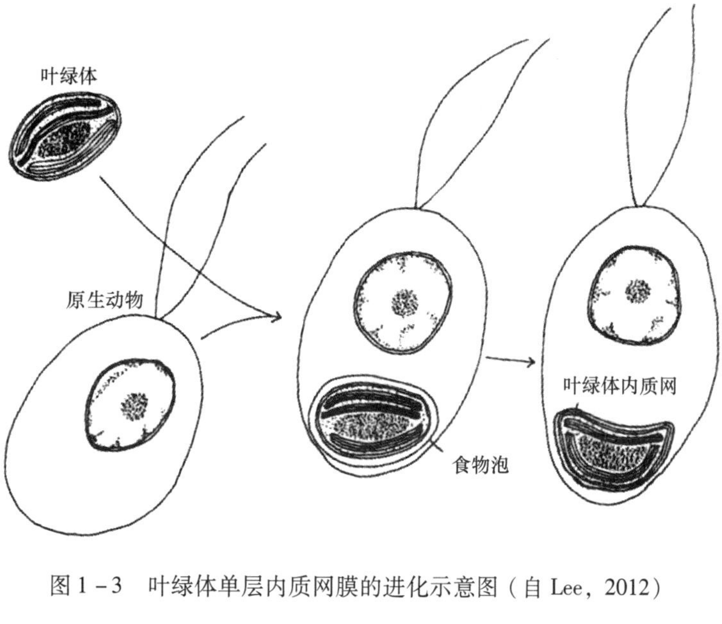

图 1-3　叶绿体单层内质网膜的进化示意图（自 Lee，2012）

金藻门、硅藻门、黄藻门、褐藻门和隐藻门具有双层的叶绿体内质网膜，内质网膜的内膜环绕住叶绿体被膜，而内质网膜的外膜与核膜的外膜相连，外膜的外表面含有核糖体。含有双层叶绿体内质网膜的藻类也是在具有吞噬功能的原生动物将某个真核藻类吞入食物泡时，通过二次内共生进化而来的（图 1-4）。被吞噬的光合作用藻类没有被原生动物消化掉，而是作为原生动物食物泡中的内共生体保留下来。食物胞膜最终与原生动物宿主的内质网相融合，导致核糖体出现在该膜的外表面，该膜即变成叶绿体内质网的外膜。通过进化，ATP 产物和内共生线粒体的其他功能被原生动物宿主的线粒体所接替，内共生体的线粒体遗失。寄主的核也接替了内共生体的某些遗传调控功能，降低了内共生体的核的大小和功能。

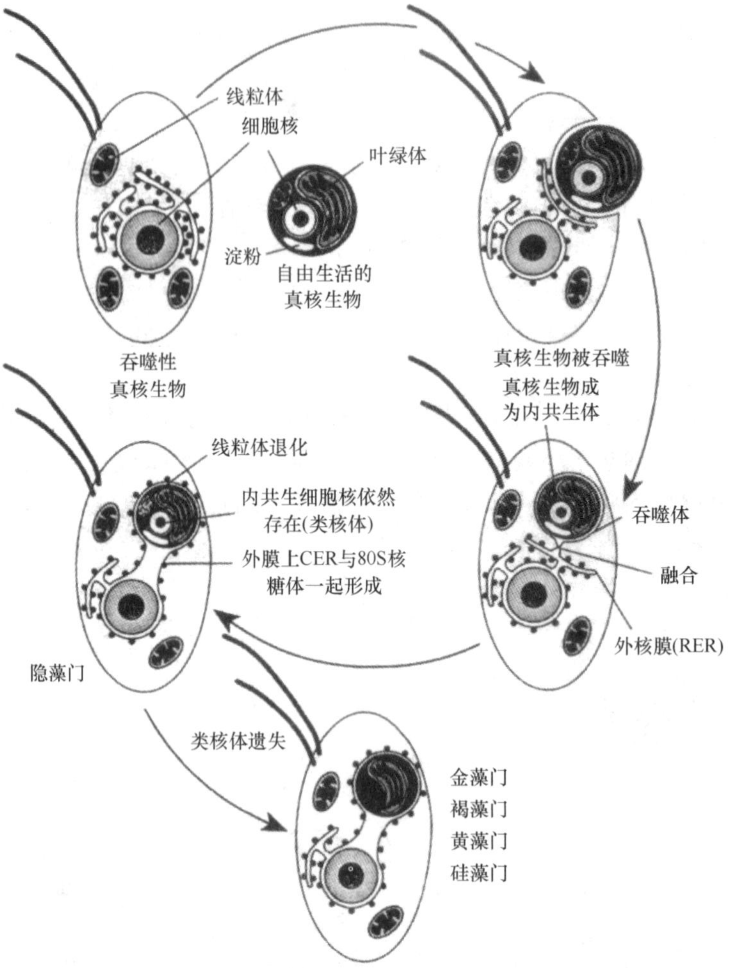

图 1－4　叶绿体双层内质网膜的进化示意图（自 Lee，2012）

淀粉核是叶绿体内的分化区域，其密度高于周围间质。淀粉核通常与储存产物有关，淀粉核含有 1，5－二磷酸核酮糖羧化酶/加氧酶。在叶绿体和类囊体之间还含有小的（直径 30～100 nm）球状脂滴，这些脂滴是叶绿体内的脂质储存库。

四、线粒体

线粒体是细胞呼吸和能量代谢的中心，含有细胞呼吸所需要的各种酶和电子传递载体。具内外两层膜，内膜向内折入形成嵴，内膜上分布有许多带柄的球状小体——基粒。细胞呼吸中的电子传递过程发生在内膜表面，而基粒是 ATP 合成场所。

线粒体基质中还含有环状的 DNA 分子和核糖体。DNA 能指导自身部分蛋白质的合成，所合成的蛋白质约占线粒体蛋白质的 10%。线粒体和细菌大小相似，二者的 DNA 分子都是环状的，核糖体都比真核细胞细胞质中的核糖体小，都是 70S 核糖体。细菌无线粒体，它的呼吸酶位于表面膜上。由此有些学者推测真核细胞中的线粒体可能是由侵入或被真核细胞祖先吞入的细菌演变而来的。

五、内质网

内质网是细胞质内由膜组成的一系列片状的囊腔和管状的腔，彼此相通，与质膜和外核膜相连，主要功能是参与蛋白质和脂质的合成、加工、包装及运输。内质网分为光面型与糙面型两种类型。糙面内质网膜上附有颗粒状的核糖体，功能是合成并运输蛋白。光面型内质网上没有核糖体颗粒，在脂类代谢活跃的细胞中比较发达。光面型与糙面型内质网是相通的，因此管腔中的蛋白质和脂类能够相遇而产生脂蛋白。管腔中的各种分泌物质都逐步被运送到光面内质网，并被内质网膜围裹，然后，从内质网上断开，从而成小泡，移向高尔基体，由高尔基体加工、排放。

六、微体

微体是一类单层膜包围的球形细胞器，每种都有特定的代谢功能。过氧化物酶体和乙醛酸循环体是两个主要的微体。

过氧化物酶体含有过氧化氢酶，功能是去除有机物中的氢，这个反应过程消耗氧气。它存在于光合作用的细胞中，与叶绿体、线粒体共同参与光呼吸过程。还将细胞在代谢活动中产生的对细胞有毒的过氧化氢分解成水和氧气。乙醛酸循环体是另一种微体，含有乙醛酸循环酶系，这些酶有助于将储存的脂肪转化为糖，为植物生长提供能量。因为这两种微体都进行氧化反应，所以有人认为它们是由被线粒体取代的原始呼吸细胞器进化而来的。

七、液泡

植物成熟细胞中具有大的中央液泡。液泡所含主要成分是水和代谢产物，如糖类、脂质、蛋白质、有机酸和无机盐等。其主要功能是调节细胞的水势，也是养料和代谢物的贮存场所，还有从细胞中移除废物的功能。

藻类细胞利用液泡的溶质势调节细胞水势，以适应介质中盐度的变化。在金藻中，当细胞外溶液质浓度超过 0.075 个标准渗透压时，细胞内异红藻糖的含量就与外部渗透值成正比；当外部溶液溶质浓度低于细胞内溶质溶度时，细胞则通过收缩泡排出胞内水分，保持细胞中水分平衡。

八、鞭毛和眼点

鞭毛是细胞表面伸出的、能运动的“器官”。除红藻门外，各门真核藻类的运动型营养体或生殖细胞（卵和不动精子除外）都持有这种器官。随着鞭毛从基部到顶端不断进行波浪式运动，使藻体和生殖细胞在水中游动。

鞭毛典型结构为（9+2）型模式，由2个中央微管和9个围绕的二联体微管组成，外层围绕着质膜，细胞质填充其间。中心一对微管由中央鞘包裹着；外围环绕的9组二联体微管，以两两连接在一起的微管A和B组成（图1-5 a）。中心配对微管为单微管，每一根中央微管由13根微管蛋白聚合成的原纤丝组成。而外周微管则为双微管，两根微管相互嵌合，有3条公用的原纤丝，所以微管A含有13根原纤丝，微管B含有14根原纤丝（图1-5 b）。从微管A以一定间隔伸出二联臂，因其含有动力蛋白，也称力臂，动力蛋白具有ATP酶活性，可水解ATP以提供鞭毛运动所需能量。二联体与中央鞘以轮辐相接触。运动时，轮辐沿中央移位，令相邻微管二联体相对滑动，从而使鞭毛局部向一侧弯曲，产生波浪式运动。

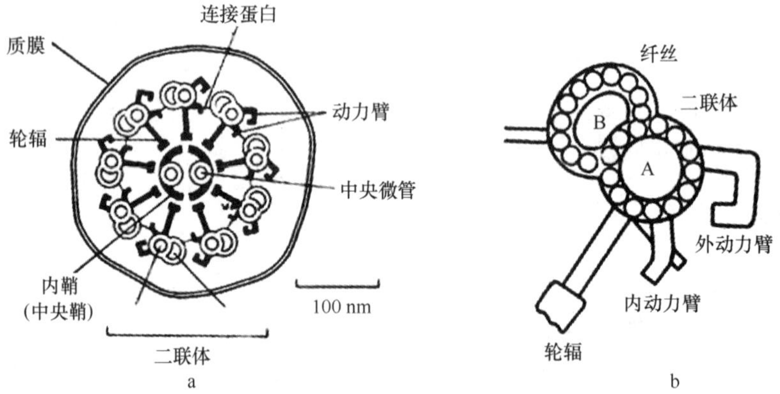

图1-5　衣藻属鞭毛（9+2）型结构模式横切

中心纲硅藻精子的鞭毛只有外围两两相连的A、B微管，没有中央微管，为9+0式结构；金藻的附着鞭毛有3层质膜，没有中央微管，外围微管消失，仅保留着6~7根B管，为6~7+0结构。

不同藻类物种鞭毛类型、数量和着生的位置均不同（图1-6），也是藻类分类的重要依据之一。根据鞭毛表面有无附属物，通常将其分为“尾鞭型”和“茸鞭型”，前者鞭毛表面光滑，后者鞭毛表面有许多横生的纤细茸毛。此外，还有的鞭毛表面既有茸毛，又有小鳞片。鞭毛丝在鞭毛上单向排列的称为“单茸鞭型”，双向排列的称为“双茸鞭型”。不同物种鞭毛的着生方式也有差异，如果鞭毛长度相同，则被称为“等鞭毛”；如果长度不同，则被称为“不等鞭毛”；如果它们在细胞的一端形成一个环，则被称为“轮生鞭毛”；“异鞭毛类”则指兼具有茸毛状鞭毛和平滑鞭毛的生物。

鞭毛结构在进化中高度保守，衣藻的鞭毛与哺乳动物细胞，包括人类的精子及某些上皮细胞的鞭毛（或纤毛，一种短的鞭毛）很相似。衣藻的鞭毛是研究鞭毛结构的模型。一是因为衣藻易于培养，且鞭毛能通过pH刺激或搅拌从细胞上分离下来；另一个原因是由于鞭毛不是细胞生存所必需的，通过分离细胞得到影响鞭毛形成的突变体相对比较容易。

眼点是真核藻类游动细胞（或个体）的光感受器，多为圆形或椭圆形，在质体内或质体外的细胞质中，是由许多含有橘红色胡萝卜素的类嗜锇脂滴组成的。

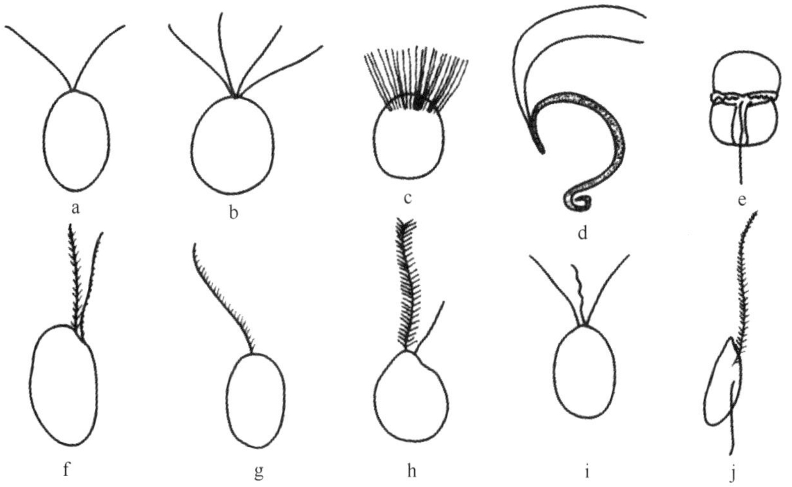

图 1-6　真核藻类鞭毛的数目、着生位置和类型（自周云龙，2011）

a～c. 绿藻门（2 条，4 条，等长，顶生，尾鞭型鞭毛或多条亚顶生）；
d. 轮藻门（精子具 2 条等长、亚顶生、尾鞭型鞭毛）；
e. 甲藻门（横构中 1 条茸鞭型鞭毛，纵沟中 1 条尾鞭型鞭毛）；
f. 隐藻门（2 条鞭毛自口沟伸出，茸鞭型，但有 1 条仅具 1 列茸毛）；
g. 裸藻门（具 1 条仅有一侧茸毛的茸鞭型鞭毛）；
h. 金藻门和黄藻门（2 条顶生不等长鞭毛，1 条长的为茸鞭型，一条短的为尾鞭型）；
i. 金藻门（3 条鞭毛，中间 1 条为附着鞭毛）；
j. 褐藻门（游动孢子具 2 条侧生不等长鞭毛，长的为茸鞭型，短的为尾鞭型）

九、光合色素

光合色素是一类含有能吸收可见光谱中特定波长的化学基团，即发色团的分子。各种藻类所含色素有数十种之多，按化学结构可分为三大类：叶绿素类、类胡萝卜素类和藻胆素类。按功能分为两大类：反应中心色素和聚光色素（天线色素）。

（一）光合色素类型

1. 叶绿素类

叶绿素是植物进行光合作用的主要色素，是一类含脂的色素家族，位于类囊体膜上。叶绿素吸收光谱为红橙光区（640～660 nm）和蓝紫光区（430～450 nm）（图 1-7），反射绿光，所以叶绿素呈现绿色，它在光合作用的光吸收中起核心作用。叶绿素化学性质不很稳定，光、酸、碱、氧、氧化剂等都会使其分解。酸性条件下，叶绿素分子很容易失去卟啉环中的镁成为去镁叶绿素。叶绿素有造血、提供维生素、解毒、抗病等多种用途。

叶绿素由一个卟啉环的头部和一条叶醇链的尾部组成，头部的卟啉环类似于血红蛋白，但它含有一个镁原子而不是铁原子，是一种双羧酸的酯。其中一个羧基为甲醇所酯化，另一个羧基为叶绿醇所酯化（图 1-8）。叶绿素类不溶于水和石油醚，但溶于乙醇、乙醚、苯及丙酮。藻类含有 4 种类型的叶绿素：a，b，c（c1 和 c2）及 d。

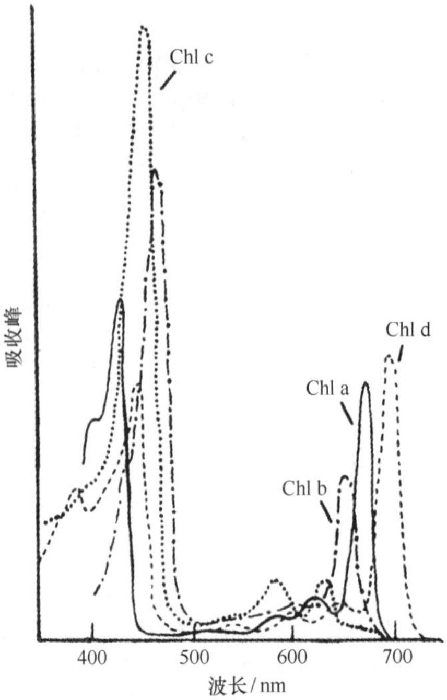

图1－7　叶绿素吸收光谱（自 Lee，2012）

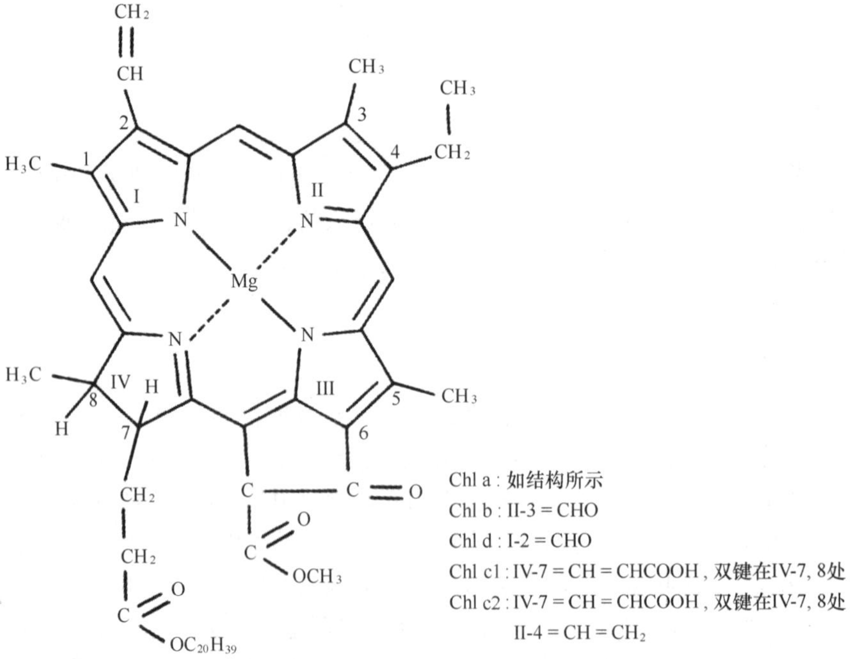

图1－8　叶绿素结构（引自 Meeks，1974）

叶绿素 a 存在于所有光合藻类中，呈蓝绿色，是主要的光合色素，是进行光反应的光合系统中的光受体。该色素在体外有两个主要的吸收峰，一个位于 663 nm 的红光区，另一个位于 430 nm 的蓝紫光区。

叶绿素 b 存在于裸藻门和绿藻门中，呈黄绿色。其功能是在光合作用过程中作为捕光色素，将吸收的光能传递给叶绿素 a。在体外，叶绿素 b 在丙酮或甲醇中有两个主要的吸收峰，一个位于 645 nm，另一个位于 435 nm。叶绿素 a 与叶绿素 b 的比例在 2:1 ~ 3:1 之间变化。

叶绿素 c 存在于甲藻门、隐藻门及大多数不等鞭毛藻中（如硅藻、甲藻、褐藻）。叶绿素 c 有两个不同的光谱成分——叶绿素 c1 及 c2。叶绿素 c2 性质较稳定，叶绿素 c1 在甲藻门和隐藻门中缺失。叶绿素 a 与叶绿素 c 的比例为 1.2:2 ~ 5.5:1。叶绿素 c 的功能可能是作为光系统Ⅱ的辅助色素。在体外，叶绿素 c1 中在 634 nm、583 nm 及 440 nm 处有主要的吸收峰，而叶绿素 c2 在 635 nm、586 nm 及 452 nm 处有吸收峰。

叶绿素 d 存在于某些蓝细菌中。它在 696nm、456 nm 和 400 nm 处有 3 个主要吸收峰。

2. 类胡萝卜素类

包括胡萝卜素（橙色）和叶黄素（黄色），通常存在于质体内，但在某些情况下，也可能存在于质体外。含有共轭双键，为脂溶性化合物，可溶于乙醇、苯及丙酮，但不溶于水。类胡萝卜素主要吸收蓝紫光（420 ~ 480 nm），而不吸收红橙光，在光能吸收中起着较小的作用，但是光吸收复合体的主要组成部分，并且在保护光合器官、防止氧化损伤方面具有不可取代的作用。实验表明，类胡萝卜素分子能够吸收三线态叶绿素分子的能量，从而阻止单线态氧的生成，防止光照伤害叶绿素。藻类能合成许多结构不同的类胡萝卜素。

胡萝卜素是不饱和的碳氢化合物，分子式是 $C_{40}H_{56}$，是由 8 个异戊二烯单位组成的一种四萜，含有一系列的共轭双键（图 1 - 9）。它有 3 种同分异构体：α - 、β - 及 γ - 胡萝卜素，在一些真核藻类中还含有番茄红素和 ξ - 胡萝卜素等。β - 胡萝卜素在藻类植物中的含量最多，其在动物体内经水解后转变为维生素 A。

叶黄素是胡萝卜素的氧化衍生物，是由胡萝卜素衍生的醇类，分子式是 $C_{40}H_{56}O_2$（图 1 - 9）。自然界存在大量不同的叶黄素，绿藻中的叶黄素与高等植物中的最相近。岩藻黄素是金褐色藻类（如金藻门、硅藻门和褐藻门等）中主要的叶黄素，细胞中高水平的岩藻黄素使得这些藻类呈现特征性的褐色或金褐色。

3. 藻胆蛋白

藻胆蛋白为水溶性蓝色或红色，位于类囊体上（蓝藻门、红藻门）或类囊体内部（隐藻门），是一种色素蛋白。其中辅基（非蛋白部分，发色团）是一个四吡咯环，称为藻胆素（bile pigment），辅基通过共价键与对应的脱辅基蛋白（分子中的蛋白部分）紧密结合。因为色素非常难从脱辅基蛋白中分离（用强酸水解时，才能将它们分开），所以使用了藻胆蛋白一词。藻胆素的化学结构与叶绿素有相似的地方，如果叶绿素，把 4 个吡咯环伸直，脱去镁原子，形成一个有 4 个吡咯环的直链共轭系统，这就是藻胆素生色团的基本结构（图 1 - 10）。藻蓝蛋白是藻红蛋白的氧化产物。一个藻蓝素分子中可能至少有 8 个辅基。

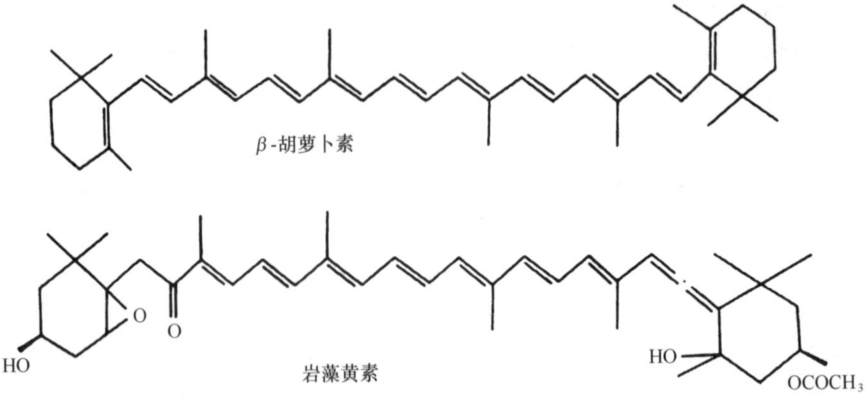

图 1－9　β－胡萝卜素和岩藻黄素的结构（Lee，2012）

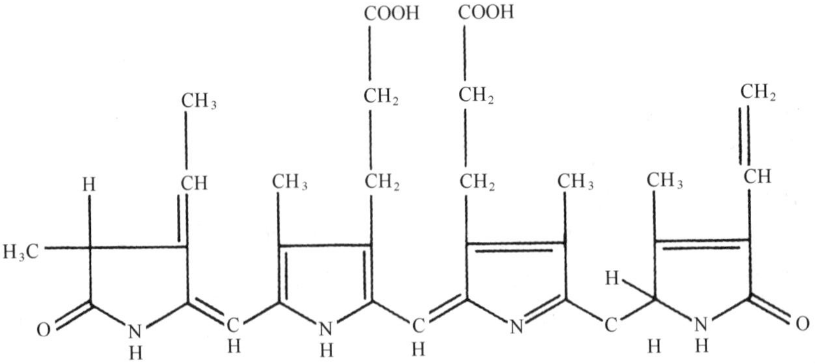

图 1－10　藻胆红素的结构（Lee，2012）

藻胆素属于捕光色素，吸收绿、橙光，其中藻红素主要吸收绿光（490 nm），藻蓝素主要吸收橙红光（618 nm）。

已知有 α、β 两种不同的脱辅基蛋白，它们一起构成藻胆蛋白的基本单元。在藻蓝蛋白和别藻蓝蛋白中存在的主要蓝色发色团是藻胆蓝素，在藻红蛋白中存在的主要红色发色团是藻胆红素。藻胆蛋白的分类主要基于它们的吸收光谱，现在已知的有 3 种藻红蛋白和 3 种藻蓝蛋白。藻红蛋白包括红藻中的 R－藻红蛋白和 B－藻红蛋白以及蓝藻中的 C－藻红蛋白；藻蓝蛋白主要包括存蓝藻中的 C－藻蓝蛋白和别藻蓝蛋白以及红藻中的 R－藻蓝蛋白。此外，藻胆蛋白也存在于隐藻和一些甲藻中。

光质会改变几种藻胆蛋白的总量和比例。例如，在绿光下的蓝藻集胞藻产生藻红蛋白（红色）、藻蓝蛋白（蓝色）及别藻蓝蛋白（蓝绿色），物质量之比约为 2∶2∶1；当它在红光下生长时，藻红蛋白比例下降，几种物质量之比约为 0.4∶2∶1。在绿光下藻胆体结构也会发生改变，周围杆体的藻红蛋白六聚体增多，藻蓝蛋白六聚体减少，而别藻蓝淀粉核心的六聚体保持恒定（图 1－11）。

两种色素受强烈日光照射后，多数分解，藻红素比藻蓝素对强光更敏感。细胞中氮缺乏会导致藻胆体有序降解。

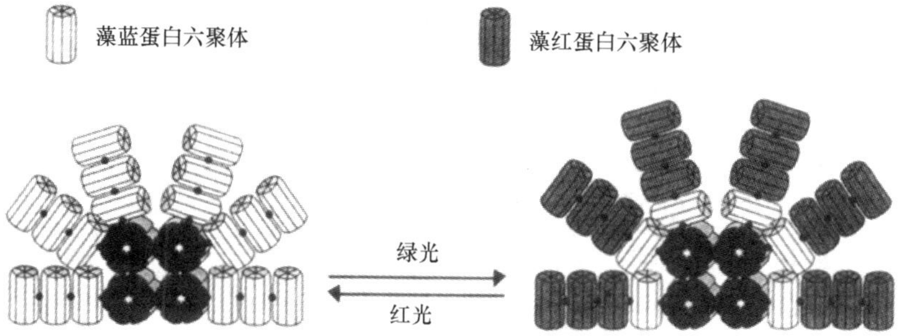

图 1－11 蓝藻藻胆体的结构（a）及色彩适配器（b）（Lee，2012）

（二）光合色素功能

光合色素按功能分为两大类：反应中心色素和聚光色素（天线色素）。

反应中心色素是指少数处于特殊状态的叶绿素 a，它具有光化学活性，既能吸收光能又能转化光能，是光能的"捕捉器"、"转换器"。聚光色素（天线色素）包括大部分叶绿素 a 和全部叶绿素 b、胡萝卜素、叶黄素和藻胆蛋白（藻胆素），这些色素没有光化学活性，只有收集光能的作用。

在光的照射下，聚光色素将吸收的光能传递给少数处于特殊状态的叶绿素 a，即反应中心色素，使这些色素被激发而失去电子，这些电子经过一系列传递，最终传递给一种带正电的有机物——$NADP^+$。失去电子的叶绿素 a 变成一种强氧化剂，能够从水分子中夺取电子，使水分子氧化生成氧分子和氢离子，叶绿素 a 由于获得电子而恢复原状。这样，在阳光的照射下，少数处于特殊状态的叶绿素 a，不断地丢失和得到电子，形成电子流，从而将光能转换成电能。

藻类的光合作用活性色素聚集成离散的色素——蛋白复合体，根据功能它可分为两组：①光化学反应中心：包含叶绿素 a，在这里光能被转化成化学能；②捕光复合体：作为天线来收集可利用的光能并将其转移到光反应中心。

绿藻与高等植物利用叶绿素 a/b 结合蛋白；硅藻、金藻、甲藻、褐藻等褐色藻类主要利用岩藻黄素叶绿素 a/c 复合体，由于存在叶绿素 c 和岩藻黄素，这些藻类可以吸收和利用较深水层中的蓝光和绿光；蓝藻、隐藻与红藻使用藻胆体作为主要的捕光复合体。藻胆蛋白拓宽了光合作用中可利用光能的范围，随着水位加深，光线逐渐变为蓝绿色，而藻胆蛋白比叶绿素 a 更易于吸收这类光。

十、同化产物

不同藻门的藻类光合作用的产物及贮存部位不同。

绿藻门、隐藻门和甲藻门的光合作用产物是淀粉，由直链淀粉和支链淀粉组成。绿藻门产生的淀粉与高等植物一样，遇碘呈蓝色反应，以淀粉微粒形式存在于叶绿体内。在隐藻门中，淀粉中直链淀粉含量特别高，以微粒形式存在于叶绿体被膜与叶绿体内质网之间。在甲藻门中，淀粉也存在于叶绿体以外的细胞质中，但其结构尚不清楚。甲藻还贮藏油。有些绿藻在特殊环境下（如氮限制条件）的贮藏物质也以三酰甘油为主。

褐藻贮藏的同化产物是海带多糖（laminarin）和甘露醇。在褐藻门物种中，海带多糖主要由含有16~31个残基的β-1，3糖苷键连接的葡聚糖及相关混合物组成。分子间的差异在于1—6连接数目、分支程度以及是否在末端有一个甘露醇分子。海带多糖以油状液体存在于叶绿体外，通常位于一个环绕淀粉核的囊泡内。

金藻门和硅藻门的贮藏物质是金藻昆布多糖（chrysolaminarin）。金藻昆布多糖由β-1，3糖苷键连接的D-葡萄糖残基组成，其中每个分子有两个1—6糖苷键。金藻昆布多糖存在于叶绿体外的囊泡中，且每个分子含有比海带多糖更多的葡萄糖残基。此外，金藻、硅藻和黄藻还贮藏油和硅藻多糖（leucosin）。

红藻的贮藏物质为红藻淀粉（floridean starch）。这种物质存在于红藻门中，类似于高等植物的支链淀粉。它能被碘染成紫红色，产生与动物糖原染色反应相似的颜色。红藻淀粉以0.5~25 μm的碗状微粒存在于叶绿体外。

蓝藻的贮藏物质是蓝藻淀粉（myxophycean starch）。这种储存物质与糖原结构类似，以淀粉微粒形式存在，不同种间形状可变，从杆状微粒到25 nm微粒，再到延长的31~67 nm微粒体。

裸藻门和黄藻门的贮藏物质是裸藻淀粉（Paramylon）。裸藻淀粉在叶绿体外以水溶性、单层膜包裹的内含物形式存在，且具有各种形状及尺寸。裸藻淀粉由β-1，3糖苷键连接的葡萄糖残基构成，其分子与金藻昆布多糖的大小相似。

甘露醇存在于低等绿藻、红藻门和褐藻门中，相当于光合产物中的蔗糖。自由态的甘油在藻类中广泛存在，是几种虫黄藻、某些海洋团藻目（尤其是杜氏藻）中重要的光合产物。

第三节　海藻的繁殖和生活史

一、海洋藻类的繁殖方式

繁殖（propagation）是指植物产生新个体的现象。植物通过繁殖能增加新一代个体，扩大后代的生活范围；保证物种的遗传稳定性——植物上代个体的特征将通过繁殖传递给下一代；繁殖过程可产生一定的变异。生殖（reproduction）是指植物以生殖细胞发育成为下一代新个体的方式。海洋藻类的繁殖方式有营养繁殖（vegetative propagation）、无性生殖（asexual reproduction）和有性生殖（sexual reproduction）等方式。

（一）营养繁殖

营养繁殖是植物营养体的一部分从母体分离开（有些情况下不分离开）直接形成新个体的繁殖方式。多细胞藻体的部分细胞不产生生殖细胞，不经有性过程，离开母体后能继续生长，直接发展成新的藻体。营养繁殖实质上是通过母细胞直接或有丝分裂产生子代新个体。海洋藻类的营养繁殖主要通过细胞裂殖和营养体断裂两种方式进行的。

细胞裂殖是无性繁殖中常见的一种方式，即母体分裂成2个（二分裂）或多个（复分裂）大小形状相同的新个体的生殖方式。单细胞的藻类通过细胞分裂（横裂或纵裂）形成两个与母体一样的子体，例如单细胞的绿藻小球藻，在营养良好的环境条件下常以细胞裂殖方式产生新的个体。群体类藻类的分裂生殖是群体中每个细胞同时进行分裂，进一步发育成和母体相同的新群体，如盘藻、实球藻等。

多细胞的藻类通过营养体发生断裂繁殖，断裂的每一部分都可以发育成新的植物体，如马尾藻的某些种类；有的藻类营养体某一部分能长出具有繁殖功能的小枝，即繁殖枝，小枝脱落后，附着在基质上，长成新的个体，如黑顶藻属的一些种类。

（二）无性生殖（孢子生殖 spore reproduction）

有些藻类营养生长到一定时期，进入生殖生长阶段，产生具有生殖功能的细胞，这些细胞不经两性的结合可直接发育成新个体，这种繁殖方式为无性生殖。这种具有生殖功能的细胞称为孢子（spore），因而无性生殖也称为孢子生殖。

藻类的营养繁殖和孢子生殖都是无性的方式，不经过有性过程，其遗传物质来自于单一亲本，子代的遗传信息与亲代基本相同，有利于保持亲代的遗传特性；无性生殖过程繁殖速度快，产生的孢子数量大，有利于大量快速地繁衍种族；但无性繁殖的后代来自于同一基因型的亲本，生活力往往会有一定程度的衰退。

藻类孢子是藻体体细胞直接或经过有丝分、减数分裂产生的无性生殖细胞。由它直接萌发成单相配子体或双相孢子体。海藻在孢子生殖中所产的孢子是多样化的。根据孢子能否运动可将海藻植物的孢子分为动孢子和不动孢子两类。

1. 动孢子（zoospore，游孢子）

有鞭毛，无细胞壁。动孢子的形成是海藻无性生殖最普通的方式。从系统发育的观点看，动孢子可能作为暂时性地回复到原始性的具有鞭毛的祖先时的情况。

2. 不动孢子（aplanospore，静孢子）

无鞭毛，具有与母细胞壁有一定差别的细胞壁。通常被认为是一种发育不全的、失去了运动期的动孢子。

（1）厚垣孢子和休眠孢子：体细胞通过细胞壁加厚和积聚养分形成，以抵抗不良环境。可以直接发育成新藻体或由其原生质体分裂成许多动孢子。硅藻和甲藻等不同物种所产生的休眠孢子、孢囊都有其特殊的外部形态，因此可作为特种分类的依据。

（2）复大孢子（auxospore）：硅藻类由细胞分裂方式而增殖时，其新生成的外壳比亲代细胞小，随着多次分裂细胞越来越小，但有时可形成特殊的孢子而恢复到原来的大小，这种孢子称复大孢子。复大孢子是硅藻特有的一种繁殖细胞。复大孢子的产生有无性和有性两种方式，无性方式由营养细胞直接膨大而成。

（3）似亲孢子（autospore）：某些藻类进行无性繁殖时所产生的一种不动孢子，因其形态和母细胞相似而得名。常见于绿球藻属、小球藻属等。

（4）四分孢子（tetraspore）：红藻门物种（如多管藻，石花菜）无性生殖过程中产生的主要孢子类型。由孢子体营养细胞形成孢子囊母细胞，由它经过减数分裂产生四分孢子囊，其中产生 4 个孢子，为单倍体。4 个孢子在形态上完全一样，但在本质上有性的差别，有两个孢子萌发成雄配子体，另外两个为雌配子体。

（5）单孢子和多孢子：配子体产生单孢子囊，每个孢子囊里只产生一个孢子，如紫菜属、顶刺藻属等红藻门物种。在仙菜目的物种中，每一个孢子囊产生 8 个或更多的孢子，称为多孢子。

（6）果孢子：由红藻生活史中特殊个体——果孢子体（carposporophyte，囊果）所产生的。果孢子体寄生在雌配子体上。果孢子体是由合子经过或不经过减数分裂后的细胞演化而成，所以产生的果孢子萌发成的藻体，有配子体，也有孢子体。

（7）内生孢子（endospore）和外生孢子（exospore）：某些藻类如蓝藻门的一些物种（瘤皮藻）生长到一定阶段，由藻体内部细胞形成一个圆形、椭圆形或柱形的孢子囊，在孢子囊内由原生质体经过多次分裂产生孢子，由于它位于细胞内，所以称内生孢子。某些蓝藻（如管孢藻）细胞中的原生质体发生横分裂，形成大小不等的两部分原生质，上端较小的部分形成孢子，称为外生孢子，基部较大的部分仍能保留分裂能力。

（三）有性生殖

有性生殖指植物产生两种不同性别的生殖细胞——雄配子和雌配子，然后由雄配子（精子）和雌配子（卵子）两两相配成对，互相结合，成为合子，再由合子发育成新个体的生殖方式。如果在一定时间内，生殖细胞之间不能进行适合的融合或配偶交配，它们就会死亡。

这种生殖方式又可分为：同配生殖、异配生殖和卵式生殖。

同配生殖是指两个配子在形态、大小和生理机能等方面完全相同。绿藻门中多数物种具有这种生殖方式。异配生殖指交配的配子在形态、大小和生理机能等方面不相同。如：石莼两个配子的形态大小无差别，但同一个体产生的配子不能配合，表明了生理机能上的差别。卵式生殖是分化显著的异配生殖，雌配子失去鞭毛和运动能力，体内贮存了许多营养物质而增大体积成为球状的卵。

二、海洋藻类生活史

藻类植物的生活史（life history）是指从藻类植物生长发育的某一阶段开始，经一系列生长、发育、生殖，产生下一代后又重现了该阶段的过程。

无性生殖和有性生殖对植物种族的繁衍和发展各有其有利的一面。在长期演化过程中，藻类植物生活史出现了两种个体——配子体和孢子体。配子体（gameophyte）由孢子发育形成，为单倍体，经有丝分裂产生配子，行有性生殖，例如紫菜叶状体。孢子体（sporophyte）由合子发育形成，为二倍体，能产生孢子，行无性生殖，例如海带的叶状体。把第一个阶段称为配子体世代，或称有性世代；第二个阶段称为孢子体世代，也称为无性世代。两个世代有规律地交替出现，称为世代交替（alternation generation）（图 1－12）。

藻类植物的生活史可以通过营养生殖、孢子生殖和有性生殖单独完成，也可由孢子生殖和有性生殖两种生殖方式共同完成。这样就形成了不同类型的植物生活史。

（一）营养生殖型

生活史中不行孢子生殖和有性生殖，而仅行营养生殖，或者在营养非常适合的条件

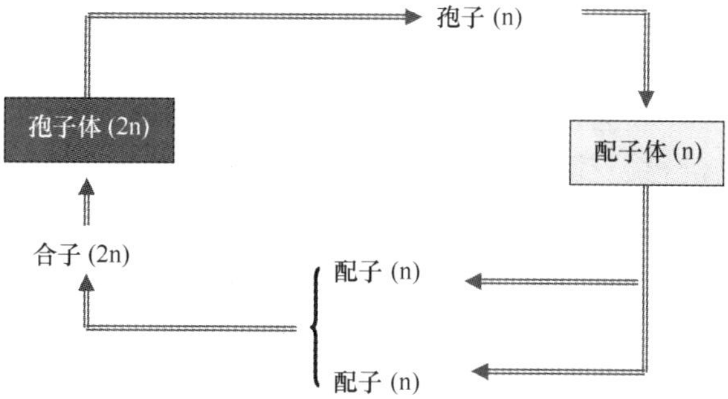

图 1-12 植物的世代交替

下，主要靠一些细胞裂殖完成，如蓝藻门和裸藻门的多数种类以及某些单细胞的藻类。属于这种类型的植物生活史，其特点是没有减数分裂，所以没有世代交替和核相交替，植物体的核相不发生任何变化。

（二）孢子生殖型

生活史仅由孢子生殖完成，没有有性生殖，或者是在营养非常适宜的条件下，主要靠孢子生殖完成。小球藻、栅列藻仅靠孢子生殖完成，而衣藻等在营养条件非常好的情况下，主要是靠孢子生殖完成生活史。属于这种类型的植物生活史，其特点也是没有减数分裂，因此也无核相交替和世代交替。

（三）单体型生活史（有性生殖型）

生活史仅由有性生殖完成，没有无性生殖。只出现一种藻体，无世代交替。根据减数分裂发生的部位又分为两种：一种是单体型单倍体生活史，另一种是单体型二倍体生活史。

（1）单体型单倍体生活史（单元单相）：特点是只有一种单倍体核相的植物体，仅有核相交替，无世代交替，仅在合子期为双倍体（2n），合子萌发前经减数分裂，产生新的单倍体藻体（n）。如衣藻、水绵和轮藻等由有性生殖完成的生活史。藻体细胞是单倍体。

（2）单体型二倍体生活史（单元双相）：其特点为体细胞是双倍体，有性生殖时，藻体体细胞减数分裂，产生生殖细胞（n），生殖细胞合成合子后，合子直接发育成新的双倍体藻体。生活史中只有一种双倍体核相的植物体，仅有核相交替，无世代交替，如松藻、鹿角藻和某些硅藻等由有性生殖完成的生活史。

（四）双单体型生活史

其是由孢子生殖和有性生殖共同完成的，其特点是其中有两种核相的植物体（某些红藻有 3 种植物体），一种是单倍体核相，另一种是双倍体核相，既有核相交替，又有世代交替。减数分裂发生在孢子囊产生孢子时。世代交替中，双倍体的藻体，又叫孢子体，行无性生殖，经减数分裂产生孢子，这一阶段又叫无性世代。单倍体的植物体又叫配子体，行有性生殖，产生雌、雄配子，这一阶段又称有性世代。许多藻类和高等植物均属这种类型生活史。

如果配子体和孢子体的形态结构基本上相同，称为同形世代交替，如石莼、刚毛藻、

水云和多管藻等。如果配子体和孢子体的形态和结构不相同，称为异形世代交替，如海带、紫菜及所有的高等植物

（1）同形世代交替（等世代型，双元同形）：生活史中出现有两种个体形态、大小完全相同（外形上无法区分），都能独立生活的藻体（孢子体 2n，配子体 n）交替出现，即多细胞二倍体世代和多细胞单倍体世代的交替。

（2）异形世代交替（不等世代型，双元异形）：在生活史中出现的孢子体和配子体两者在外形上有明显的差别。例如海带和裙带菜等，孢子体大于配子体；礁膜和紫菜等，配子体大于孢子体。

第四节 海藻与海洋环境

一、海洋藻类的分布带

海洋环境最基本的划分方法是从水层（平行）和海底（垂直）两个方面进行。水底环境包括所有海底以及高潮时海浪所能冲击到的全部区域，可以进一步划分为海岸带、潮下带和深海带三个生态带。水层环境是指从海水的表层到大洋的最大深度，即覆盖于海底之上的全部海域，可进一步划分为近海带（浅海区）与大洋区。

由于底栖和浮游种类对光的需要所致，生态带对海洋藻类分布有重要影响。藻类的分布局限在海洋上层边缘，底栖类型在大陆架的浅地出现（约 150 m 深），漂浮类型在海水上层有光区出现（约 200 m 深）。

（一）海底区划（benthic division）

1. 海岸带（litoral zone）

其是海洋与陆地之间一个狭窄的过渡带，交替地受到空气和海水淹没的影响。包括海岸、潮间带及河口和港湾。我国在进行海岸带调查时，规定调查范围为：由海岸线向陆方向延伸 10 km 左右，向海至水深 10 ~ 15 m 等深线处；在河口地区，向陆延伸至潮区界，向海方向延至浑水线或淡水舌。

（1）潮间带（intertidal zone）。

指定期为潮水所覆盖和暴露的地区，其上限是大潮高潮时最高潮线，下限是在低潮最低潮线。由于潮汐范围和波浪运动的影响，其高度可从几厘米到 10 m。环境特点是光线充足；潮汐和波浪作用强烈，周年温度变化较大，并且有周日变化；底质性状复杂，可分为岩底、砾石岩底、沙底和泥底及其过渡类型；生物种类多样化；每天有一定时间交替浸没在水中和暴露在空气中；受大陆影响大。

潮间带分布有褐藻、蓝藻、绿藻和红藻等多种海藻。许多岩石性海岸，植物种类和丰富度随着靠近潮间带和潮下带边缘（平均低潮）而增加。

（2）海岸（seacoast）。

与潮间带相连，平均高潮线以上的沿岸陆地部分，通常称潮上带，实质上是受到不同程度浪溅的陆地，水雾和海风携带盐分影响这一地区。

海岸沙质滩的沙丘区地带分布各种喜盐植物；在岩石性的海岸，长有地衣或各种抗盐溅植物；在浪溅带分布有地衣和蓝藻。

（3）河口（estuary）。

河口是一个水体与开阔海域自由联系，并被大陆径流淡水所冲淡（如伸入内地河谷）的半封闭的海岸区，是淡水和海洋之间的交界处。河口上层是密度较小、含氧量丰富的淡水，下层是密度较大、含氧量低的盐水，环境条件通常复杂多样。河口主要生长着两种植物群落：温带纬度的盐沼以及热带、亚热带纬度的红树林沼泽。

2. 潮下带（subtidal zone）：

又称浅海带，是指从潮间带下限至水深200 m处这一区域。本区不因潮汐运动而露出水面，与大陆架相一致，通常深达大陆坡的60～200 m。

在较浅的潮下地区（100 m以浅），底栖藻类可形成巨大的大型海藻森林一样的大面积群落（如北美西海岸潮下带）。在潮下带边缘，植物仅能忍受短期的暴露，但能忍受强浪运动。潮下带的群落的多样性和丰富度很高，植物群落易受强度索饵压力和空间竞争的影响。

3. 深海带（bathyal zone）、深渊带（abyssal zone）、超深渊带（hadal zone）

深海带指由水深200 m至1 000或4 000 m左右的区域。深渊带指由深海带向下直至6 000 m深度的区域。超深渊带指6 000 m以上深度的区域。这些区域光线极微弱或无光，无季节变化，海水很少垂直循环，仅有微弱的水平流动。基本上没有光合植物。

（二）水层划分（pelagic division）

在水平方向上，水层环境可以分为近海带（neritic）和大洋区（oceanic）。近海带与大洋区在水层垂直方向的界限通常是在200 m等深线处，一般是大陆架（continental shelf）的外缘，同时大体上相当于水层环境中真光带和无光带的界限。

1. 近海带（neritic）

又称沿岸区或近岸区，近海带的水平距离根据海底倾斜缓急程度的不同而具有明显差异。环境特点是：盐度变化幅度大，一般低于大洋；环境的理化因素具有季节性和突然性的变化；受大陆径流影响，营养元素和有机物质很丰富，养分和光质是由大陆径流和淡水的影响所造成的；浮游植物（主要是硅藻）的生产量很大，生活在近海带的生物许多是属于广温性和广盐性的种类。

2. 大洋区（oceanic）

又称远洋区，占了世界海洋大部分。主要环境特点是：透明度大；海水化学成分比较稳定；盐度普遍较高；营养成分较沿岸浅海低，除有垂直交换上升流的区域外，通常营养物贫乏，水为清蓝色。许多海区由于生产力过低而被称为“湿荒漠”。

二、物理因子对海洋藻类的影响

（一）光

光是植物进行光合作用、合成有机物的能量来源。光影响海洋藻类的许多代谢活动，包括色素的产生、光合效率、叶绿体运动（改变方向）、生物发光和趋光反应等。

1. 光质和光强

所谓光质，就是指不同波长的光线。在太阳电磁辐射中99.9%的能量集中在红外区、可见光区和紫外区，波长在150～4 000 nm之间，最大能量在波长为475 nm处。由于大气阻挡，到达地面的太阳辐射能量比大气上界小得多。到达地面的太阳辐射谱，紫外光谱几乎绝迹，可见光谱区减少40%，红外光谱区减少60%。①可见光部分：指能被人眼所能感觉出的颜色，可见光光谱的波长范围在760～390 nm，大约50%的太阳辐射能量在可见光谱区。波长不同的电磁波，引起人眼的颜色感觉不同。760～622 nm，感觉为红色；622～597 nm，为橙色；597～577 nm，为黄色；577～492 nm，为绿色；492～455 nm，为蓝靛色；455～390 nm，为紫色。②红外线：指波长大于760 nm的区域，大约43%的太阳辐射能量在红外光谱区。③紫外线：指波长小于400 nm的区域，大约7%的太阳辐射能量在紫外线光谱区。

在水中，随深度增加，光谱组成也相应发生变化。最先被水层吸收的是红外线、紫外线和长波长的红光，短波长的青色和蓝色光最后被水层吸收。藻类的光合色素系统中含有多种辅助色素，不同辅助色素吸收不同波长的光。

光强度（luminous intensity）是光源在单位立体角内辐射的光通量，以I表示，单位为坎德拉（candela，简称cd）。1坎德拉表示在单位立体角内辐射出1流明的光通量。光照强度通常多使用光照单位勒克斯（lx）表示，或由米烛光及英尺烛光表示，三者的关系为：1 lx = 1米烛光 = 0.093英尺烛光。国际上通常用“光合有效辐射”表示光强度，即在1 s钟内，每平方米接受到有效光量子的数量（即光量子的摩尔数值），1 mol光量子数就等于阿伏伽德罗常数个光量子，该单位还可以写成$\mu mol \cdot m^{-2} \cdot s^{-1}$。

2. 水环境中光的吸收与散射

太阳光射到水面经折射进入水中后，由于光被吸收和散射，其强度很快减弱。光照强度随着水深的增加而呈指数下降，进入水中的太阳光强度可用朗格—比耳定律计算：$I = I_0e^{-kl}$，k为光的收收系数，对一定波长的光是常数。对所有物质而言，吸收系数是随波长改变的。蒸馏水的吸收系数最小值在紫外光位置，近岸海水吸收系数最小值在绿光位置。海水对紫外光和绿光的吸收最少，对红光和红外光的吸收最强。如果都以射到水面的光强度为基准，红光比绿光的吸收要大13倍。在清澈的海水中，水深25 m处，大部分红光已被吸收，依次是橙光、黄光和绿光，光谱波长范围变窄到400～600 nm，最大强度在475 nm（蓝光）。在清水200 m深处（图1-13），仅存在集中在波长475 nm附近的蓝光（图1-13）。此外，水越清，吸收系数越小，被过滤的海水对可见光的吸收接近蒸馏水，而浅海和近海区因有大量的悬浮物，其吸收比过滤海水大得多。射在海洋表面的太阳光的波长范围为340 nm（紫外光）到1 100 nm（红外光）。

3. 光强度和光质对海藻生长和分布影响

海藻都有一个适宜的光强度范围：在高光强度下，大多数藻类变白，而在低光强度下则停止生长。

光质和光强的变化还影响海洋藻类在潮下带的分布。绿藻在光合作用中能充分利用红

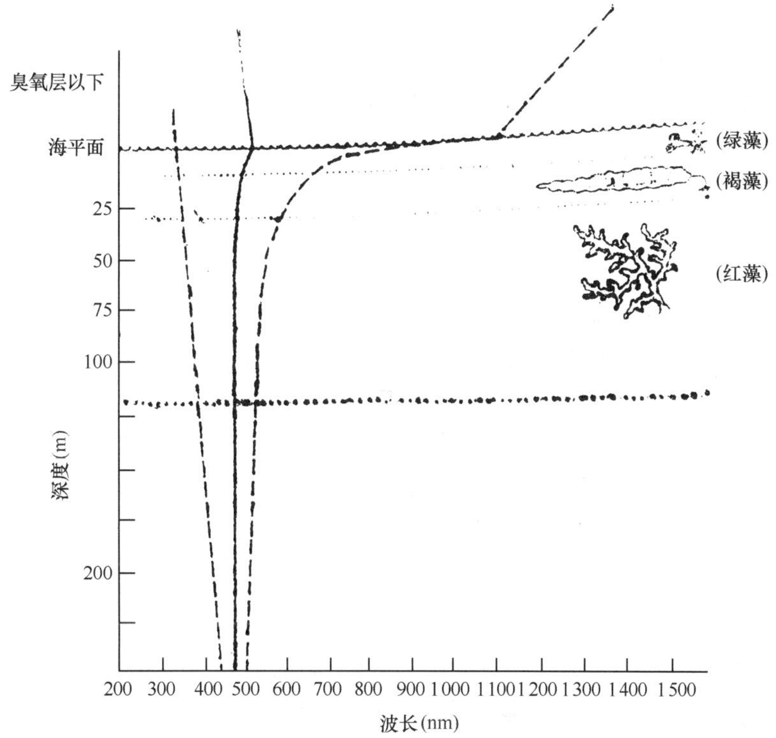

图 1－13　光对海藻分布的影响

在海面上空 22～25 千米，太阳光谱仅受臭氧层轻微影响。然而，当太阳光线透过海水时，红外光出现大量减少。实线表示在深度上最大光强的波长；虚线表示深度上具 95% 光能的波长范围。藻类图样揭示绿藻、褐藻和红藻随深度而分布

色光，褐藻、红藻则能充分利用绿、蓝色光，在水中由于长波光比短波光衰减得快，所以从浅处到深处，海藻按绿藻、褐藻、红藻的顺序进行分布（图 1－13）。

光质和光强的变化还影响海洋藻类形态和细胞组分的变化。藻类植物在不同的光波波长下可改变它们的色素成分，使其在光合作用中能充分利用与其自身颜色为互补色的光，这种藻类对光强的生理反应称为补色适应。例如，在绿光下生长的蓝藻集胞藻产生藻红蛋白（红色）、藻蓝蛋白（蓝色）及别藻蓝蛋白（蓝绿色）的质量比约为 2∶2∶1，因而藻体颜色偏红色，当它在红光下生长时，3 种蛋白的比值则约为 0.4∶2∶1，藻体颜色偏蓝绿色。再例如，分布于最深水层的红藻常含有丰富的藻红蛋白，且随着红藻在海水中垂直分布的加深而含量增高，因此分布于较深水层中的红藻的红色往往比生长于较浅水层中的红藻深，这些现象都可用海藻补色适应来解释。

4. 光周期

植物对昼夜相对长度变化发生反应的现象称为光周期现象。光周期与植物开花有关，还与植物茎的伸长，块茎、块根的形成，芽的休眠和叶子的脱落有关。光周期对高等植物的影响研究较为深入，但光周期对海藻影响的研究却不多。现已知光周期影响海藻的繁殖。如，紫菜在长日照条件下，仅形成果孢子；而丝状体（产壳期）在短日照下仅产生孢子。

（二）温度

在水环境中，温度一个极为重要的生态因子。植物的光合作用、呼吸作用、生长（包括孢子萌发）和繁殖、有机物的合成和运输等代谢过程都受温度变化的影响。由于参与代谢活动的酶的活性在不同温度下有不同的表现，所以温度对植物生长的影响也具有最低、最适和最高温度（三基点）。

藻类的生长需要有一定的温度范围，在这一温度范围内，藻体才能进行其正常的生长繁殖等生命活动，称为适温范围。在适温范围内，又可分为最适温度范围、最低适应温度（低限）和最高适应温度（高限）。最适温度范围是指生物生长繁殖最快、生命活动最理想的温度范围。若温度超出最低适温和最高适温，生物的生命活动就要受到影响。

不同藻类植物生长的温度三基点不同，所以温度成为决定海藻地理分布的主导因子之一。冷水环境中的海洋藻类可以忍受较低的温度，而热带种类则忍受较高的温度。温度还影响藻类结构上和化学上的反应。体型较大的藻类通常生长于较冷的纬度，蛋白质含量也较高。海水温度年变化，最大、最小温度的持续时间，温度的日变化，潮间暴露期的气温等均影响海洋植物的生长。

（三）波

风作用于水面形成了波。在深水中，波外观上向前运动，而水体本身主要是上下运动（环形轨道）。波的活动是影响局部海藻群落的关键因素。波以多种方式影响海洋植物：①对植物产生牵曳而使植物迁移；②通过携带沉积物而刷蚀或擦伤植物；③产生冲击，引起切割海藻；④许多底生藻类的孢子只有在足够波浪活动条件下才能萌发。

波浪影响石生藻类群落分布种类的多样性和区带性。在"适中"的波浪活动区域，种类的多样性增加；而在波浪活动"极端"区，由于刷蚀和植物断折而使种类多样性降低。对海岸线生产力的调查结果表明，在蔽护地点，藻类种类具有典型的单调性，但有较高的生物量和初级生产力，而开露的区域通常生产力较低，生物量减少。由于撕力的作用，叶状藻类在波浪活动极端激烈的区域生长不良，但表面积与体积较小的种类则具有较高的生产力。

（四）潮汐

潮汐是海平面有规律的升降，起因于太阳和月球对地球的引力，引力最大的是月球（太阳效应仅有月球效应的46%）。它的周期是2 h 25 min左右，波长约为地球圆周的一半。典型的潮汐每天具有两次高潮和两次低潮，每14天半出现一次大潮。

潮汐主要影响潮间带植物的生长。当满潮时，藻体周围的环境温度，气体可获得量和营养消耗等类生理过程对藻体生长不构成影响。然而，在退潮时，大气和基底的温度，光的强度和干燥度在有选择耐性的潮间生物种类方面起了重要作用，倾斜海岸的潮上带，由于暴露时间的加长，环境因子变得更加苛刻。如果大潮期间正值高温、干燥或多风天气，潮间带的生物会出现多种受害现象。例如，在夏季，最低潮出现在中午和早午时，退潮期间太平洋海岸的中国珊瑚藻、温哥华珊瑚藻和太平洋凹顶藻种群出现萎蔫和死亡的普遍现象。

潮汐的频率和周期也是决定潮间藻类生存的因素。在半日潮区，潮间带较频繁受淹，有利于多种藻类种群的生长；而一天一个潮汐循环可能导致潮间带暴晒时间过长，结果引起藻类植物体萎蔫和死亡。

（五）洋流

洋流又叫海流，是指大洋表层海水常年大规模的沿一定方向进行的较为稳定的流动，是洋面的风动和海洋两个不同地点间密度差异综合引起的。因为洋流影响着一个地区的温度和营养水平，从而影响海洋植被。如，北大西洋有独特的马尾藻海，主要是由洋流形成的。

（六）基质

基质的坚硬度、质地（如基质的穿透能力或固着能力）、孔隙度（影响基质的保水力）、颜色和化学组成等均影响海洋藻类的生长和分布。多岩石海岸为底栖海藻提供着生的稳固基质。各种藻类，包括潮间带和潮下带，都可以在这样的海岸线上生长。

三、化学因子对海洋藻类的影响

海水的盐度，可溶氧的有效性，氮、磷和其他代谢必需的营养盐的有效性，用于光合作用的游离 CO_2 有效性，海水的酸碱度以及海水中无机物和有机物等污染物对海洋藻类生长有着显著的影响。

四、动态因子对海洋藻类的影响

影响海洋藻类生长和分布的动态因子如下。

（1）水运动：主要指拍岸浪、洋流、年风暴或飓风的最劣度、上升流、水表面的突变或平静度等；

（2）潮汐暴露的周期和幅度；

（3）潮汐的节律（与繁殖体的释放有关）；

（4）风：与潮区暴露相一致时有关。

五、生物因子对海洋藻类的影响

影响海洋藻类生长和分布的生物因子如下。

（1）索饵；

（2）真菌和微生物活动；

（3）对基质（空间）的竞争；

（4）暴露期间防止脱水的保护层；

（5）上层生长生物对光的限制；

（6）寄生植物或动物等。

第二章　蓝藻门 Cyanophyta

第一节　概述

蓝藻是能够进行光合作用的单细胞原核生物，又叫蓝绿藻或蓝细菌。含叶绿素 a，多种叶黄素和胡萝卜素，还含有藻胆素（包括藻红素、藻蓝素和别藻蓝素）。蓝藻门绝大多数物种是淡水和陆生的，海生的物种较少。中国海域内已记录的蓝藻物种约 48 属 131 种。大多数藻类学家认为，蓝藻进化的实际时间约为 27 亿年前。

一、外部形态特征

蓝藻藻体形态多样，可以分为单细胞、群体和丝状体三种类型。

1. 单细胞

不同的单细胞物种具有不同的形态，有圆球形，如集胞藻属（*Synechocystis*）；有柱形，如管胞藻属（*Chamaesiphon*）；有卵形，如皮果藻属（*Dermocarpa*）；有棒形，如棒胶藻属（*Rhabdogloea*）；还有镰刀形等。单细胞物种的形态特征和藻体大小在同一个物种内是稳定的。

2. 群体

蓝藻细胞分裂后，子细胞被胶质包裹而成为非丝状或丝状的群体。如果细胞分裂方向是向两个方向进行的，通常形成单层细胞厚的片状或中空的球状群体；如果细胞分裂方向是向三个方向进行的，则形成一个立方体群体或不规则群体。如果蓝藻细胞分裂始终按一个方向进行，则形成丝状群体。丝状群体中的一列细胞被称为一条藻丝，藻丝及其外部的胶质衣鞘合称为一条藻体。一条藻体内可包含一条或多条藻丝。

3. 丝状体

蓝藻门中较高级的类型是细胞分裂后，子细胞不分离，通过胞间连丝联系成为真正的丝状体。如多列藻科的物种。

二、细胞学特征

（一）细胞壁

蓝藻细胞壁与革兰氏阴性菌的细胞壁基本相同，由内至外包括了肽聚糖层、周质空间和外膜。可滑动的蓝藻在外膜外还具有两个典型运动细胞所具有的外层结构——锯齿状外层和发状纤维。肽聚糖层位于细胞膜外，肽聚糖是一个二糖类衍生物，由 N－乙酰氨基葡萄糖、N－乙酰胞壁酸和几个不同的氨基酸短肽聚合组成的多层网状大分子结构。肽聚糖外是周质空间，可能由松散网络结构的肽聚糖纤维填充。

（二）胶质鞘

大多数蓝藻胞壁外均具有或厚或薄的胶质鞘，由黏液和少量纤维素组成，故蓝藻也曾称为黏藻。胶质鞘紧贴细胞壁，胶质为果胶化合物，由原生质体产生，通过固有膜上的孔分泌出来集结而成。胶质鞘内面较坚固，含有一定量的纤维素。一些浮游生活的物种，胶质鞘没有层理且透明，含水量高，不经特殊处理较难分辨；有些物种的胶质鞘呈现黄色、棕色、红色或蓝色。胶质鞘的形态结构也是蓝藻的分类依据。蓝藻门的物种具有极大的适应性，这与蓝藻细胞壁外被胶质衣鞘有关，能抵御不同的环境变化。

（三）原生质体

蓝藻的原生质体分为中央无色部分和中央体以外的有色部分，两部分间没有定形的膜。中央原生质是不与组蛋白结合的 DNA 环形纤维。外周原生质是具有同化色素的有色部分，主要由类囊体、藻胆体（在类囊体上，含藻胆蛋白）和糖原颗粒（储藏物质）组成。70S 核糖体散面在整个蓝藻细胞中，在中心区核质周围密度最高。

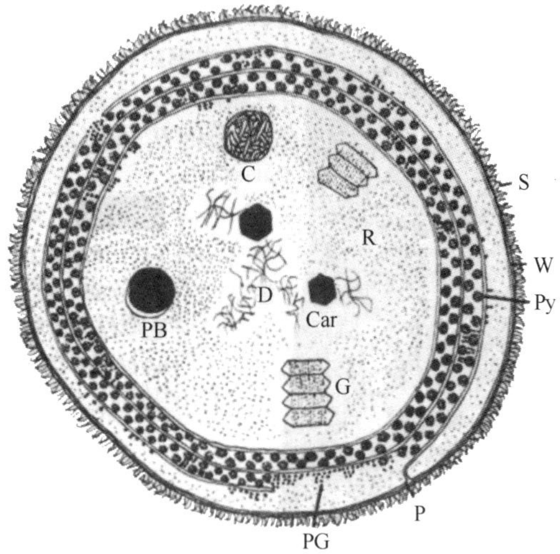

图 2－1　蓝藻细胞结构（Lee，2012）

C. 藻青素体（结构化颗粒）；Car. 羧体（多面体）；D. DNA 纤维；G. 气泡；P. 原生质膜；PB. 多聚磷酸体；PG. 葡聚糖颗粒；Py. 藻胆体；R. 核糖体；S. 胶鞘；W. 细胞壁

1. 假液泡（伪空泡，pseudovacuoles）

蓝藻原生质体内没有真正的植物液泡，有些物种具有假液泡，又叫伪空泡。假液泡内含有气体，在低倍显微镜下观察时，由于强折光假液泡呈不规则的较大黑色物体，高倍镜下则呈红色、深红色。

根据蓝藻具有假液泡的不同可分为两种生理生态类群。一类是假液泡只存在于藻类生活史的某一阶段或某些类型细胞中。在哥氏黏毛藻、单歧藻属的某些种类中，假液泡只出现在藻殖段中，这使得藻殖段被释放时可以漂浮。另一类营浮游生活的蓝藻物种（鱼腥藻、胶刺藻、微囊藻、束丝藻、颤藻、束毛藻和席藻等），可以由假液泡得到浮力，形成的水华可以漂浮在水面上。

2. 藻青素体（cyanopycin）

属于蓝藻细胞质中的结构颗粒，是一种非核糖体合成的类似蛋白质的多聚物，其周围没有膜包被，包含等量的精氨酸和天冬氨酸排列成聚天冬氨酸骨架。藻青素在固氮蓝藻中可以作为一个临时的氮库（非固氮蓝藻中氮被储存在藻胆体中）。

3. 羧体（多面体）（carboxysome）

含有二氧化碳固定酶“核酮糖－1，5－二磷酸羧化酶/加氧酶（Rubisce）”和“碳酸酐酶”，可以利用二氧化碳和碳酸氢根离子两种碳源。如：水中的碳酸氢钠（碳酸氢根离子）被输送到细胞和羧体，羧体上的碳酸酐酶将碳酸氢根离子转化成二氧化碳（$CO_2 + H_2O \leftrightarrow HCO_3^- + H^+$），二氧化碳再被 Rubisco 固定形成碳水化合物。当环境中无机碳（碳酸氢根离子，二氧化碳）减少时，细胞中羧体占据的区域增加。蓝藻异形胞内没有羧体，因而缺乏固定二氧化碳的能力。

（四）细胞核

蓝藻门物种没有真核生物所具有的细胞核结构，仅在细胞中央体含有嗜碱性物质——“核质”，行使类似真核生物细胞核的功能。单细胞蓝藻中 DNA 数量为 $1.6 \times 10^9 \sim 81.6 \times 10^9$ Da，与细菌基因组大小相似。

（五）色素与光合作用

蓝藻门物种没有色素体，只有简单的片层膜（类囊体膜）分散在细胞质的外缘部分，光合色素附在此膜上，进行光合作用。蓝藻的类囊体膜可能起源于原生质膜的内陷。

蓝藻的光合作用捕光系统的主要成分是类囊体膜上的叶绿素 a 和水溶性的藻胆蛋白，藻胆蛋白是组装在大分子集合体（藻胆体）中与类囊体膜外表面相连的水溶性的精密蛋白。蓝藻有 4 种藻胆蛋白：C－藻蓝蛋白（最大吸收波长 λ_{max} 为 620 nm）、别藻蓝蛋白（最大吸收波长 λ_{max} 为 650 nm）、C－藻红蛋白（最大吸收波长 λ_{max} 为 565 nm）和藻红蓝蛋白（最大吸收波长 λ_{max} 为 568 nm）。

所有蓝藻均含有 C－藻蓝蛋白和别藻蓝蛋白，而 C－藻红蛋白和藻红蓝蛋白只存在于某些种类中。光质和生长条件对蓝藻的胆蛋白浓度和组成有显著影响。红光使藻红蛋白比例下降，因此在红光下生长蓝藻蓝色或绿色增强，绿光则使藻蓝蛋白六聚体减少，因此，在蓝光下生长的蓝藻偏红色。

蓝藻细胞中类胡萝卜素含有海胆烯酮（4－酮－β－胡萝卜素）和蓝藻叶黄素，真核藻类不含这些成分。蓝藻缺少一种主要的叶黄素——黄体素，但相对真核藻类含有更高比例的 β－胡萝卜素。

蓝藻中不同的物种呈现不同颜色：草绿色、蓝绿色、橄榄色、黄色、橘红色、红色、粉红色、紫红色、紫色、棕色及黑色等。藻体所含色素成分及各色素的比例影响了蓝藻的颜色，此外，“衣鞘”所含的色素对蓝藻呈现的色彩也起重要作用。一般说，凡含叶绿素 a 和藻蓝素量较大的，细胞大多呈蓝绿色。有少数种类含有较多的藻红素，藻体多呈红色，如生于红海中的一种蓝藻，名叫红海束毛藻，由于它含藻红素量多，藻体呈红色，而且繁殖速度也快，故使海水也呈红色，红海便由此而得名。

（六）储藏物质

蓝藻的同化产物主要是蓝藻淀粉，遇碘呈淡红褐色。

（七）蓝藻的运动

蓝藻门内的物种没有鞭毛和纤毛，但有一些物种却有一定的运动能力，尤其是颤藻科（Oscillatoriaceae）内的物种。一些物种能在衣鞘内伸缩运动，丝体可以伸出鞘外，也可缩入鞘内，从而使自身位移；另有一些物种，丝体能左右摆动，还能在基质表面上爬行，在杯中水体内培养的颤藻，往往能沿着杯壁爬出水面。

对于蓝藻能运动的解说，一种理论认为是由于藻体细胞的收缩和膨胀，通过细胞壁上有一定组织排列的孔道释放胶质而引起的；另一种理论认为，在丝体壁的表面产生平行排列的蛋白质微丝，由于微丝在附着基质表面上做顺着丝体纵向收缩摆动，在附着基质的反作用力下，导致丝体呈波浪形运动，使整个藻体向前滑动。

（八）厚壁孢子

厚壁孢子由藻体体细胞直接通过细胞壁加厚和积聚养分而形成，具有抵抗不良环境的能力。蓝藻的厚壁孢子一般比营养细胞大，有一个宽大的三层结构的外被包裹在正常细胞壁外，细胞质含较高浓度的营养物质，如糖原、藻青素、蛋白质颗粒、多面体颗粒和核糖体等，因而具有明显的表面颗粒，容易辨认。由于原生质密度增加而浮力消失，会使具有厚壁孢子的丝状体下沉到水体底部沉淀物中越冬。蓝藻厚壁孢子相对于营养细胞有更大的抗寒性，但不是代谢休眠，也不能抵抗各种极端环境，它只存在于能形成异形胞的蓝藻中。念珠藻属厚壁孢子相对营养细胞失去了90%的光合作用和呼吸作用能力，但藻蓝蛋白和叶绿素含量变化不大。

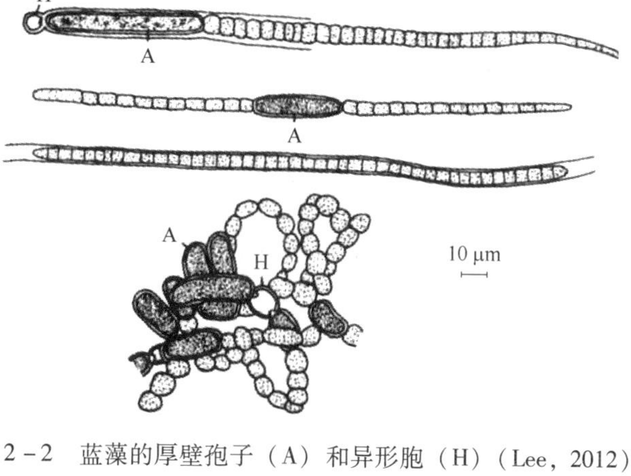

图2-2 蓝藻的厚壁孢子（A）和异形胞（H）（Lee，2012）

（九）异形胞（heterocyst）

异形胞产生于丝状体蓝藻中，通常是由营养细胞的变态所产生的，圆形色淡，比一般营养细胞大些、具有明显厚壁（异形胞的细胞壁与厚壁孢子相同），与营养细胞间存在有规律的间隔。成熟的异形胞中储存颗粒降解，因此是透明的，在光镜下看起来是空的（厚壁孢子则充满了储藏物质），其细胞壁在与相邻细胞相接处有钮状增厚部（极节球）。

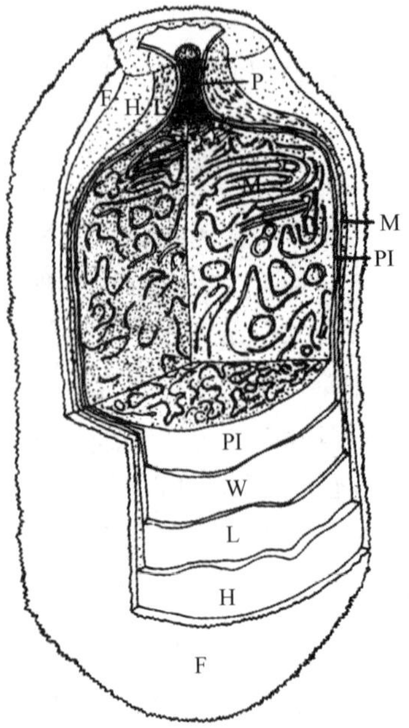

图 2－3　蓝藻异形胞的三维结构图（Kulasooriya et al，1972）

三层结构的外被包裹在正常细胞壁外，被膜含有均质层（H）、纤维层（F）和叠片层（L）结构

M. 隔膜；P. 微孔通道；PI. 质膜；W. 细胞壁

异形胞的生理特点是细胞质均匀，光合作用不活跃，不固定二氧化碳和产生氧气。胞内呼吸耗氧速率很高，由厚的层叠式细胞壁包裹，以限制空气（包括氧气）进人。因此，异形胞内部环境实际上是厌氧的，这为对氧气极其敏感的固氮酶提供了一个理想的场所。具有异形胞的蓝藻能固氮。当水中氮缺乏时，异形胞的数目显著增加。异形胞无法固碳，可通过细胞质连接从邻近的营养细胞得到养分供应。同时，异形胞也以谷氨酰胺的形式传递化合氮到其他营养细胞。

有的异形胞能产生内生孢子，内生孢子能发育成新丝体。但是除了在特殊情况下能萌发成新的丝体，异形胞通常是不能分裂的。异形胞的生理活性时间和生命是有限的。衰老的异形胞会形成空泡，通常从丝状体脱离并导致丝状体的断裂。

（十）固氮作用

蓝藻属于固氮菌，能够固定大气中的氮。在固氮作用中，固氮酶利用 ATP 作为能源将空气中的氮气固定并形成铵盐。每固定一分子氮气需要 16 个 ATP 分子，这个过程是生物学上代价最昂贵的代谢过程之一（图 2－4）。生物固氮的总量高于 2×10^{13} g/a，是非生物源固氮（如闪电放电）的量的 4 倍。

固氮作用固定的铵盐在谷氨酸脱氢酶的作用下与来自柠檬酸循环的 α—酮戊二酸形成谷氨酸。第二个铵盐继续与谷氨酸作用形成谷氨酰胺，谷氨酰胺可以从一个蓝藻细胞转移

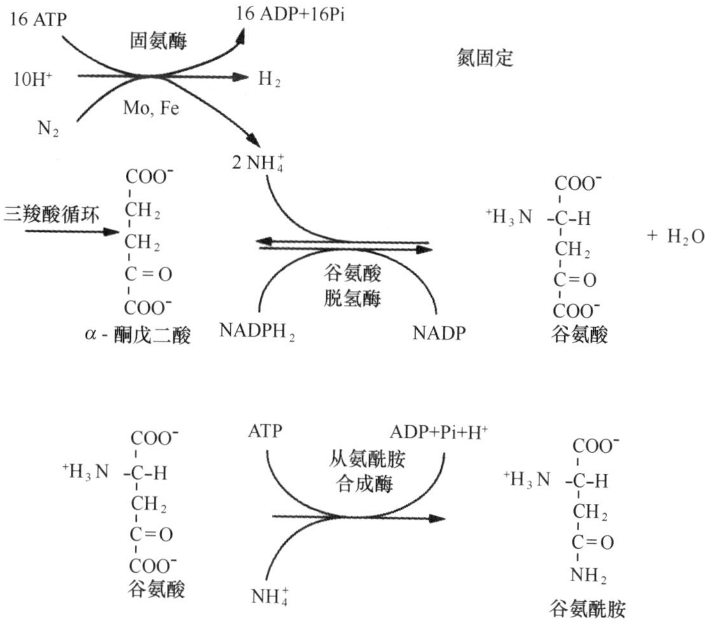

图 2-4　蓝藻细胞的固氮过程

到另一个细胞。

固氮酶对氧气非常敏感且能因氧气而失活。蓝藻已经进化，具备了三种不同的机制以便从含有固氮酶的细胞区域中清除氧气。

（1）异形胞固氧：有些蓝藻在异形胞中固氮。异形胞被一层糖脂层所包围，氧气无法渗透。异形胞内缺少光系统Ⅱ，因而不能产生氧气，但具有环式光合磷酸化作用（图 2-5），可以为固氮作用提供必需的 ATP。异形胞具有一种能清除氧气的肌红蛋白，它可以防止固氮酶的失活。当处于厌氧状态且氮气和二氧化碳存在的前提下，营养细胞和异形胞都可以固氮。

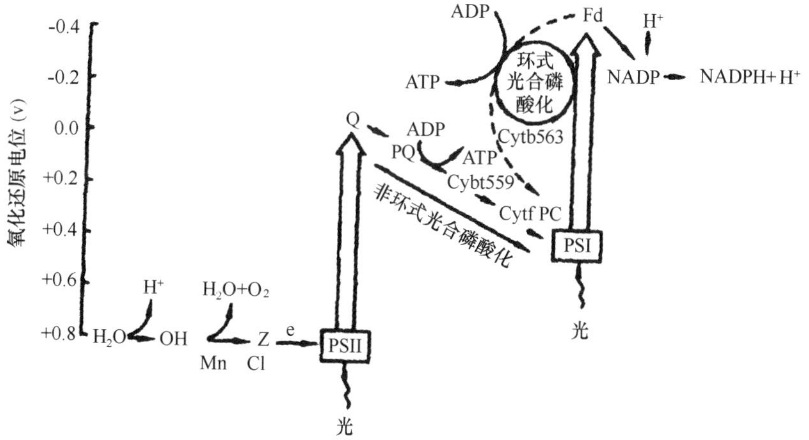

图 2-5　光合磷酸化作用

蓝藻中的异形胞缺少光系统Ⅱ，不能产生氧气，通过环式光合磷酸化作用产生 ATP（虚线表示）

（2）黑暗条件固氮：一些非丝状蓝藻如果聚球藻（*Synechococeus*），在黑暗中光合作用无法进行不产生氧气，蓝藻细胞中的固氮酶不受氧气抑制，因而，此时可以固氮。

（3）固氮细胞固氮：束毛藻（*Trichodesmium*）和假膜藻等丝状蓝藻没有异形胞。其丝状体中有10%～15%的细胞特化为固氮细胞，一般沿藻丝中央连续分布，含有固氮酶的细胞内含有较多的细胞色素氧化酶，类囊体膜较厚，气泡数量较少，藻青素颗粒较小。具有固氮能力的细胞对二氧化碳的同化能力较差，通过减少光合反应，减少细胞内氧气含量，防止固氮酶因氧气而失活。

三、繁殖

蓝藻门的繁殖方式主要是营养繁殖和无性生殖，无有性生殖。

（一）营养繁殖

1. 裂殖生殖（细胞裂殖）

细胞直接分裂，是蓝藻繁殖的主要方式，故蓝藻又称裂殖藻（schizophyceae）。分裂时细胞中部向内生出新横壁，初生如环，逐渐向中心加阔，直至将原生质体分为两半，中心体亦同时分为两半。无丝分裂，不经历纺锤丝和染色体的变化。

2. 营养体断裂

非丝状群体的营养繁殖是一种偶然的事件，只有当群体的胶质包被破裂时才出现，一个群体分成2个或多个子群体。丝状群体的营养繁殖是在丝体不可能无限伸长的情况下出现的，由于动物的取食、丝体内细胞的死亡、丝体内细胞间黏附较弱而引起折断；有些丝状体产生的异形胞衰老后形成空泡，通常从丝状体脱离并导致丝状体的断裂；还有一些藻通过产生段殖体的方式引起营养体断裂。

段殖体（hormogonia）[或藻殖段（honmogones）]是丝状蓝藻特有的结构，是短的毛状体，它从母体丝状体上滑动分离，最终成为一个独立的丝状体。段殖体与营养丝状体的不同在于其具有滑动能力，细胞较小（图2－6），缺少异形胞。在一些种类中，段殖体含有控制浮力的伪空泡。

(a)

(b)

图2－6　颤藻中段殖体的形成（Lee，2012）

（二）无性生殖（孢子生殖）

蓝藻门物种不产生具有鞭毛或纤毛能运动的生殖细胞，只产生非运动性孢子。少数种类可形成孢子及异形胞进行无性生殖。可产生的孢子有：内生孢子、外生孢子、厚壁孢子

（休眠孢子）、藻殖孢等（图 2－7）。

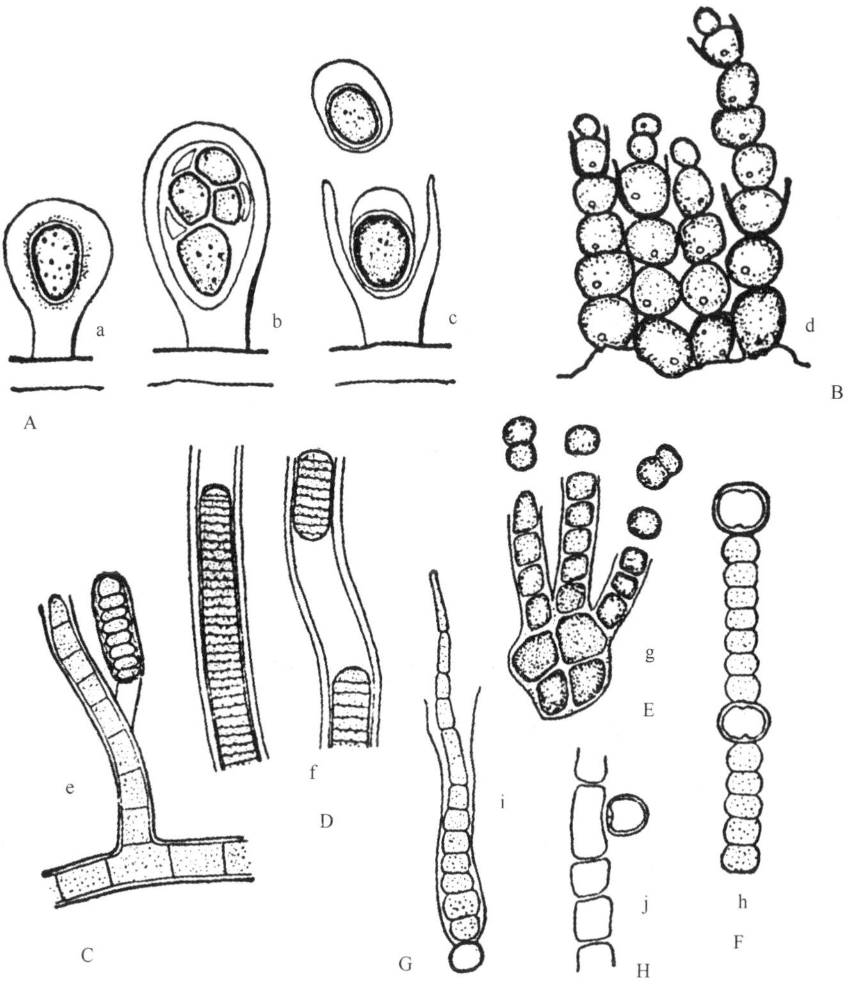

图 2－7 蓝藻繁殖方式（B. Fottt，1971）

A. 一种皮果藻内生孢子的形成（a，b，c）；B. 多形管胞藻外生孢子的形成（d）；
C. 惠氏藻丝体上的一个藻殖段孢子（d）；D. 具有藻殖段的颤藻（f）；
E. *Desmosi phon maculans* 的游离细胞（g）；F. 念珠藻的顶生、间生的异形胞（h）；
G. 胶须藻基部的异形胞（i）；H. 拟念珠藻的侧生异形胞（j）

1. 厚壁孢子

丝状体蓝藻产生厚壁孢子繁殖。可由丝状体中的一个细胞单独形成，也可由相邻的几个细胞同时转化而成。可抵御不良环境。当环境适宜时，孢子立即发育成新的营养丝体。

2. 内生孢子

一些球状蓝藻产生小孢子（baeocyte）［内生孢子（endospore）］。在连续分裂的细胞间不产生新的原生质，原生质从不同平面被分割很多次，形成小形的团块，并充满在细胞壁内，小形团块就是内生孢子，原细胞壁成为孢子囊壁。产生的小繁殖细胞比原始细胞小。在皮果藻（*Dermocarpella*）中，小繁殖细胞从顶孔释放，然后长大变成成熟的有机体。

3. 外生孢子

由蓝藻藻体细胞发育成孢子囊，原生质体在细胞壁内不断分裂，形成小形的团块。产生孢子时，孢子不在孢子囊内成熟，而在孢子囊顶部开口处成熟，成熟的孢子呈念珠状逐个释放。

4. 藻殖孢

其是一种类似藻殖质的短丝体，与藻殖段的不同之处是其外部具有胶鞘包围，形状如同含一藻殖段的孢子，位于母株分枝的顶端，萌发时胶鞘的一端或两端破裂，发育为新的个体。

第二节　分类及其代表种

藻类学界对蓝藻门、纲以下的分类还没有统一的认识。G. Smith，Papenfuss 以及 H. C. Bold 和 Wynne 等在蓝藻门下设 1 纲 3 目，即蓝藻纲 Cyanophyceae（也称黏藻纲 Myxophyceae 或裂殖藻纲 Schizophyceae），包括色球藻目 Chroococcales、管胞藻目 Chamaesiphonales、颤藻目 Oscillatoriales。

一、色球藻目 Chroococcales

藻体单细胞或非丝状群体，无论单细胞还是群体都呈球形。繁殖方法通常是营养细胞的分裂繁殖，少数物种有产生微孢子，不产生内、外生孢子。

色球藻科 Chroococcales 包括：①色球藻属 *Chroococcus*；②束球藻属 *Gomphosphaeria*；③微囊藻属 *Microcystis*；④黏球藻属 *Gloeocapsa*。

1. 色球藻属 *Chroococcus*

又称为蓝球藻，细胞球形、半球形。一般由 2、4、8、16 或更多细胞（很少超过 64 或 128 个细胞）所组成的群体。假空泡或有或无。每个细胞外都个体胶被，群体胶被厚，均匀或有层理。群体中两细胞的相连处平直。大多数种类营浮游生活。

（1）膨胀色球藻 *Chroococcales turgidus*

藻体为 2 ~ 4 个细胞组成的小群体，直径 30 ~ 40 μm。藻体内细胞半球形，每对细胞的相向面扁平。胶质鞘肥厚，层次明显。

分布广，在海洋和淡水中均有分布。

（2）小型色球藻 *Chroococcales minor*

藻体通常由 2 个（少数 4 个或 8 个）细胞彼此成对排列组成小群体。深蓝绿色或橄榄绿色。细胞球形或半球形，每对细胞的相向面扁平，直径 3 ~ 4 μm（不包括胶质鞘），内含物均匀。胶质鞘薄，无层次，透明无色。

在中国海域内首次发现于西沙群岛礁湖内的中潮带至低潮带。

（3）湖沼色球藻盐泽变种

藻体由 4 ~ 16 个，有时为 4 ~ 32 个，最多达 64 个细胞组成胶质群体，群体直径 20 ~

40 μm。

（4）易变色球藻

（5）膜状色球藻

2　束球藻属 *Gomphosphaeria Kuetzing*

藻体通常由小群体组成较大的群体，球形或椭球形，外被透明、无层次的胶质鞘。群体内细胞梨形或倒卵形，小群体有自己的胶质鞘，排列在大群体的球面上，细胞粗端向外，细端向群体中心。

3　微囊藻属 *Microcystis*（微胞藻）

多细胞群体，具共同胶被。群体呈球形、类椭圆形、不规则形或不规则穿孔状。细胞常有假空泡和颗粒。

其喜生活于湖泊、池塘等有机质丰富的水体中，海生物种较少，营浮游生活。温暖季节常大量繁殖形成沙絮状水华，呈铜绿色，渔民称之为湖靛。

4　黏球藻属 *Gloeocapsa*

藻体单细胞或群体。细胞卵形至椭球形，被有较厚的、具有同心层纹的胶质鞘。群体内包含有几代子细胞，由分裂后的子细胞聚集而成。群体外也被有具纹层的胶质鞘，鞘无色透明，有时带有色素，呈现黄、红和紫色。

二、管孢藻目 Chamaesiphonales

藻体单细胞或群体，胶质鞘具有层纹或为特殊的胶质管。繁殖为产生内、外生孢子。包括：①管孢藻科 Chamaesiphonaceae；②皮果藻科 Dermocarpaceae；③宽球藻科 Pleuocapsaceae。

1. 管孢藻科 Chamaesiphonaceae

仅有一管孢藻属。藻体单细胞，呈棒形、柱形或梨形。单独生长或群集在一起。“群集”没有共同的胶质鞘。繁殖时产生外生孢子。

其附着生长在其他藻体的表面上。如筒管孢藻分布在潮间带，附着生长在水生植物体表，特别是刚毛藻等藻体表面。

2. 皮果藻科 Dermocarpaceae

皮果藻科藻细胞为球形、椭球形或梨形。常集成群体，有共同的透明胶质鞘，呈深蓝色、棕褐色或紫红色。繁殖时产生内生孢子。常见有草绿皮果藻和孤生皮果藻。

3　宽球藻科 Pleuocapsaceae

宽球藻科的物种附生在其他藻体、水生被子植物、岩石等的表面上，或能在贝壳上穿孔并在贝壳内生活。

三、颤藻目 Oscillatoria

藻体为丝状体。繁殖时不产生内生孢子或外生孢子，形成藻殖段、异形胞或厚壁孢子。包括：①颤藻科 Oscillatoriaceae；②念珠藻科 Nostocaceae；③双歧藻科 Scytonemataceae；④多列藻科 Stigonemataceae；⑤胶须菜科 Rivulariaceae。

1. 颤藻科 Oscillatoria

（1）束毛藻属 *Oscillatoria*

藻丝体通常呈束状群体，外部无胶质鞘包被。细胞圆柱形，丝体末端钝圆。断裂繁殖，浮游生活，主要为海产，分布于各大洋暖水区。藻丝鲜红色或棕褐色。

（2）颤藻属 *Oscillatoria*

植物体为不分枝的单列藻丝，或由许多藻丝组成皮壳状、块状，无胶质鞘或很少具薄的鞘，直或扭曲，能颤动，故而得名。顶端细胞末端增厚或是帽状体，细胞短柱状或盘状，宽大于高，内含物均匀或具颗粒，无异形胞和厚壁孢子，以藻殖段繁殖。藻体常结集成团在水中漂浮或附于潮湿的土表，亦有营浮游生活的种类。

其分布广，在淡、海水皆有分布，内陆水体几乎无处不有，可形成水华，海产种类主要分布于沿岸。

（3）螺旋藻属 *Spirulina*

单细胞或多细胞组成的丝状体，无胶鞘。藻丝体常围绕其纵轴旋转，呈紧密或疏松的有规则螺旋形弯曲，无异形胞和厚壁孢子，大量繁殖可形成水华，可生于淡水和海水中。

2. 念珠藻科 Nostocaceae

（1）念珠藻属 *Nostoc*

藻丝体不分枝，丝体通常结集成较大的肉眼可见的胶状球形或不规则形群体。细胞通常呈球形或卵形。繁殖时产生异形胞和厚壁孢子。主要分布在淡水环境中和潮湿土壤表面。

（2）鱼腥藻属 *Anabaena*

藻丝单一，或集成群体；自由漂浮，或黏附基质上。整条藻丝粗细一致，或在其两端稍变细；藻丝直或弯曲，或做不规则绕曲，有的藻丝外面有透明、无色的水样胶鞘。每条藻丝亦呈念珠状。

鱼腥藻属与念珠藻属类似，两者的主要区别在于：①鱼腥藻属厚壁孢子常大量在异形胞间形成，异形胞间生，厚壁孢子一个或几个成串；而含珠藻属形成少数厚壁孢子。②鱼腥藻属群体无坚韧定形的总胶被，而念珠藻属有。

鱼腥藻属不少种类具有固氮能力，我国江浙等地在稻田中放养满江红即利用与满江红共生的满江红鱼腥藻 *Anabaena azollae* 所固定的氮来增加稻田肥力。螺旋鱼腥藻 *A. spiroid* 则是白鲢鱼种的优质食物。

第三节　生态分布和意义

（一）适应性强，分布广

蓝藻多数种类生于淡水中，海水中亦存在。85℃温度的热水泉，植物上、石上、树上等阴湿之处，或与真菌共生形成地衣。

（二）形成水华和赤潮

水华蓝藻主要有：微囊藻、鱼腥藻 *Anabaena*、色球藻、螺旋藻、拟项圈藻、腔球藻、尖头藻、颤藻、裂面藻、胶鞘藻、节球藻、束毛藻等十多个属。微囊藻水华极为常见，它是水体富营养化的标志。赤潮蓝藻主要是束毛藻。

（三）固氮

具有固氮能力的蓝藻称为固氮蓝藻（nitrogen - fixingblue - greenalgae），已做过研究或测定过具有明显固氮能力的蓝藻种类约有 160 余种和变种。其中绝大多数属于念珠藻目中的种类，如念珠藻 *Nostoc*、鱼腥藻 *Anabaena*、单岐藻 *Tolypothrix*、筒孢藻 *Cylindros permum*、项圈藻、眉藻 *Calothrix* 等。此外，色球藻目和真枝藻目的一些种类也有固氮能力。固氮蓝藻通过其细胞中固氮酶的作用，将大气中游离态的分子氮还原成可供植物利用的氮素化合物，同时在其生长繁殖过程中不断分泌出氨基酸、多肽等含氮化合物和活性物质，加之固氮蓝藻死亡后释放出大量的氨态氮，因而大大增加土壤肥力。大多数固氮蓝藻的固氮酶都存在异形胞中，因而异形胞被认为是蓝藻的主要固氮场所。将固氮能力较强的蓝藻放养在水稻田中，可以增加土壤中的含氮量，为水稻提供更多的氮素营养。固氮蓝藻中不少种类除能自生固氮外，还能同许多植物形成共生体，使之具有固氮能力。如蓝藻与蕨类植物满江红 *Azolla* 共生，使满江红具有很高的固氮活性，成为我国南方的一种很好的水田绿肥。实际上，它的固氮作用是由共生的固氮蓝藻鱼腥藻所执行的。

（四）产生蓝藻毒素

有些蓝藻产生毒素（蓝藻毒素）。在生理学上有两种基本类型的藻类毒素：神经毒素和肝毒素。

1. 神经毒素（neurotoxins）

神经毒素的成分是生物碱（含氮的低分子质量化合物），在动物和人体中，它阻碍信号从神经元传递到神经元或从神经元传递到肌肉。临床症状包括步履蹒跚、肌肉痉挛、喘气和抽搐。该神经毒素在高浓度时可以致命，这是由于肌肉隔膜失效而导致呼吸停止。神经毒素由鱼腥藻 *Anabaena*、束丝藻 *Aphanizomenon*、颤藻 *Oscillatoria* 和束毛藻 *Trichodesmium* 等产生。

2. 肝毒素（hepatotoxins）

肝毒素是蛋白磷酸酶 1 和 2A 的抑制剂，它能使动物的肝脏功能异常。临床症状包括虚弱、呕吐、腹泻和四肢发冷。蓝藻产生两种肝毒素，即微囊藻毒素（microcystins）和节球藻毒素（nodularins）。微囊藻毒素由微囊藻 *Microcystis*、鱼腥藻、念珠藻、节球藻 *Nodularia* 和颤藻 *Oscillatoria* 产生，而节球藻毒素由节球藻产生。

在富营养化的水体中易出现蓝藻水华。当动物喝水时，蓝藻会被吞噬，随着藻体的死亡，毒素释放到动物肠道中。因而蓝藻毒素常引起全世界范围内牲畜存栏数减少。

（五）蓝藻与饮用水的质量

土腥味素（E - 1，10 - 二甲基 - E - 9 - 萘烷醇）和 MIB（2 - 甲基异冰片）是由蓝藻产生的两个萜类化合物（异戊二烯）。这些萜类化合物属于挥发性有机化合物，有很强的泥土味和霉味，是饮用水中很多怪味的来源。土腥味素和 MIB 不受常规水处理的影响，它们在鱼类和贝类体内的生物累积导致了养殖业和野生群体的异味。土腥味素和 MIB 对脊椎动物（包括人类）是无毒的。人类极少发生蓝藻毒素中毒事件就是因为含有蓝藻的水体中土腥味素和 MIB 产生的气味避免了人类饮用此类水。这两种化合物通常可以在淡水和固体生境中被发现，但很少在近海海洋环境中发现，它们还可以被用作陆地指示剂。蓝藻产生的这些易挥发有机化合物还可以作为信息素来吸引线虫，线虫在蓝藻群落中摄食和存放卵。

（六）蓝藻食品

蓝藻含有较高的蛋白质（一般为 20% ~50%）、较完备的氨基酸和多种维生素。有些蓝藻可作为食品和动物食品添加剂。

1. 螺旋藻 *Spirulina*

螺旋藻营养丰富，为乍得和墨西哥的传统食品，已大规模人工培养作为保健品、化妆品及用于养鱼饲料。目前国内外工厂化培养的种类主要是钝顶螺旋藻和极大螺旋藻，其中钝顶螺旋藻含蛋白质高达 53% ~72%。

在中国，螺旋藻产业是由国家科学技术委员会支持的一个自然战略计划，1996 年有 90 多家螺旋藻工厂，总计 100×10^4 m^2 的生产面积。除了螺旋藻片剂和胶囊，还有糕点和含有螺旋藻的巧克力。

2. 念珠藻 *Nostoc*

发菜，学名发状念珠藻 *N. flagelliforme*，产中国西北干旱地区，蓝菌门念珠藻目，在我国被收集来当做食物已有超过 2000 年的历史。葛仙米，学名拟球状念珠藻 *N. sphaeroides*，产华中、华南山区稻田和湿地；地木耳，学名普通念珠藻 *N. commune*，两种念珠藻常被用于配菜。

第三章　红藻门 Rhodophyta

红藻门 Rhodophyta 物种是一类含有藻胆蛋白的真核藻类，其共同特征是：①藻体多呈红色。色素体中除含有叶绿素 a、β－胡萝卜素和叶黄素类外，还含有辅助色素藻红素和藻蓝素。②物种的生殖，无论是有性生殖或无性生殖，都不产生具有鞭毛、能运动的生殖细胞。有性生殖产生不动精子；无性生殖产生无鞭毛、不能游动的孢子。

红藻门是一类古老的真核生物类群，化石记录可追溯到 12 亿年以前，迄今已记载的红藻种类约 4 000 种，

第一节　概述

一、外部形态特征

红藻门物种外形多样，除少数是单细胞（如紫球藻属 *Porphyridium*）或群体外，绝大多数为多细胞体。其中有简单的单列细胞或多列细胞组成的丝状体，或由许多藻丝组成的圆柱状、亚圆柱状、叶状、囊状或壳状，分枝或不分枝的宏观藻体，其中少数钙化。藻体直立或匍匐，基部由分枝丝状假根或多细胞盘状固着器固着于基质上（图 3－1）。群体类型海藻由细胞被胶质包埋而成分枝丝状体，如角毛红藻属 *Goniotrichum*。多细胞藻体一般较小，高约 10 cm 左右，少数可超过 1 m。由藻丝组成的藻体有两种类型：①单轴型藻体中央有一条轴丝，由它向周围各方生出侧丝，形成“皮层”；②多轴型藻体中央由许多中轴丝组成髓部，再由髓部向外生出侧丝，形成“皮层”。

解剖学上较高等的红藻具有表皮、皮层和中央髓部。如，龙须菜 *Gracilaria lemaneiformis* 横切面观显示中间髓部组织和周边的叶肉细胞，由中间往周边，细胞体积不断减小，叶肉细胞具有叶绿体，而髓部细胞不具有叶绿体等显微可见的细胞结构。而大部分较低等的红藻不具有复杂的形态学或解剖学结构分化（图 3－2）。

红藻的生长方式有顶端生长、居间生长和弥散式生长三种方式。

（1）顶端生长：由一个半球形顶端细胞横分裂或斜分裂形成分裂节，每一分裂节再继续分裂形成围轴细胞或原始围轴细胞。红藻门多数物种为顶端生长。

（2）居间生长：由居间分生组织分裂、生长（和分化）的过程。仅少数红藻为居间生长，主要存在于红叶藻科、珊瑚藻科中的几属。

（3）弥散式生长：藻体任何部位的细胞都可分裂生长。主要存在于红毛菜科。

二、细胞学特征

红藻细胞结构的主要特征是：细胞没有鞭毛，丝状种类红藻的细胞间有纹孔连接，具

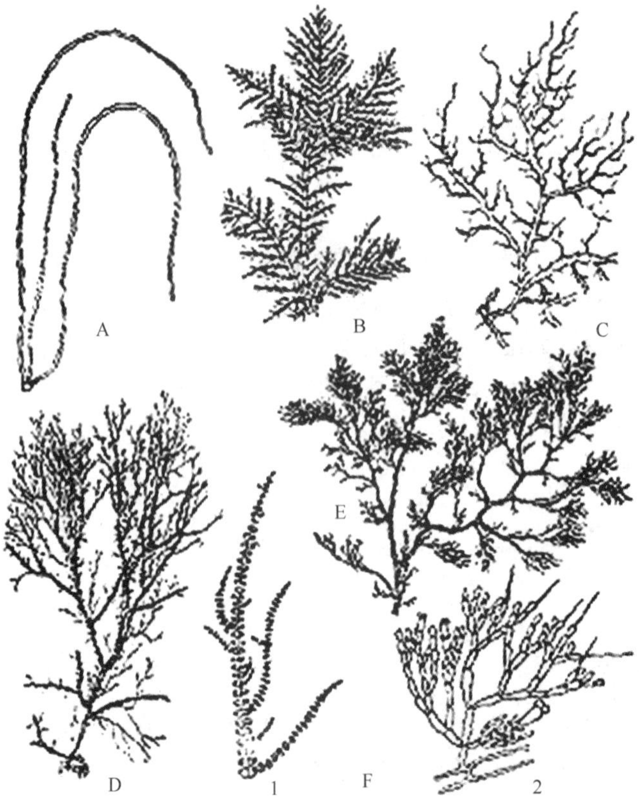

图 3－1　红藻中常见种类

A. 海索面属；B. 松节藻属；C. 珊瑚藻属；

D. 石花菜属；E. 仙菜属；F. 串珠藻属

1. 串球藻属植物体；2. 串球藻属植物体的部分放大

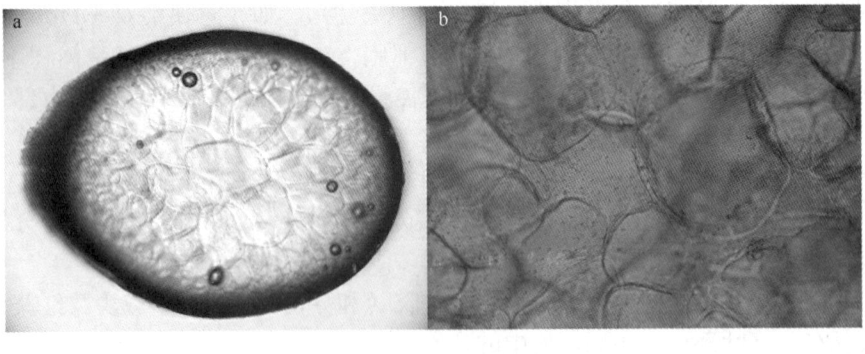

图 3－2　江蓠横切面观

a. 中间髓部组织和周边的叶肉细胞（由中间往周边，细胞体积不断减小，叶肉细胞具有叶绿体）；

b. 髓部细胞（不具有叶绿体等细胞结构）

有真核类型的细胞核，没有叶绿体内质网，类囊体单条不成束型，红藻淀粉粒位于叶绿体外的胞质中（图3－3）。

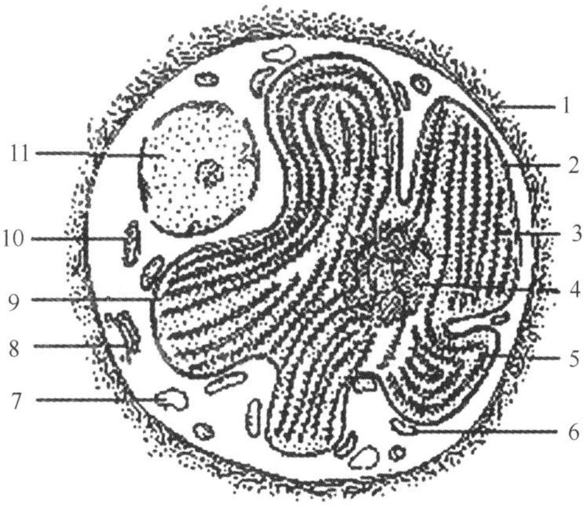

图3－3　紫球藻细胞结构模式图

1. 细胞壁；2. 载色体膜；3. 单条类囊体；4. 蛋白核；5. 藻胆体；6. 红藻淀粉；7. 泡囊；8. 高尔基体；9. 星芒状载色体；10. 线粒体；11. 细胞核

（一）细胞壁

大多数红藻的细胞壁由内、外两层组成。内层坚韧，紧贴于细胞质，由纤维素组成；外层由藻胶组成，如琼胶、海萝胶、卡拉胶等。在红毛菜目（红毛菜属和紫菜属）的单倍体阶段，以β－1，3糖苷键相连的木聚糖（由木糖残基组成的多糖）取代纤维素行使此种功能。单细胞红藻含有无定形的硫酸多糖基质，细胞外没有纤维素。在其他种类中，无定形多糖或黏液存在于纤维素微纤维之间。无定形黏液中的两类主要物质是琼胶和卡拉胶。这些黏液的含量可占细胞壁干重的70%。有时，细胞壁外侧含有主要由蛋白质组成的角质层。

有些物种的细胞壁上还发生钙化作用。如珊瑚藻目的所有成员和海索面目的某些种类（粉枝藻、乳节藻等）在细胞壁外沉积有碳酸钙。珊瑚藻目主要以方解石的形式沉积碳酸钙；而海索面目主要以霰石的形式沉积碳酸钙。

（二）纹孔连接

纹孔连接出现在除紫球藻目 Porphyridiales 和单倍体阶段的红毛菜目 Bangiales 以外的所有红藻细胞间。红藻细胞的纹孔连接是由一个位于两个藻体细胞间的类似于蛋白质的塞芯组成（图3－4）。盖膜将塞芯与相邻的胞质分开。纹孔连接含有蛋白质和多糖。在某些红藻中，纹孔连接的塞，从处在发育中的产孢丝细胞间移开，使得细胞间的原生质得以连通，并使得代谢物可通过纹孔进入到处于发育中的生殖细胞内。

（三）原生质体

多数红藻物种所含的细胞质黏度很高，原生质体紧贴于细胞的内壁。一般情况下，原生质体收缩引发的质壁分离，会引起细胞的死亡。因此多数红藻对培养液浓度变化较为敏感。大多数的红藻细胞内有一个中央液泡，液泡内容物的 pH 值为4～6.8。它们的渗透压

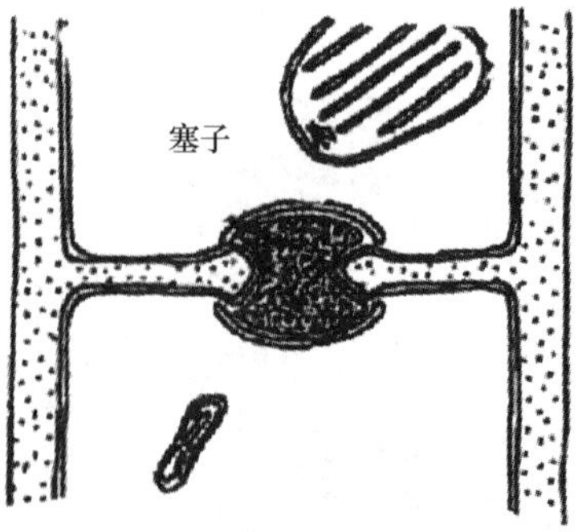

图3-4　红藻细胞中的纹孔连接（Lee，1971）

一般比海中生长的褐藻和绿藻低，生长在深海的红藻，一般为海水的1.5倍，而生活在海滨的物种则为海水的2~2.2倍。

（四）细胞核

红藻细胞内的细胞核数目不定，多数物种只有1个核，有的物种细胞幼年含1个核，到了老年期则含数个核，如石花菜目、红皮藻目和仙菜目中的许多种。核大小不定，如海头红的中轴细胞含1个大核，直径30~35 μm，其周围细胞含有许多小型核。仙菜科Ceramiaceae藻体的中轴细胞所含的细胞核也比周围细胞的大。生殖细胞通常只具有1个核。多数营养细胞的核较小，平均直径为3 μm。核中往往有1个（有时几个）明显的核仁，此外还有发达的核网，并有染色质颗粒，染色质的含量很少。

（五）色素体和色素

1. 色素体

红藻门物种的叶绿体具有两层叶绿体被膜，叶绿体被膜外无叶绿体内质网。藻胆素分布于类囊体表面的藻胆体中，与蓝藻类似（图3-5）。红藻色素体的形状和数目的多少，往往作为物种进化的标准之一。在形态简单、较为原始的红藻中，叶绿体通常为星形轴生（图3-3），中央含有1个无色的淀粉核（无淀粉鞘），如红毛菜目Bangiales和海索面目Nemalionales的许多物种都有星形色素体。在较高等的红藻中，如胭脂藻属*Hildenbradia*和角叉藻属*Chondruscrispus*的光合作用细胞，具有大的单一侧生色素体，通常为盘状，成熟细胞的侧生叶绿体往往成片状或裂状。

淀粉粒类型和叶绿体结构表明红藻是比较原始的藻类。除绿藻和轮藻的光合作用产物贮存在叶绿体内外，其他各门藻类的贮藏物质都成颗粒状，分散在原生质中。

2. 光合色素

叶绿体所含的色素包括叶绿素a和类胡萝卜素以及水溶性辅助色素——藻胆蛋白，包括藻蓝蛋白、别藻蓝蛋白及藻红蛋白，其中藻红蛋白常常是占优势的色素，使红藻显示红色。藻胆蛋白存在于类囊体表面的藻胆体中。含有藻红蛋白和藻蓝蛋白的藻胆体呈球形，而只含有藻蓝蛋白的藻胆体呈圆盘状。两种色素受强烈日光照射后，多数分解，藻红素比藻蓝素对强光更敏感。两种色素的总量和比例随季节和生长环境不同而有差异，藻体颜色

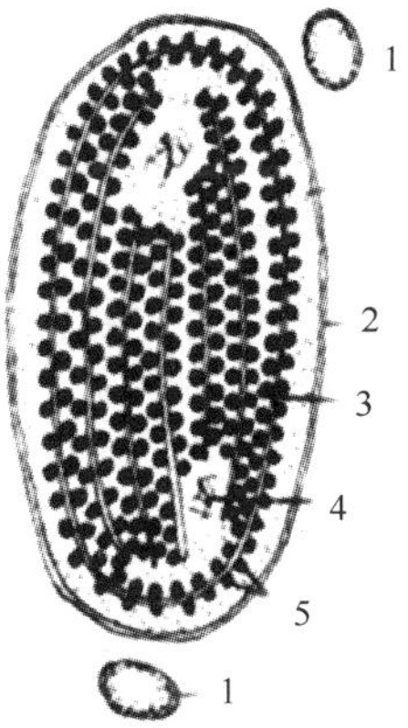

图 3－5　红藻的叶绿体的结构

类囊体呈单条不形成束，不具叶绿体内质网膜，淀粉粒位于叶绿体外的胞质中

1. 淀粉粒；2. 叶绿体被膜；3. 类囊体；4. DNA；5. 藻胆体

（Lee，2012，Robert Edward Lee，2012）

和藻红素与藻蓝素的比例有关。深海中的红藻呈红色，含大量藻红素而不含藻蓝素；海滨区红藻呈紫色、暗棕红色、红紫色。

红藻中存在补色适应性。橙色和红色光刺激吸收长波的藻蓝蛋白的产生，而蓝、绿色光则刺激吸收短波的藻红蛋白的形成。生长在深海中的红藻呈深红色，生活在海滨区的红藻呈紫色、暗棕红色、红紫色，这是由于所含藻蓝蛋白与藻红蛋白的比例不同所致。淡水的红藻类如串珠藻属 *Batrachospermum*、鱼子菜属 *Lemanea* 呈深绿色和蓝绿色，这是由于色素体中所含的藻蓝蛋白的量比藻红蛋白多造成的。

（六）储藏物质

红藻糖苷（floridoside）［O－a－D－呋喃半乳糖－（1，2）－丙三醇］是红藻中主要的光合产物，随着介质盐度的增加，红藻细胞中红藻糖苷的浓度也会增加，降低细胞渗透势，从而防止红藻细胞因外界盐度增加而丢失水分。在某些海洋红藻的藻体中，红藻糖苷的含量最多可占其干重的 10%。与高等植物一样，磷酸甘油酸是最早被观察到的光合作用产物，红藻糖苷在光照 30s 后开始出现，到 2h 后即成为主要的光合产物。红藻糖苷似乎与绿藻和高等植物中常见的光合产物——蔗糖具有相同的功能。

红藻淀粉以颗粒形式存在于叶绿体外的胞质中（图 3－5）。红藻淀粉类似高等植物的支链淀粉，它可被碘染成紫罗兰色（与碘化物反应呈黄褐色，再变为红色至紫红色或蓝色）。在较原始的红藻中，淀粉粒围绕着叶绿体淀粉核聚集成一个鞘，而在较高等的红藻中，淀粉粒散布在胞质中。

三、繁殖和生活史

在红藻的繁殖过程和复杂的生活史中，没有游动细胞阶段。这是红藻门物种的重要特征。

（一）繁殖结构

1. 果胞

果胞是红藻的雌性生殖器官，由一个膨大的基部和细长受精丝组成。果胞中通常有两个核，一个位于受精丝中，它在果胞成熟后很快退化；另一个位于果胞的基部，它作为雌配子的细胞核（图3－6）。大多数红藻中，果胞的基部为短的、通常呈分枝状、由3～4个侧生细胞组成的果胞枝（图3－7）。

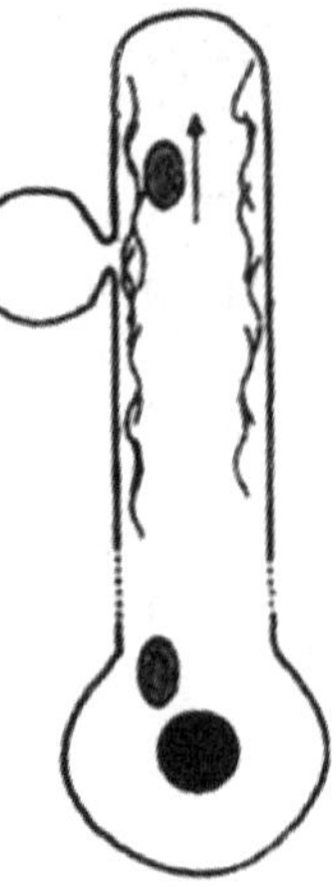

图3－6　红藻果胞（Lee，2012）

2. 辅助细胞

较高等的红藻具有辅助细胞（图3－7），分为营养型辅助细胞和生殖型辅助细胞两种。营养型辅助细胞为果孢子体发育提供营养。生殖型辅助细胞可与受精的果胞融合形成多核的融合细胞，产生产孢丝。

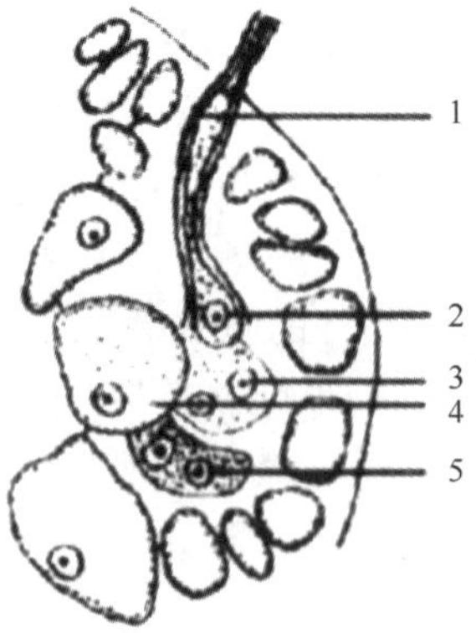

图3－7　海头红的果胞枝（郑伯林等，1961）

1. 受精丝；2. 果胞；3. 果胞枝细胞（果胞枝由3个细胞形成，果胞枝的支持细胞为辅助细胞）；4. 辅助细胞；5. 果孢子囊

3. 产孢丝

受精果胞形成的二倍体组织产生“产孢丝”。产孢丝在其末端产生果孢子囊，果孢子囊进而形成果孢子。

4. 不动精子

红藻的不动精子呈球形或椭圆球形（图3－8），由精子囊产生。每个精子囊内形成单个不动精子，不动精子释放后留下空的囊泡。精子囊形成于精子囊母细胞上 。

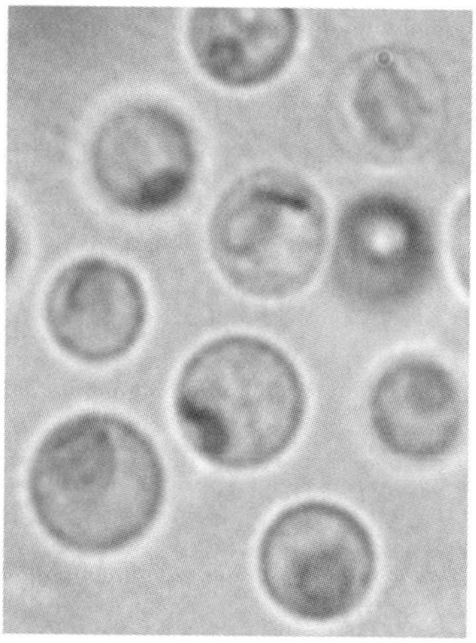

图3－8　红毛菜的不动精子（汪文俊摄）

5. 果孢子体

又叫囊果，是红藻生活史中的特殊个体。由合子经过或不经过减数分裂后的细胞演化而成，寄生在雌配子体上。

6. 果孢子

由果孢子体（囊果）产生的（图3－9），果孢子萌发成的藻体有配子体（合子经过减数分裂），也有孢子体（合子不经过减数分裂）。

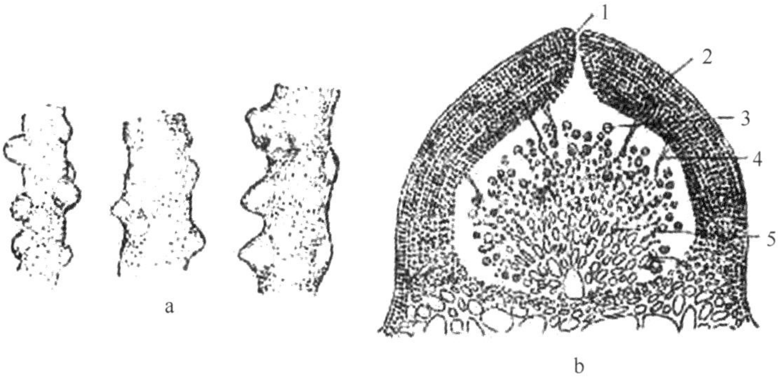

图3－9　江蓠的囊果（果孢子体）横切面观与囊果外观

a. 囊果外观；b. 囊果横切面观

1. 囊果孔；2. 囊果被；3. 果孢子；4. 滋养丝；5. 产胞丝

7. 无性孢子

单室孢子囊（1 个孢子囊产生 1 个孢子）和复孢子囊（1 个孢子囊产生 1 个以上孢子）产生的无性孢子，可形成与亲体一致的藻体。四分孢子是红藻门物种在无性生殖中产生的主要孢子类型，是由孢子体的营养细胞形成孢子囊母细胞，由它经过减数分裂产生四分孢子囊（图 3 – 10），其中产生 4 个孢子，为单倍体。在形态上完全一样，但在本质上有性的差别，有 2 个孢子萌发成雄配子体，另外 2 个为雌配子体。

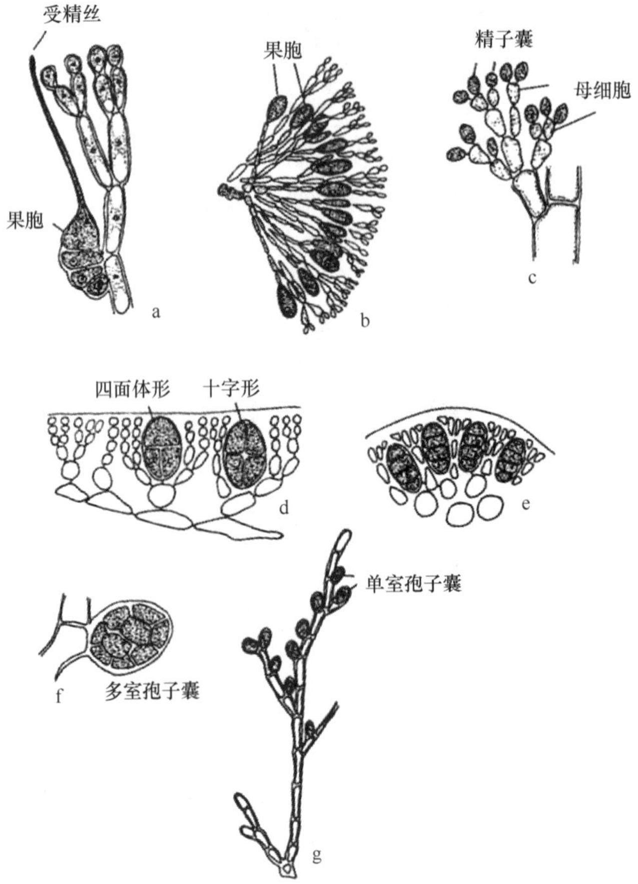

图 3 – 10　红藻的繁殖结构（Kylin，1930，1924，1928）

a. 粉枝藻（*Liagora viscida*）一段藻丝，它含有 1 个果胞枝；

b. 粉枝藻的产孢丝，内部有果孢子；

c. 顶丝藻 *Acrochaetium corymbiferum* 的精子囊小枝，它含有精子囊和精子囊母细胞；

d. 滑线藻 *Nemastoma laingii* 的四面体状和十字状四分孢子囊；

e. 钩沙菜 *Hypnea musci formis* 的带状四分孢子囊；

f. 多孢藻 *Pleonosporium vancourveianum* 的多室孢子囊；

g. 星体藻 *Kylinia rhipidandra* 的单室孢子囊

（二）繁殖方式

红藻门具有无性繁殖和有性繁殖两种主要繁殖方式。在红藻的生活史中，没有游动细胞（包括精子和孢子）阶段，这是红藻门物种的重要特征之一。

1. 营养繁殖

红藻可通过藻体断裂进行繁殖，这种繁殖方式普遍存在于红毛菜科的孢子体世代。紫球藻科单细胞藻以细胞分裂的方式进行繁殖。

2. 无性生殖

红藻的无性生殖即孢子生殖可分为单孢子生殖和四分孢子生殖两种主要方式。单孢子生殖出现在红毛菜亚纲的其他种类中，由营养细胞直接转化为单孢子囊，每个孢子囊具有 1 个单孢子，或营养细胞经过几次分裂形成单孢子囊，每个孢子囊中具有多个单孢子，单孢子与母细胞的遗传特性一致。四分孢子生殖出现在真红藻亚纲，由孢子体的营养细胞形成孢子囊母细胞，经过减数分裂，产生四分孢子囊（tetrasporangium），其中有 4 个孢子，为单倍体（haploid）。四分孢子形态上完全一样，但产物不同。通常 2 个孢子萌发成雄配子体；2 个孢子萌发成雌配子体。四分孢子囊分裂的方式有十字形（cruciate）、四面锥形（tetrahedral）与带形（zonate）。

3. 有性生殖

红藻一般为雌雄异株，少数为雌雄同株，红藻的有性繁殖方式都是卵式生殖。雌性生殖器为果胞，雄性生殖器为精子囊。精子囊产生精子，释放后，与果胞结合，受精果胞形成果孢子囊。精子和果孢子都不具有鞭毛，不能游动。在红毛菜亚纲，果胞由营养细胞直接分化而来，果胞两端具有微小突起，称之为原始受精丝；精子囊由普通营养细胞经有丝分裂而成，1 个精子囊具 8～128 个不动精子。真红藻纲的物种，果胞由雌株营养细胞分化而来，果胞一端具有受精丝。精子囊母细胞由雄株营养细胞分化而来，有的由皮层细胞形成，有的由特殊的丝体形成；前者所产生的精子囊常分布在藻体表面或集生成群，后者精子囊有的呈伞房形排列，有的集生成精子囊群枝，丛生成葡萄状或其他形状。每一精子囊形成 1～2 个不动精子。

（三）生活史

红藻的绝大多数种类都有三个世代的藻体进行世代交替，即孢子体世代，配子体世代和果孢子体世代。

在有性繁殖过程中，配子体产生单倍的精子和卵子，不动精子产生后通过水流被动地运向雌性生殖器官果胞进行受精，精子和卵子结合为合子，形成果孢子体，果孢子体不能独立生活，寄生在配子体上。

受精后的合子的发育有两种情形：①立即进行减数分裂，产生单倍体果孢子，单倍体果孢子进而发育成单倍体藻体，即配子体（如海索面目）；②而大多数红藻的果孢子体产生果孢子时，不减数分裂，而是发育成二倍体果孢子体，寄生在配子体上，产生二倍的果孢子，二倍果孢子萌发形成二倍体的四分孢子体，四分孢子体随后产生单倍体的四分孢子，孢子体在四分孢子形成时进行减数分裂，四分孢子萌发成雌、雄配子体（图 3－11）。

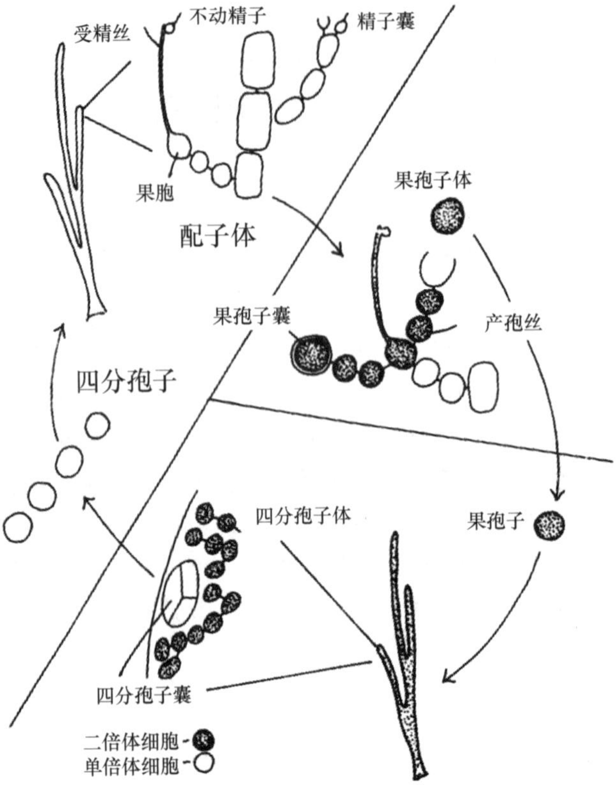

图 3－11 典型红藻的简化生活史（Lee，2012）

受精后的合子直接分裂或间接通过辅助细胞形成产孢丝，由产孢丝再形成果孢子囊，许多果孢子囊集生成为果孢子体，一般称囊果。囊果具果被，由雌配子体分裂而成的果被包围；有的不具果被；前者常具有 1～2 个囊孔。果孢子体产生二倍体的果孢子。

四、生态分布

（一）纬度分布

红藻为全球性分布的一大类水生植物。海洋红藻在几乎所有纬度的潮间带和潮下带都有分布，但从赤道到寒冷海域其分布具有不同的特征，温带海域更为繁盛。与褐藻和绿藻相比，在极地和近极地地区，红藻藻体较少，而褐藻和绿藻种类占优势；但在温带和热带地区，红藻种类数目远多于褐藻和绿藻。红藻藻体的平均大小也因所处地理区域的不同而异。在冷温带地区红藻藻体大而肥厚，而在热带海域，大多数红藻（大量钙化的形态除外）藻体小而呈丝状。其水平分布以及藻体大小主要与温度适应性有关。

（二）深度分布

除单细胞种类外，所有红藻种类营附着生活，其中除附生种类外，均营底栖生活。红藻种类在海洋中的垂直分布也是十分广泛的，有些种类占据潮间带高潮位、在最大落潮时可耐受 7～8 h 的日晒干出，有些种类可生活于 200 m 水深的海底。潮间带红藻可启动复杂的内部适应机制，以适应由潮汐引起的干出和沉没两种截然不同的环境，在落潮干露时抵抗干出失水、强光/紫外辐射，涨潮沉没时恢复正常的生理活动。潮间带红藻的种类相比褐藻和绿藻也更为丰富。由于红藻主要补光色素蛋白——藻蓝蛋白，可吸收利用较深层海水中的蓝绿光，另外，还具有非光依赖型原叶绿素酯还原酶，可在黑暗和弱光条件下，生成叶绿素，因此可以在其他藻类类群难以生存的海洋深水中生活，而且常常成为深海植物区系的优势种。

（三）水域分布

红藻大部分种类生活在海水中，但在淡水中也发现大约 200 种。淡水红藻的个体大小总体上不及海洋红藻。大多数淡水红藻生活在到流速较大的溪流或湖泊中，一般流速在 30 cm/s 以上。这种急流有利于补充营养、增加气体交换、去除浮泥、附生微生物等，但其适应性机制目前尚不清楚。

五、研究和利用价值

（一）钙化构成礁石

一些红藻有钙化现象，并在构成礁石方面，特别是在形成环礁的藻脊上起了很大的作用。目前已发现珊瑚藻科 40 属、600 种的钙化红藻分布于从北极寒冷水域到加勒比海洪都拉斯的热带环礁。在英格兰和法国的南部海岸有人采集泥灰岩，这是一种珊瑚藻属红藻的钙化残体，它被用来代替石灰，用以降低土壤的酸度。随着 CO_2 排放增加，海洋酸化问题日趋严重。珊瑚藻成为研究海洋酸化的模式指示种。

（二）食品与饵料

红藻对人类有着重要的意义（见第 2 章），它可直接作为碱性健康食品，如众所周知的紫菜（海苔），还有江蓠、卡帕藻、红毛菜等，另外还有未被人工栽培的海萝。紫菜是我国第一大栽培海藻（计栽培面积），其食用人群非常庞大，被誉为营养价值最高的海藻，是最接近动物蛋白的植物蛋白。除紫菜、红毛菜，其他已开发利用的红藻种类主要作为工业提取原料，用于提取琼胶（石花菜属 *Gelidium*，鸡毛菜属 *PterocladZo*、江篱属 *GracfZarfa*）、卡拉胶（角叉菜属 *Chondrus*、沙菜属 *Hypnea*、卡帕藻属）、帚叉藻聚糖胶（叉红藻属 *Fucellaria*）和海萝聚糖胶（紫菜属）。

除了为人类直接利用外，红藻可作为各种鱼类和无脊椎动物的饵料，是底栖动物群落食物网的一种重要食物来源。在水产中，可作为饲养动物的饵料。据统计 60% 左右龙须菜用作鲍鱼的饵料。

第二节　分类及其代表种

传统的分类法将红藻门分为原红藻纲 Protoflloriedeae 和真红藻纲 Florideae 两个纲。原红藻纲特点是藻体简单，多为单细胞、丝状体或膜状体；藻体生长为间生，细胞间无孔状联系；无性繁殖产生中性孢子或单孢子；少数种类为有性繁殖，果胞具有原始受精丝，精子由营养细胞重复分裂形成；合子直接分裂成果孢子。真红藻纲特点是顶端生长，细胞间有孔状联系；无性繁殖产生四分孢子；有性繁殖普遍，果孢有高级受精丝；1 个精囊形成 1 个精子；合子核经过转变，到达特别的辅助细胞，发育成造孢丝——果孢子体，产生果孢子；孢子体产生四分孢子，减数分裂；藻体为丝状体、假膜状体或膜状体。

而近年来也有藻类学家建议红藻门只设一个纲，即红藻纲（Rhodophyceae）。因为已经发现原红藻亚纲红毛菜科（Bangiaceae）在贝壳丝状体（Conchocelis）阶段具有纹孔连接和顶端生长，也具有有性生殖，而细胞间的纹孔等特征是原红藻纲和真红藻纲的主要区别。同时，不是所有真红藻亚纲的红藻都是顶端生长（珊瑚藻目 Corallinales 存在居间生长），它们也不都具有三相生活史。鉴于以上原因，Gabrielson（1985）建议将这两个亚纲归并为红藻纲。

鉴于红藻门物种较多，分类复杂，且存在诸多争议，本书中仅介绍几种常见的红藻门物种。

一、红毛菜属 *Bangia*

藻体为不分枝的丝体，幼期由单列细胞组成，长成后藻体上部细胞纵裂成许多列，顶端有一凸圆形的细胞，但再生长为间生长。幼时由基部细胞固着，老的藻体基部产生无隔假根，穿过胶质壁固着基质。

无性繁殖时营养细胞直接分裂为 2 个、4 个或多个孢子。

有性繁殖雌雄同体或异体，精子囊由营养细胞重复分裂形成。果胞具有短受精丝，直接由营养细胞形成。果胞受精后，合子核经减数分裂，再行有丝分裂形成 4 个或 8 个果孢子。

本属物种大多生长在潮间带的岩石上，集生成片，遮盖石面。

红毛菜 *Bangia atropurpurea* 颜色紫红，高一般为 3 ~ 10 cm，最高可达 15 cm，径宽 40 ~ 70 μm，横切面细胞呈辐射状排列，每个细胞有一中位的星状色素体。属泛暖温带性海藻，生长于中、高潮区的岩礁、竹枝、木头或其他藻体上。生长季节较紫菜略早，盛产于 9 月底至 12 月。

红毛菜是一种鲜美的食用海藻。福建莆田县渔民常卷搓成长约 10 余厘米的绳索状，以鲜品或晒干在市场上出售。该种已有许多地方进行人工养殖。

二、紫菜属 *Porphyra*

藻体为单层或双层细胞组成的薄膜状叶状体，除个别外，均由单层细胞组成。通常呈紫红色。基部由盘状固着器固着于基质上，无柄或具有小柄；边缘全绿或有锯齿；细胞由胶质包被，内含 1 个或 2 个星形色素体，含 1 个淀粉核。

无性繁殖时叶状体由营养细胞与表面垂直分裂形成单孢子。丝状体产生壳孢子。

有性生殖为雌雄同体或异体。精子囊由藻体边缘细胞开始分裂，形成 16，32，64 或 128 个精子囊，各产生 1 个精子，精子无色或黄色。

果胞由藻体边缘的营养细胞形成，上端略突出呈原始受精丝，内含一卵核，受精后形成合子，合子核经有丝分裂形成 8 ~ 32 个果孢子。精子囊和果孢子囊在不同种的紫菜中都有一定的分布区（图 3－12）。

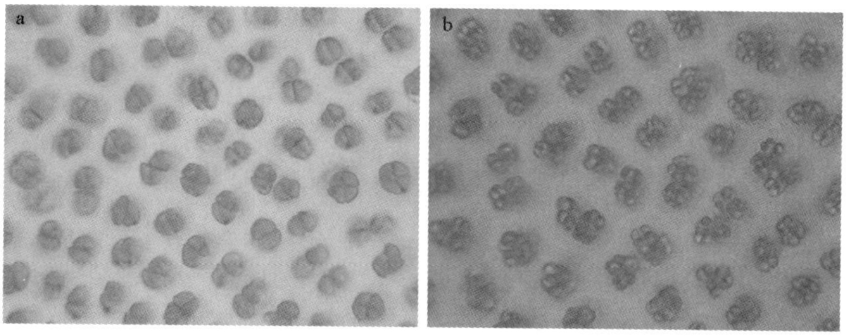

图 3－12　紫菜的果孢子囊（a）和精子囊（b）

紫菜属有 25 种，海产，从中国海南岛东北部一直到北方海滨都能生长，北极地带也有存在。常见的人工养殖的种有：长紫菜（*Porphyra dentata*）、坛紫菜（*P. haitanensis*）、绉紫菜（*P. crispata*）、圆紫菜（*P. suborbiculata*）、条斑紫菜（*P. yezoensis*）等。不同种类的紫菜的边缘形态和精子囊、果胞子囊的分裂方式和数目不同，是分类的主要依据。条斑紫菜边缘有皱褶，细胞排列整齐，平滑无锯齿，雌雄同株，属于北方沿岸常见种；圆紫菜边缘为刺缘；坛紫菜有稀疏的锯齿；甘紫菜则为全缘。坛紫菜为中国所特有。它们大多生长于风浪较大的潮间带中潮区上层至潮上带浪花可以打到的岩礁或贝壳上。

甘紫菜 *Phyra tenera* 为叶状而较黏滑的膜状体，呈长盾形或椭圆形，基部有盘状固着器，体长一般为 15～20 cm，宽 10～16 cm，个别藻体长可达 50 cm，宽可达 30 cm。藻体颜色随着年龄而变，幼时浅粉红色，以后逐渐变为深紫色，衰老后颜色逐渐转为浅紫黄色。藻体边缘为全缘，呈波状。细胞表面观呈圆形，排列不规则。藻体由 1 层细胞组成，切面观宽 15～20 pm，细胞高约为宽的 1.5 倍，略呈方形。每个细胞有 1 个细胞核，1 个星形色素体，1 个淀粉核。

无性生殖通过产生单孢子来进行。

有性生殖为雌雄同体。果胞和精子囊都由藻体边缘营养细胞形成。1 个营养细胞分裂成 64 个精子囊，排成 4 层，每层 16 个。每个精子囊内含 1 个精子，无色，因此产生精子囊的部分变为白色或黄白色。果胞内有 1 个卵核。精子成熟后释放到水中，随水流漂至受精丝上，进入果胞与卵接合成合子，合子经分裂形成 8 个果孢子，排列两层，每层 4 个，表面观和切面观都是 4 个，果孢子成熟后离开母体钻入贝壳内萌发成为丝状体。

丝状体细长，具有不规则的分枝，细胞间有孔状联系。从形态上看，可区分为丝状藻丝和膨大藻丝两种。丝状藻丝在 3 个月时间内逐渐转化成膨大藻丝。膨大藻丝成熟时形成壳孢子，在适宜的温度下即可放散壳孢子。膨大藻丝的横膈膜溶解，成为子囊管，子囊管通到贝壳表面，藏在管内部的壳孢子为管状放散，近壳面的则呈星丝藻式放散。当晚秋水温适宜（20～15℃）时，放散的壳孢子萌发成紫菜叶状体。

甘紫菜的生活史：叶状体于秋末冬初出现，至来年春天表面水温 15℃ 左右时，经 10～14 d 后，形成性器官，经过受精过程形成果孢子，果孢子成熟后离开母体，附于贝壳或其他石灰基质，萌发成为丝状体，丝状体在晚秋水温为 20～15℃时，经减数分裂产生大量壳孢子，壳孢子又萌发成紫菜叶状体。

此外，甘紫菜丝状体在初夏水温为15～20℃时，也能产生壳孢子，发育成夏型小紫菜，夏型小紫菜又能产生单孢子，此种单孢子仍萌发为小紫菜，在整个夏天中，可以重复2～3代。但至晚秋，水温降至20～17℃后，小紫菜所产生的单孢子，亦有可能萌发为大紫菜。此外，甘紫菜的叶状体在初夏及晚秋水温高于15℃时，也能形成单孢子，然后可直接萌发为叶状体。以上两种繁殖方法为甘紫菜生活史中的侧径。

甘紫菜生于海湾内较平静的中潮带岩石上，为阳生藻类，耐干性强，在含磷、氮量较多的环境生长茂盛。生长期自11月开始出现，至次年5月底开始逐渐消失，最盛期为3—4月；春末夏初，水温渐高，甘紫菜叶状体逐渐消亡。甘紫菜的生长期间，海面水温由11月上旬的16℃逐渐下降到翌年2月份的2℃，然后又逐渐上升到5月底的7℃。

甘紫菜的丝状体和叶状体的生态习性有很大差别。丝状体生长在低潮线的贝壳内，怕强光，不耐干燥，喜高温，20℃时生长良好。

近20年对紫菜生活史和核相转换规律的系列研究表明，主要栽培种类条斑紫菜由壳孢子萌发到四细胞幼叶体时进行减数分裂，并证明四细胞幼叶体长成的紫菜苗多数是嵌合体植株，具有遗传上的多样性，即使是由一个壳孢子萌发长成的幼叶状体在大多数情况下也是由遗传背景不同细胞组成的嵌合体，因而利用叶状体得到果孢子接种贝壳的传统育苗技术是不能得到线性系的。

三、石花菜属 *Gelidium*

其为红藻门石花菜目（Gelidiales）石花菜科的一属，紫红色至暗紫色。藻体单轴型，主枝圆形至扁压，两侧具羽状或对生分枝。软骨质，直立或匍匐。枝内部具一中轴丝，四周为皮层，外皮层细胞小，含色素体。顶端生长。

生活史中具有两个外形相似但本质不同的世代（孢子体和配子体），此外，还有第三个世代寄生于配子体上，即果孢子体世代。四分孢子是由双相的孢子母细胞经过减数分裂而形成的，四分孢子呈十字形分裂。

常见的物种有石花菜 *Gelidium amansii*、小石花菜 *G. divaricatum*、中肋石花菜 *G. japonicum*、大石花菜 *G. pacificum*、细毛石花菜 *G. crinale*、匍匐石花菜 *G. pusillum* 和钝顶石花菜 *G. kintaroi* 等。

1. 石花菜 *Gelidium amansii*

石花菜藻体直立，一般高10～20 cm，有的可达30 cm，固着器假根状，枝和分枝扁压，两侧羽状分枝。互生或对生，长短交错，通常为2～3回的羽状分枝。分枝末端急尖。藻体紫红色，但因环境不同，有时可呈深红色、酱紫色，在受光多的海区呈淡黄色，基部假根无色。顶端生长，由顶端细胞生成中轴丝，每一细胞分成4个围轴细胞，由它们再分裂生出皮层与髓部。幼时中轴丝明显，老的藻体基部皮层再分裂形成假根丝，假根丝平行于中轴丝。皮层与髓部无明显区别。表面细胞紧密排列，其余疏松，细胞间充满胶质。

孢子囊由孢子体的末枝顶端表面细胞形成，孢子囊母细胞第一次分裂为减数分裂，再均分成4个孢子。孢子囊呈十字形分裂。精子囊群椭球形，生于扁平小枝的顶端。果胞由

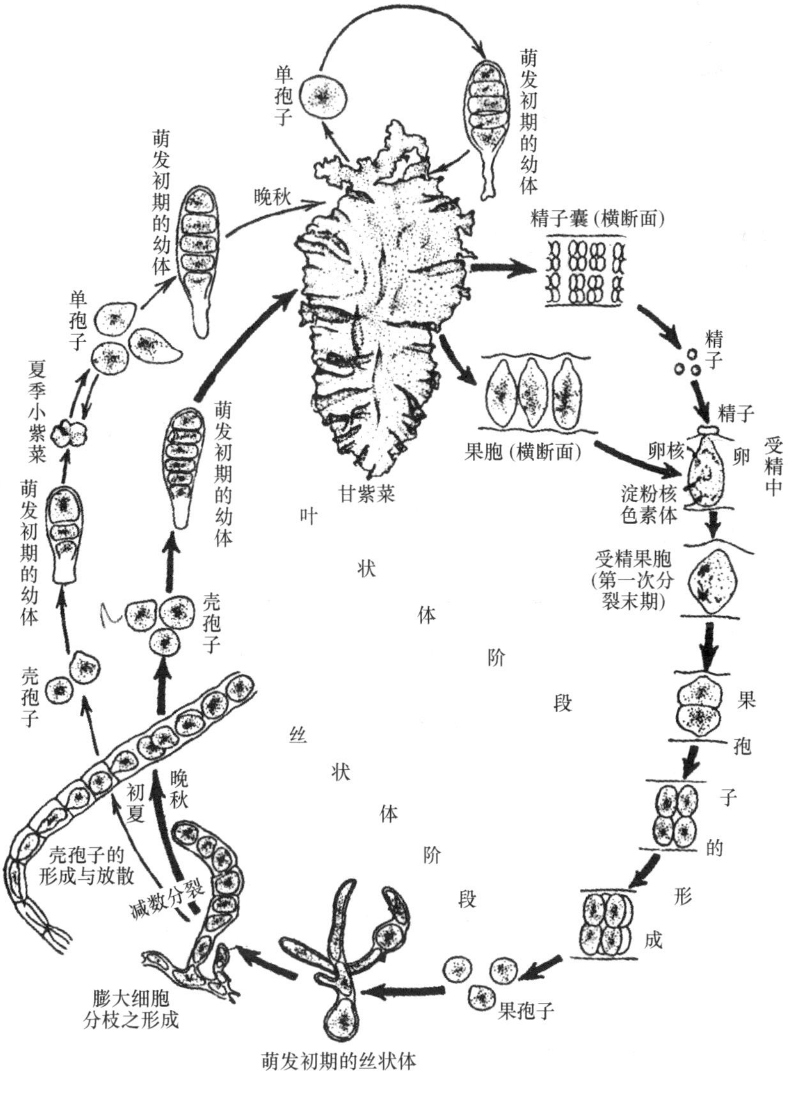

图 3－13 甘紫菜的生活史（曾呈奎等，1954）
（图中除叶状体 ×0.5，小紫菜 ×0.75 外，其余均 ×400）

皮层细胞形成，具长的受精丝，延伸到藻体表面。果胞受精后直接由基部生出产孢丝，产孢丝顶端发育成果孢子。囊果小枝呈亚球形的膨大突起，扁平，两面开孔。果孢子成熟后即由此孔逸出。

石花菜是温带性海藻，为多年生的种，每年生长季节由基部产生新枝。大多生长在低潮线下的岩石上，在北方生长的水层较浅，而南方则较深，水流急而清的地方生长良好，最适水温为 25 ~ 26℃，水温高限为 28 ~ 29℃。生于大干潮线附近至潮下带数米深处岩石上，产区一般都是受淡水影响很小的外海区。

孢子体一般在 6—11 月份放散孢子，7—10 月份最盛；果孢子体比孢子体放散孢子较晚，数目也较少。四分孢子囊出现的时期不同，开始于上部小枝，再到中部小枝，最后到下部小枝。顶端的幼嫩小分枝、主要分枝及大分枝上不易形成孢子囊。在5—6月份出现孢子囊的小枝数又下降，并且多在中部小枝上；10—11月份，新孢子囊小枝仍然形成，但已集中于下部小枝，此枝细小、色浅。生长在深水层的石花菜，孢子囊出现早，消失也早。

果孢子与四分孢子的大小相同。孢子放散后12~24 h，一边生出突起形成发芽管，空膜残留在一侧；其后突起的部分呈长椭球形，产生横壁与原孢子隔开，由此细胞作为基本细胞，一端延伸为假根，无色；另一端进行分裂，先纵分裂，其后多次横分裂就形成盘状的发生体。

2. 小石花菜 *G. divaricatum*

藻体错综密集，矮小匍匐，高一般不超过2 cm，体软骨质，线形或略扁压的圆柱状，不规则羽状分枝，其上有较密的对生或互生小枝，小枝与分枝常呈直角，顶端尖。生殖枝钝头。

该种是北太平洋西部特有的亚热带性海藻。广泛生长于中潮区的岩石、藤壶、牡蛎和其他贝壳上，常形成较大的群落，成为中潮区具代表性的生物带。

3. 大石花菜 *G. pacificum*

藻体直立，大小与石花菜相近。线形，但两缘薄。分枝3~4次，复羽状互生或对生。枝较长，略左右弯曲。

该种是北太平洋西部特有的亚热带性海藻，生长于外海岛屿的潮间带深水石沼中和大干潮线下数米深处的岩石上。

4. 细毛石花菜 *G. crinale*

藻体有卧生部和直立部，卧生部匍匐蔓延于基质上，直立部是次生枝，不规则羽状分枝，互生或对生，有时同一节上有2~4个分枝，小枝较稀疏。藻体一般只有2~4 cm高。

该种为暖温带性广分布的海藻。通常生长于中潮区有细沙覆盖的岩石上。

5. 中肋石花菜 *G. japonicum*

藻体直立，高6~12 cm，宽线形，幅2~6 mm，两缘薄，有中肋样隆起，不规则羽状分枝或分裂。叶缘和表面常生长有密集的副枝，副枝很短，羽状分枝2~3次。

该种是北太平洋西部特有的亚热带性海藻。生长于低潮区至潮下带数米深处的岩石上。

石花菜类体内含有大量胶质，是制琼胶最优良的原料。据测定，100 kg干品可制取26~28 kg的琼胶。而琼胶在医药、食品、酿造、细菌培养和其他生物学研究等方面具有非常广泛用途。

四、鸡毛菜属 *Pterocladia*

其为红藻门石花菜目Gelidiales石花菜科的一属。本属藻体直立，枝扁平，两缘较薄，羽状分枝。枝顶有1个分生细胞，由其分成4个围轴细胞，再由它们分裂成皮层。皮层细胞2~3层。内皮层细胞长，围于中轴。中轴丝在幼期可见。

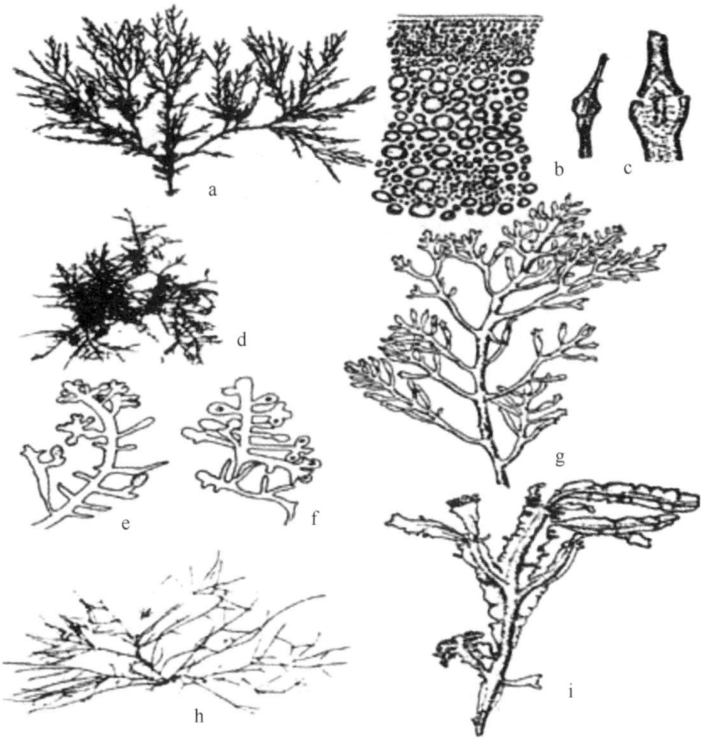

图 3-14　石花菜

a. 石花菜外形；b. 石花菜横切面一部分；c. 囊果枝侧面（示两面开孔）；
d~f. 小石花菜；g. 大石花菜；h. 细毛石花菜；i. 中肋石花菜

四分孢子囊枝扁平，呈十字形分裂。囊果在枝的上部形成，成熟囊果在枝的一面呈半球形隆起，具一孔。

鸡毛菜 *Pterocladia tenuis*，其藻体紫红色，高 5~15 cm，扁压或扁平，规则地羽状分枝 2~3 次，对生或互生，整体往往呈金字塔形。枝宽 1~2 mm，基部骤缩，枝末端钝头。分枝与主枝间近直角。囊果位于小枝上，与石花菜不同的是囊果仅有一面膨胀突起，并且只一面开孔。

该种是北太平洋西部特有的亚热带性海藻。生长于大干潮线附近。在中潮区的石沼中也常见到。

该种也是琼胶工业的原料。

五、珊瑚藻属 *Corallina*

其为红藻门隐丝藻目 Crgptonemiales 珊瑚藻科 Corallinaceae 的一属。藻体钙质化，全部匍匐呈壳状，或藻体固着器壳状，上生直立枝，主枝上长有 2~3 回的羽状分枝，枝上具有明显关节，节间钙化。节的内部由多轴丝组成，其外周表面细胞含色素体。

有性繁殖为雌雄异体或同体，生殖窝由分枝顶端节形成。

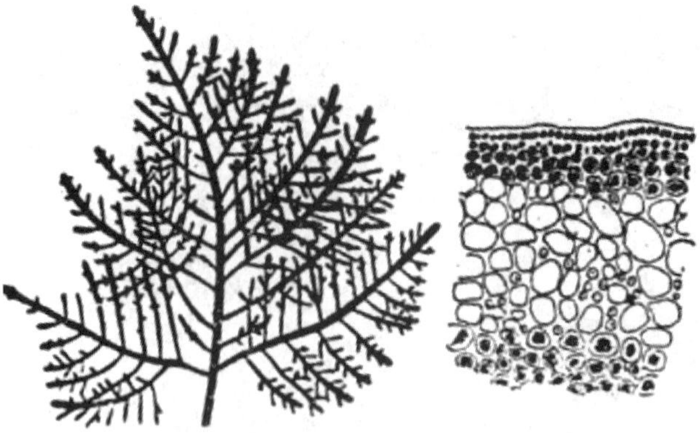

图 3－15 鸡毛菜
a. 藻体外形；b. 横切面；c. 囊果枝侧面观（示一面开孔）

在孢子体上，四分孢子囊生在具单孔的生殖窝内。四分孢子囊带形分裂。雄生殖窝顶生一孔。精子囊长柱形，由一精子囊母细胞分生 2～3 个精子囊，精子后端尖细。雌生殖窝顶也开一孔，窝壁产生许多基部细胞，每个生出 2 或 3 个由 2 个细胞组成的果胞枝。受精后果胞生出短连接管与辅助细胞相接。同时，所有辅助细胞侧面融合成一个大的盘形融合胞（胎座）。融合胞有时分枝，由边缘发育成果孢子囊。

珊瑚藻为多年生，生于潮间带岩石上或石沼内，是海带和裙带菜养殖的主要有害藻之一。因为它的根部多年生和海带及裙带菜争夺生长基质，因而影响海带及裙带菜的产量。

珊瑚藻 *CoraUina officinalis* 藻体直立丛生，生出羽状侧枝，侧枝再生出复羽状小枝。主枝及侧枝的节间基部为圆柱形，中部及上部略扁，向上端稍有扩展，枝顶端的节间圆柱状，前端稍平。小羽枝的节间圆柱形，有时略扁。生殖窝生在小羽枝上，有长柄，卵形；有时为无柄疣状，生于节间部。通常分布于低潮区，在浪击较强的地方，可分布至中潮区下层、甚至中层。并且常成为低潮区生物带（群落）的主要代表种。

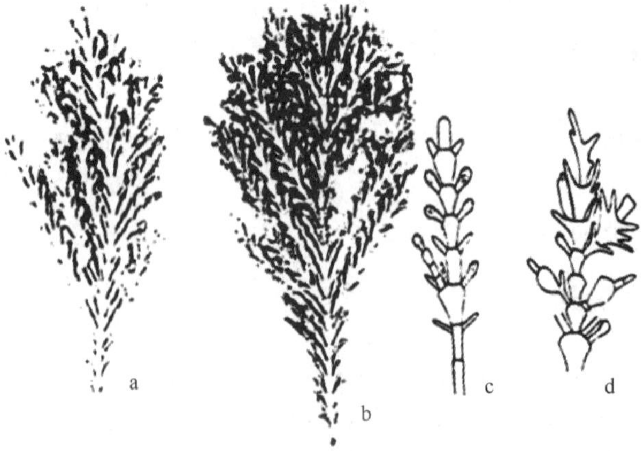

图 3－16 珊瑚藻
a～b. 藻体外形；c. 丝状变型；d. 姐妹变型

六、海萝属 *Gloiopeltis*

其为红藻门隐丝藻目 Crgptonemiales 内枝藻科 Endocladiaceae 的一属。藻体直立，紫红色，具不规则叉状分枝，圆柱状或扁压，内部组织疏松或中空，具中轴细胞，由中轴细胞向外放射式分枝，分枝末端小细胞念珠状，组成皮层。

四分孢子囊由孢子体表皮下的皮层细胞组成，十字形分裂。

精子囊由雄配子体顶端小枝的皮层细胞形成。果胞产生在雌配子体枝端侧面，由中轴细胞形成辅助细胞，再生支持细胞，上生果胞。

合子分裂的同时，果胞分枝成为连接管，连接管逐渐向辅助细胞延长，与辅助细胞接触后细胞壁融合，最后与之合并，合子有丝分裂所产生的双相核也进入，辅助细胞分裂生出原产孢丝，原产孢丝再次分裂生成许多丝状的产孢丝并形成囊果（果孢子囊），内生果孢子。囊果形成后，雌藻体的表面有细粒状隆起，藻体逐渐变成淡黄色，但囊果仍为紫褐色（内含许多紫色的果孢子）。

常见有海萝 *Gloiopeltis furcata* 和鹿角海萝 *G. tenax* 两种。前者内部组织疏松，成熟时中空，分枝基部常缢缩，枝端伸直、钝形；后者内部组织近中实，自始至终中轴可见，分枝常弯曲呈鹿角状，枝端尖细。两种海萝均为暖温带海藻，前者是北太平洋两岸种类，后者是北太平洋西部特有。

海萝为一年生，多生长在中潮区岩石、藤壶甲壳和牡蛎贝壳上。在风浪较大的地方可分布至高潮区下层。耐干性强于其他海藻。一般向着波浪和阳光方向生长，在波浪冲击的陡坡上生长特别旺盛，背光和阴暗处生长较少。

海萝是一种重要的经济海藻。中国利用海萝已有千年的历史了。在福建沿海，群众称其为红菜、赤菜，常采集食用。据称，将其与鲷共煮，对风湿病和关节炎有一定治疗作用。但是，海萝的主要用途是提取海萝胶，其作为浆料，用于纺织印染工业，是配制印花浆的优良胶质。闻名广东的雄云纱就是用海萝胶浆的。

七、蜈蚣藻属 *Grateloupia*

其为红藻门隐丝藻目 Crgptonemiales 蜈蚣藻科 Grateloupiaceae 的一属。藻体直立，直立枝扁平，固着器圆盘状，常具短柄。呈紫红色。顶端生长，由一群顶端原始细胞进行。不同种类，外形变化很大，可有叶状、羽状、掌状和二叉式分枝等形态。内部构造可分为皮层和髓部，皮层由排列成行、与表面垂直的小细胞组成，髓部有无色的星形细胞和由皮层内部生出的假根丝组成。

四分孢子囊十字形分裂，埋藏于藻体皮层内。

雌雄异体。精子囊群由叶片表面形成，无色。

果胞枝由 2 个细胞组成，生在髓部以外的特殊丝体上。辅助细胞丝分枝很多，由髓部外面细胞发生，在其基部有一膨大细胞即辅助细胞。受精后，果胞产生几条连接管，每一管都伸长到达辅助细胞。产孢丝分枝，由辅助细胞向藻体表面生出，分枝丝体最外的细胞发育成果孢子囊。成熟囊果深埋体内，包被囊果的皮层组织上开一孔。

常见种有蜈蚣藻 *Grateloupia filicina* 和舌状蜈蚣藻 *G. livida* 等。蜈蚣藻藻体呈线形，不规则羽状分枝；舌状蜈蚣藻藻体呈叶片状，有时可长出副枝。

两种蜈蚣藻均为暖温带海藻。前者在世界各地暖温水域均可见到，生长于中、低潮区的石沼中，有时长在泥沙滩流水处的碎石上；后者为北太平洋西部特有，生长于低潮区石沼中或大干潮线附近岩石上。

它们均可食用或用于浆料。有的地方，还将舌状蜈蚣藻用作驱蛔虫药。

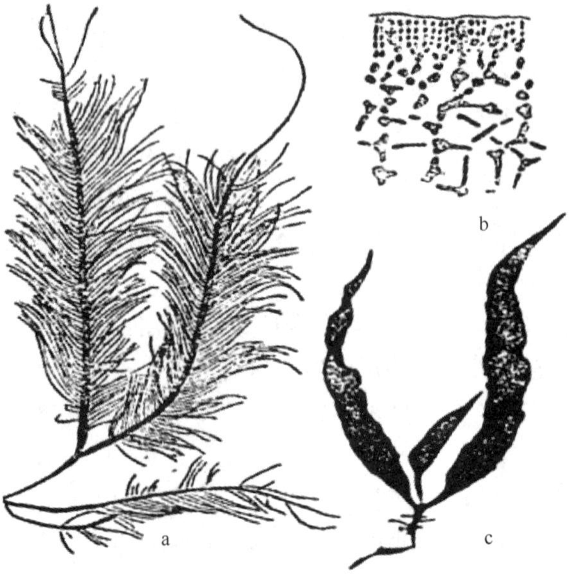

图 3－17　蜈蚣藻

a. 蜈蚣藻外形；b. 横切面；c. 舌状蜈蚣藻

八、麒麟菜属 *Eucheuma*

红藻门杉藻目 Gigartianles 红羚菜科 Solieriaceae 的一属，又名鸡脚菜、珍珠菜等。藻体肥厚，呈圆柱状或扁压、扁平，二叉式或不规则分枝，互生或对生，上多具乳头状或疣状突起。藻体腹面有数个固着器，有的枝端有疣状固着器附着于其他分枝上。髓部细胞细而长，皮层细胞呈圆形或多角形。藻体体长一般为 20 cm 左右。颜色鲜艳，呈黄绿、紫红或暗红。干后为较硬的软骨质。

四分孢子囊由孢子体的表面细胞形成，带形分裂。

精子囊由表面细胞产生，1 个表面细胞产生 3 ~ 5 个精子囊母细胞，每个精子囊母细胞产生 2 ~ 3 个精子囊，每个精子囊产 1 个精子。果胞枝由皮层细胞内侧生出，为 3 个细胞组成，辅助细胞枝在侧面，包括 1 个单核的辅助细胞和许多细胞质浓稠而多核的初生营养细胞，它们在产孢丝发育后形成次生营养细胞。果胞受精后，产生长的连接管到达辅助细胞，合子核移入辅助细胞，其顶端分裂生成原产孢丝，再发育成产孢丝，产孢丝顶端细胞或顶端的两个细胞形成果孢子囊，囊外为次生营养细胞所包围。成熟囊果单生，或几个集生，突出于藻体表面。

麒麟菜属所包含的物种为热带性种，分布只限于热带海区，以赤道为中心向南北延伸。产量最多的国家为菲律宾，其次为中国。在澳大利亚、新西兰、印度尼西亚、马来西亚、日本等也有一定的数量分布。中国海域已发现有麒麟菜 *E. muricatum*、琼枝 *E. gelatinae*、珍珠麒麟菜 *E. okamurai*、锯齿麒麟菜 *E. serra*、细齿麒麟菜 *E. denticulatum* 和柏状麒麟菜 *E. arnoldii* 等，盛产于中国的台湾岛、海南岛、东沙群岛、西沙群岛和南沙群岛。

麒麟菜一年生。多生长在透明度大、水流湍急的低潮线下的珊瑚礁上或岩石上。水温为 20 ~ 30℃时藻体生长最快；低于 20℃时则停止增长，甚至出现萎缩现象，若寒潮低温时间较长，藻体含胶量明显下降；高于 35℃时，生长也会受到抑制，藻体呈现黄褐色，分枝瘦弱，甚至末端卷曲。

麒麟菜含胶量在 30% 左右，是工业提取卡拉胶的原料。目前我国栽培种类主要如下。

1. 麒麟菜

藻体长 12 ~ 30 cm，宽 2 ~ 3 mm，肥厚多肉，紫红色，软骨质，不规则的分枝。基部具一圆盘状的固着器，上生少许纤维状根。分枝圆柱形，腋角广开，近于水平伸出，互生、对生、偏生，或为叉状分枝，顶端往往尖细，四周具疣状突起。分枝上部的突起密集，在下部的稀疏。内部结构：皮层的最外 2 ~ 3 层细胞较小，向内则为渐大的薄壁细胞，髓部中央有藻丝。四分孢子囊集生。囊果突起于藻体表面，为半球形。产于我国台湾省沿岸及西沙群岛，是菲律宾的人工栽培种类之一。

2. 琼枝

藻体多呈紫红色或黄绿色，腹面多为红色。枝与枝间常互相附着，形成团块状。是我国海南岛进行人工栽培的主要种类。

3. 珍珠麒麟菜

藻体背面黄绿色至紫红色；腹面暗红色，长 10 ~ 20 cm，匍匐，主枝圆柱形或略扁，宽 0. 5 ~ 1 cm，二至三回叉状分枝，分枝亚圆柱形较粗短，彼此相互重叠，缠绕成团块状。枝体表面有乳头状或圆锥状突起，老枝上突起较低或不明显，腹面突起较少而有许多固着器，有时在较长小枝顶端亦生出圆盘状固着器，以便互相吸附，故本种外形变异较大。髓部厚，薄壁细胞大，胞间散布较多小细胞。囊果半球形，于体表或腹面生成。为海南岛人工栽培种类之一。

4. 异枝麒麟菜

卡拉胶工业的主要原料，生长速度快，产量高，日增长速度要比琼枝快 4 ~ 5 倍。而且，它不需依附珊瑚，是很有发展前途的养殖新品种。

九、江蓠属 *Gracilaria*

红藻门杉藻目 Gigartianles 江蓠科 Gracilariaceae 的一属。藻体直立，丛生，圆柱状或扁平叶状。色暗红或略带绿，软骨质，互生或二叉分枝。固着器盘状。枝顶有一顶端细胞，由它分生成髓部与皮层细胞，皮层由较小的含有色素体的细胞组成，髓部由大的薄壁细胞

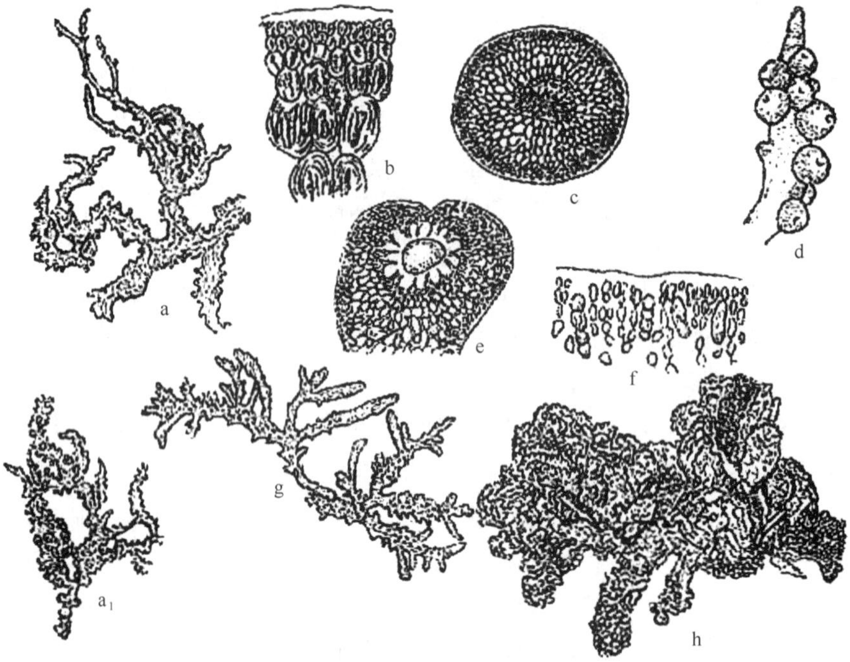

图 3－18 麒麟菜

a，a_1. 麒麟菜的外形；b，c. 麒麟菜藻体的横切面；d. 麒麟菜的囊果枝；e. 麒麟菜囊果的纵切面；f. 琼枝的四分孢子囊枝的横切面；g. 琼枝的外形；h. 珍珠麒麟菜的外形

组成。皮层细胞较小，含带形色素体。

四分孢子囊互相分离，埋生于藻体的表面之下。四分孢子囊十字形分裂。囊果球形或圆锥形，突出体表，果被与产孢丝之间有滋养丝。

精子囊群生于藻体表面下或生在下陷于表面类似生殖窝的凹陷内。

果胞枝由 2 个细胞组成，生支持细胞外面。支持细胞侧面又生两组特别的营养细胞。受精后，果胞膨大与邻近细胞（支持细胞、营养细胞）融合，形成一个大的胎座，从它向藻体表面生出产孢丝，产孢丝分枝，每枝具有几个细胞，由它们发育成果孢子囊，成熟囊果突出于藻体表面呈半球形，有一大型的基部胎座组织，其四周的皮层细胞形成囊果被，并具一囊孔。

江蓠在中国分布很广，各海区均有生长，尤以华南沿海内湾海区产量很大。中国已报道的江蓠属有 28 种，北常见的有真江蓠 *Gracilaria asiatica*（异名：*G. verrucosa*）、扁江蓠（*G. textorii*）、脆江蓠 *G. chouae*（异名：*G. bursapastoris*）、芋根江蓠 *G. blodgettii*、扁江蓠 *G. textorii*、舌江蓠 *G. lingula*、巨孢江蓠 *G. megaspora* 和细基江蓠繁枝变种 *G. tenuistripitatav. liui* 等。

1. 真江蓠

藻体紫褐色，有的略带绿色或黄绿色。分枝互生或偏生，分枝基部略有缢缩。细胞自皮层向内逐渐增大。囊果球形或半球形。

该种是世界性暖温带性海藻，多生长在有河水注入、肥沃、平静的内湾泥沙滩的石砾、贝壳上，分布潮区广，从高潮区至低潮区均可见到。

2. 脆江蓠

藻体紫红色。体质柔软而脆，易折断。分枝互生、偏生或二叉式分枝，分枝基部较宽，不缢缩。细胞自表层向内突然增大。囊果圆锥形或半球状，顶端略尖或呈喙状突起。

该种为泛亚热带性海藻。一般生长在低潮区的碎石块、贝壳上，也生长于大干潮线附近的深水石沼中。

3. 芋根江蓠

藻体暗红至暗绿色。体质很脆，易折断。分枝互生、偏生或叉状，分枝基部骤然收缩，常形成一个极细的尖点。囊果圆锥形。

该种为亚热带性海藻。大多生长在内湾有淡水注入的沙滩上，主要分布于中、低潮区。

4. 扁江蓠

藻体紫红至暗紫红色，扁平叶状，革质，大多呈不规则叉状分枝。细胞自表层向内突然增大。囊果球形或半球形。

该种为太平洋区暖温带性海藻。大多生长于较平静海湾大干潮线附近的岩石上。

5. 细基江蓠

藻体单生或丛生，线形，圆柱状，一般 20 ~ 40 cm 长，基部纤细，具有一个小盘状固着器，分枝简单，1 ~ 2 次，互生，偏生及二叉式分枝；分枝基部不缢缩，或向分歧处逐渐变细，枝径 0.5 ~ 1.5 mm，枝常延伸，长 10 ~ 25 cm。肉质红色，质地脆易断，软骨质。

生长于有淡水流入的内湾，分布于中国福建广东、广西及海南。

江蓠属的种类有较高经济价值，是当前琼胶工业的主要原料，也是南方鲍鱼养殖的主要饵料。许多地方开展了江蓠人工养殖或半人工养殖。

十、角叉菜属 *Chondrus*

藻体紫红色，顶端常变绿。软骨质或革质，丛生于壳状固着器上。基部亚圆柱形，稍上扁压成楔形，上部叉状分枝数次，高 5 ~ 10 cm，扁平坚韧，整体亦近扇形，腋角宽圆，顶端舌状、钝形，二裂或有浅凹。内部构造：分皮层和髓部，髓部由细长藻丝组成。

该种是北太平洋西部特有的暖温带性海藻。生长于中低潮区风浪较平静的岩石上。该种可食用和用于浆料。角叉菜胶，即卡拉胶，最早是从该种藻体中提取的。

十一、鹧鸪菜属 *Caloglossa*

鹧鸪菜 *Caloglossa leprieurii* 藻体暗紫色，丛生，高只有 1 ~ 4 cm，薄叶状，不规则叉状分枝，分枝处常缢缩成节和节间部。叶片中央部分有长细胞连绵延伸至顶端，似中肋，中肋的分枝点常生出一些次生副枝或毛状根。

该种为亚热带性海藻。主要生长的河口区高、中潮区的岩石上、红树林树干上或防波

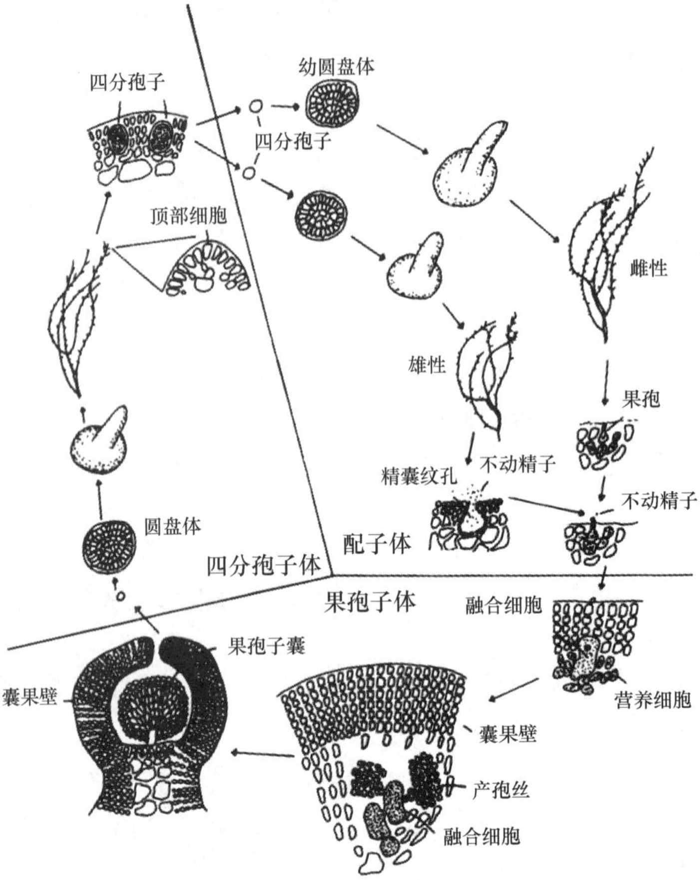

图3-19 江蓠的生活史（Kylin，1930；Ogata et al.，1972）

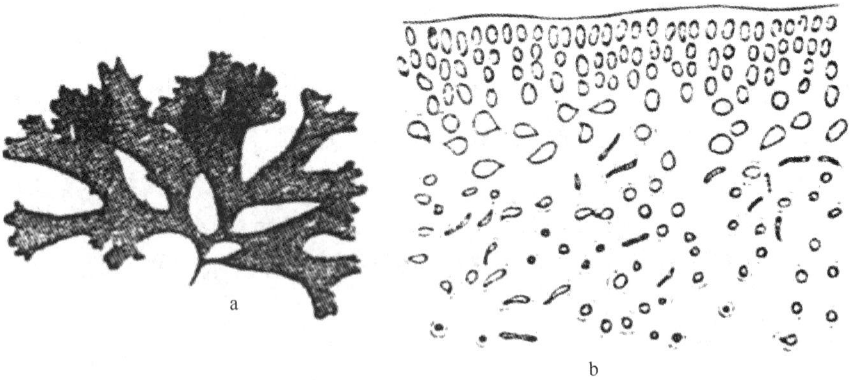

图3-20 角叉菜

a. 藻体外形；b. 横切面一部分

堤岸边。

鹧鸪菜自古以来就成为中国劳动人民用以驱除蛔虫的药用海藻。远在明嘉靖九年（1530 年）出版的《漳浦县志》上就记载有“鹧鸪菜生海石中，散碎，色微黑，小儿食之，能下腹中虫”。漳浦一带居民每年 3—4 月间仍有采集并制成菜饼状晒干出售。

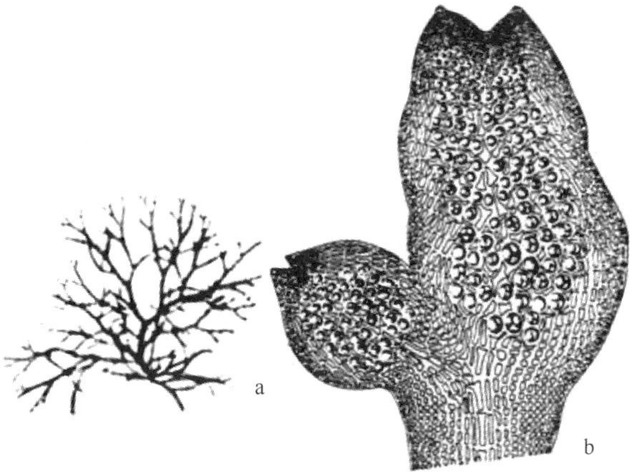

图 3－21　鹧鸪菜

a. 藻体外形；b. 枝上部的四分孢子囊

第四章　褐藻门 Phaeophyta

褐藻门 Phaeophyta 俗称褐藻类（brown algae），是一类含有叶绿素 a、叶绿素 c 和岩藻黄素的多细胞的真核藻类，藻体呈褐色、棕褐色或褐绿色。褐藻的色泽是由于细胞内含有大量的类胡萝卜素——岩藻黄素以及可能存在的一些褐藻单宁酸（tannin）类物质所造成的。褐藻类游动细胞（孢子或配子）通常具有一条前端呈流苏状、后端呈尾鞭状（平滑鞭毛）的鞭毛。褐藻门物种约有 250 属 1 500 种，绝大多数生活在海水中，生活于淡水中的仅 8 种。中国海区褐藻约有 80 属 250 种。

第一节　概述

一、外部形态特征

褐藻门物种为多细胞体，没有单细胞或群生种类，主要为纤维状薄壁组织或假薄壁组织，形体都较大，有较明显的“固着器”分化。简单藻体由数层细胞构成，外形为分枝丝状体，多细胞组成的叶片状、垫盘状和囊状体。最复杂的藻体出现分化，外层分化为具有色素体的皮层，内部细胞生长成丝状、无色素体，并联合成髓部，藻体外形有类似“茎”、“叶”分化，并生气囊。高度分化的内部丝体成为类似维管植物筛管那样的构造，并且也有输导营养物质的功能。

藻体依靠固着器固着于基质而营定生生活。最简单的固着器由藻体的一个或几个细胞组成，呈小盘状，或由多细胞丝体横卧在基质上，或整个藻体紧贴在基质上，最复杂的固着器是由多细胞组成的有多分枝的“根”。

褐藻门物种的藻体形态多样化，有丝状、叶状、片状或树枝状。大小差别也很大，扭线藻只有几百微米，而巨藻长达几十米，它们都是多细胞，没有单细胞或群体，藻体结构大致可以分为以下 3 种类型。

（1）异丝体类型：多出现在较低等的物种中，如水云属 *Ectocarpus* 内物种的藻体结构。藻体为简单、分枝的丝状体，由匍匐的附着丝和直立的轴丝两部分构成。生长通过单列的丝体的胞间横分裂完成（图 4－2）。

（2）假膜体类型：由藻丝胶粘而成膜状，小细胞的侧枝紧密堆聚在主轴的大口径细胞处，形成一圆筒形的外套。小的皮层细胞执行同化作用的任务，大的轴细胞则形成髓。藻体横切面观，其结构好像由许多薄壁细胞组成，而实际上是由丝状体紧密集合而成，如单轴假膜体酸藻属 *Desmarestia* 和多轴假膜体黏膜藻属（图 4－3）。

（3）膜（叶）状体类型：细胞多方向分裂，藻体结构具有长、宽及厚度的外形。简单的藻体由数层细胞构成；复杂的藻体其最外层细胞分化成皮层，细胞内具有色素体，内

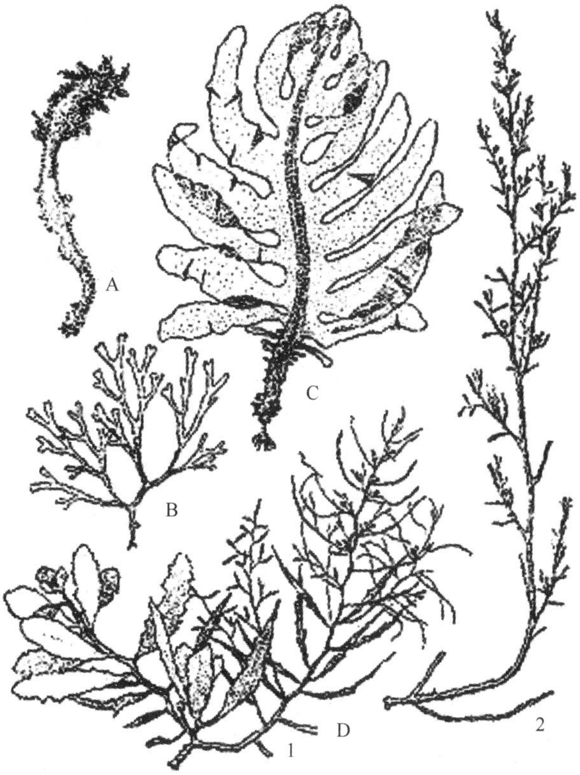

图4-1 褐藻中常见藻类

A. 黑顶藻属；B. 网地藻属；C. 裙带菜；D. 马尾藻属

1. 海蒿子；2. 鼠尾藻

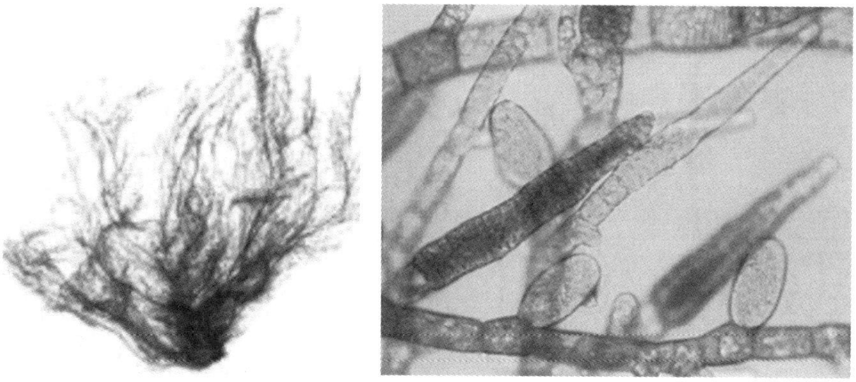

图4-2 褐藻的异丝体类型——水云属 *Ectocarpus*

藻体由单列细胞组成的丝状体

部的细胞成丝状，无色素体，并联合成髓部，如网管藻目 Dictyosiphonales；高度分化的髓部丝体成为类似维管植物筛管的构造，并且也有输导营养物质的功能，如海带目 Laminariales 物种的藻体结构。

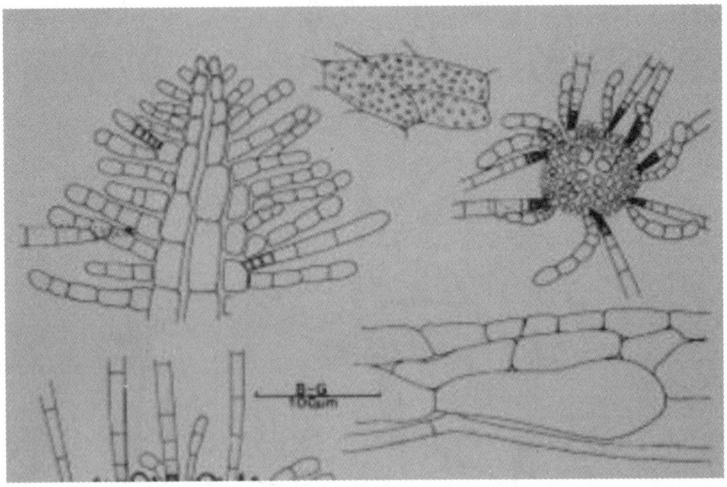

图 4-3 酸藻属 *Desmarestia* 的酸假膜体类型

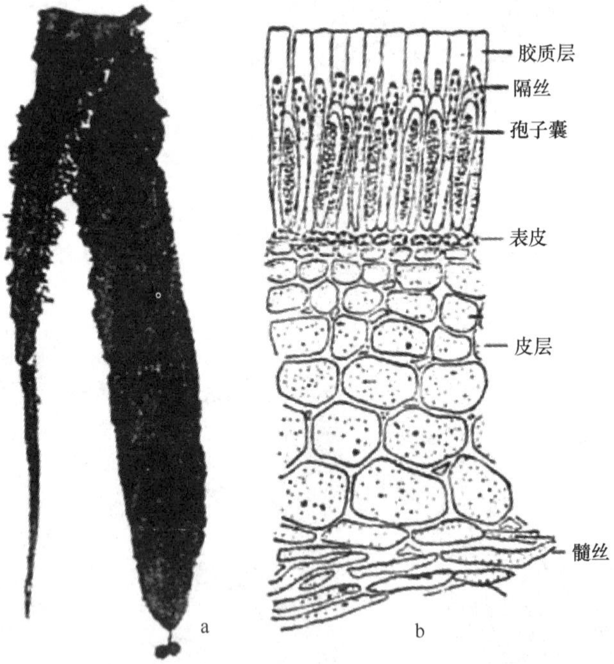

图 4-4 海带目的膜（叶）状体

a. 外形；b. 横切面并示孢子囊和隔丝

多数褐藻纲藻类的叶状体相对较大，并且存在多种复杂的生长方式，根据生长点的位置，可将褐藻的生长方式分为如下 3 种。

（1）顶端生长：生长点位于藻体顶端，顶端的单个细胞向下形成多个细胞。如网地藻 *Dictyota*，黑顶藻 *Sphacelaria*。

（2）毛基生长：生长点位于毛丝体基部，细胞分裂向上形成毛丝体，向下形成叶状体。马鞭藻 *Cutleria* 和酸藻 *Desmarestia* 以毛基生长方式进行生长，马鞭藻以毛基生长方式在叶状体顶部边缘许多单列毛状体的基部进行生长。

（3）居间生长：生长点位于藻体中间，在分生组织上、下形成组织。如海带 *Laminaria*，分生细胞位于柄部及叶片之间。

二、细胞学特征

褐藻类的营养细胞都具有明显的细胞壁，通常具有 1 个细胞核和数个液泡，每个营养细胞都具有 1 至数个色素体，其形状各异，常见的有星状、盘状、颗粒状和网状，除较原始的种类外多数没有蛋白核。褐藻类的生殖细胞结构与金藻门、硅藻门及黄藻门的细胞类似，说明它们亲缘关系较近（图 4－5），主要区别在于褐藻的原生质体外包被着大量的胞外多糖。

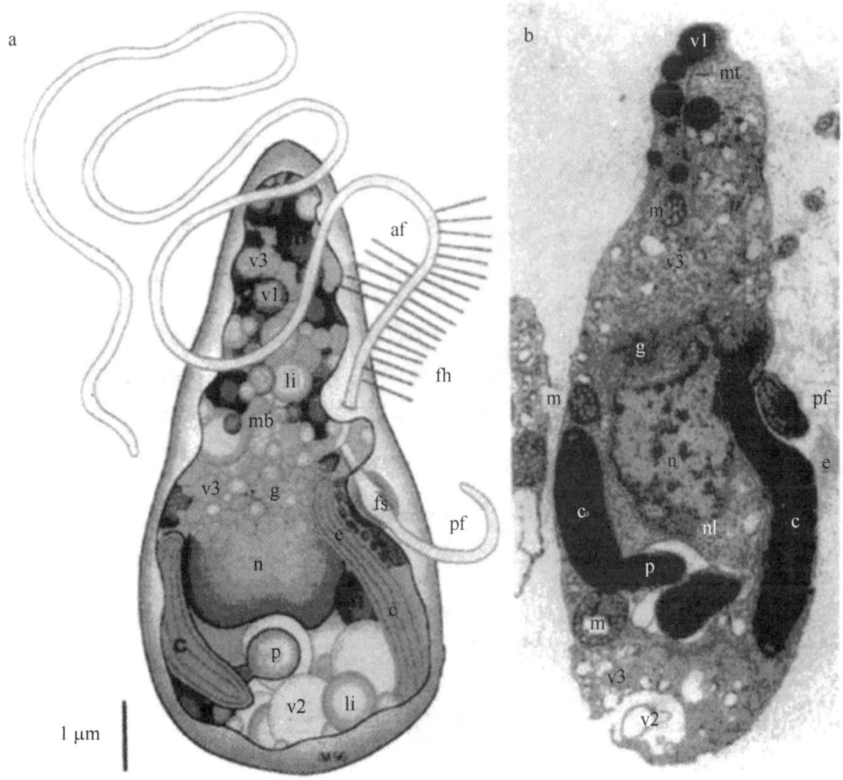

图 4－5　长囊水云 *Ectocarpus siliculosus* 雄配子

a. 长囊水云雄配子典型图例（显示细胞器的分布）；b. 长囊水云雄配子超薄切片的透射电镜显微照片；af. 前端鞭毛；c. 叶绿体；e. 眼点；fh. 鞭毛茸毛（整个鞭毛都生有茸毛，为清楚起见只图示部分鞭毛）；fs. 后端鞭毛的近端膨大区；g. 高尔基体；li. 脂质体；m. 线粒体；mb. 微体；mt. 微管；n. 细胞核；p. 淀粉核；pf. 后端鞭毛；vl. 藻泡（physode）；v2. 储藏颗粒；v3. 具细胞壁或黏性物质的囊泡（Maier，1997）

1. 细胞壁

褐藻纲藻类的细胞壁通常至少由两层组成，而胞壁骨架主要由纤维素构成。细胞壁中的无定形成分主要是褐藻酸（alginic acid）和岩藻多糖（fucoidin）组成。

褐藻酸又称藻酸、海藻素等，主要由以 β-1，4 糖苷键相连的甘露糖醛酸单元组成，是构成褐藻胞外黏液和表皮的主要成分。褐藻酸易与阳离子形成凝胶，如海藻酸钠等，被称为海藻胶、褐藻胶或藻胶，能使褐藻形成黏液质，退潮时，黏液质可使暴露在外面的藻体免于干燥。

岩藻多糖又称为褐藻糖胶、墨角藻多糖、岩藻聚糖硫酸酯、褐藻多糖硫酸酯等，主要成分为以 α-1，2 糖苷键相连的硫酸岩藻糖单元，同时含有少量由 β-1，4 糖苷键相连的硫酸岩藻糖单元。褐藻酸和岩藻多糖的相对含量在不同种类之间差别很大，同一藻体的不同部位和不同环境中甚至也存在差异。

褐藻门物种中，仅团扇藻属 *Padina* 的某些种类发生细胞壁的钙化，其中，碳酸钙以霰石的针状结晶形式沉积在扇形叶状体表面的同心条带内。

具有薄壁组织的褐藻的大多数细胞之间存在胞间连丝和小孔，这些小孔被质膜环绕，不同细胞的原生质体通过这些小孔相连。在褐藻海带目 Laminariales、墨角藻目 Fucales 和网地藻目 Dictyotales 中，胞间的小孔在初级纹孔区汇聚，而在较为原始的具薄壁组织的褐藻中，胞间连丝散布在细胞壁内。

2. 鞭毛与眼点

褐藻的游动细胞（指游动孢子或配子）有一根位于前端的流苏状鞭毛和一根短的反方向尾鞭状鞭毛，其中前端鞭毛具有三节结构的茸毛。但墨角藻目种类是一个例外，其游动精子的后端鞭毛要比前端的鞭毛长。后端的尾鞭状鞭毛基部有一隆起区，膨大区含有类黄素物质，是褐藻鞭毛细胞趋光性的光受体位点。

游动细胞的眼点由 40~80 个脂质小球构成，在叶绿体内部的前端，位于叶绿体被膜及类囊体的第一条带之间。眼点能将光聚焦到后端鞭毛近基部的隆起区。该隆起区是褐藻鞭毛细胞趋光性的光受体位点，含有类黄素物质。褐藻在 420 nm 和 460 nm 波长处对光表现出的趋光性最强。

3. 细胞核

与其他藻类相比，褐藻的细胞核较大，多为单核，只在海带属的极少数物种中发现有多核细胞。

4. 液泡和藻泡

褐藻原生质体内的液泡一般小而多，不同物种的液泡呈中性、碱性、弱酸性（如黑顶藻目和海带目）或强酸性，例如酸藻属 *Desmaretia* 的 pH 值可达 1。

19 世纪中期，Ntwl 和 Rosanoff 相继发现了褐藻中折光性小体——褐藻藻泡。褐藻藻泡中储存着大量的褐藻多酚（phlorotannin），又称褐藻单宁酸。藻泡中的褐藻多酚是一种无色的、具有高折射率的酸性流体，能被香兰素和盐酸染成红色。其具有非常强的还原性，同时具有一种涩味。它们在空气中很容易被氧化，形成一种黑色色素，即藻褐素（phycophaein），使得风干的褐藻呈现出典型的黑色。褐藻的褐藻多酚含量一般占藻体干重的

1%～15%。据推测，褐藻多酚具有以下功能：①防止自身被草食动物摄食；②吸收紫外辐射；③作为细胞壁的一种组分。褐藻多酚是一种化学防御物质，可抑制腹足动物的糖苷酶，以此防止褐藻自身被草食动物摄食。褐藻多酚防止被进食的有效性因草食动物种类的不同而异，消化系统含有表面活性剂（润湿剂）或高 pH 值的草食动物对褐藻多酚的耐受性较高。藻体通常不将褐藻多酚分泌到细胞外，只有细胞受到损伤后褐藻多酚才被释放。

5. 贮藏物质

褐藻胞内长期的储藏产物为海带多糖（laminarin），又称褐藻淀粉，主要由含有 16～31 个残基的 β—l，3 糖苷键相连的葡聚糖及相关混合物组成。其白色、无味、溶于水，遇碘不变色，与裴林试剂作用呈红色反应。

D－甘露醇是光合作用的积累产物。在秋季，D－甘露醇最高可占某些海带种类干重的 25%。对于许多褐藻纲藻类，细胞中甘露醇的含量随着周围环境介质中盐度的增减而增减。这种渗透压调节机制可防止褐藻细胞在低渗介质中被涨破，在高渗介质中发生皱缩。

6. 叶绿体和光合色素

褐藻门物种叶绿体内的 3 条类囊体形成一束，具两层叶绿体被膜和两层内质网膜（图 4－6）。在水云目中，叶绿体内质网的外膜通常与核被膜的外膜相连，但在网地藻目、海带目及墨角藻目中不相连。叶绿体内质网和叶绿体被膜之间通常存在着一些膜包被的小管，但叶绿体内质网和叶绿体被膜并不紧贴在一起。

质体内存在微纤维状 DNA，DNA 微纤维呈线状和环状，附着在类囊体膜上。

质体含有叶绿素 a、叶绿素 c_1 和叶绿素 c_2 和类胡萝卜素。类胡萝卜素主要为岩藻黄素。由于褐藻含有这种光合色素，所以大多数种类呈不同深浅的褐色。岩藻黄素的吸收光谱为 500～540 nm，能吸收绿光和蓝光。由于绿光和蓝光能透入较深的海水中，所以大多数褐藻能在较深的海底生活。潮间带的褐藻能够吸收紫外线。它们常可在潮间带下 10～20 m 深处大量生长。除褐藻外，含岩藻黄素的藻类还有硅藻和金藻等。

褐藻门物种的叶绿体内都含有淀粉核，淀粉核通常呈柄状结构，从叶绿体的主体上生出（图 4－6）。

三、繁殖和生活史

（一）繁殖方式

1. 营养繁殖

可以通过藻体的断折或繁殖小枝进行繁殖。例如，固着生长在岩石上的藻体，在波浪等的作用下，被垂直割裂成几部分，每一部分仍固着在基质上，长出新枝，于是一个个体变成了一丛藻体。马尾藻海中的漂浮马尾藻藻体也可以折断，与母体分离，漂浮在水中再生长成新藻体。另一种营养繁殖是在藻体上形成繁殖枝，如黑顶藻属的藻体上能形成有繁殖作用的二叉或三叉分枝，这些小枝脱落后附着在基质上，长成新的个体。

2. 无性生殖

褐藻门的无性生殖是以游动孢子或变态的无鞭毛的不动孢子进行的孢子生殖方式。游

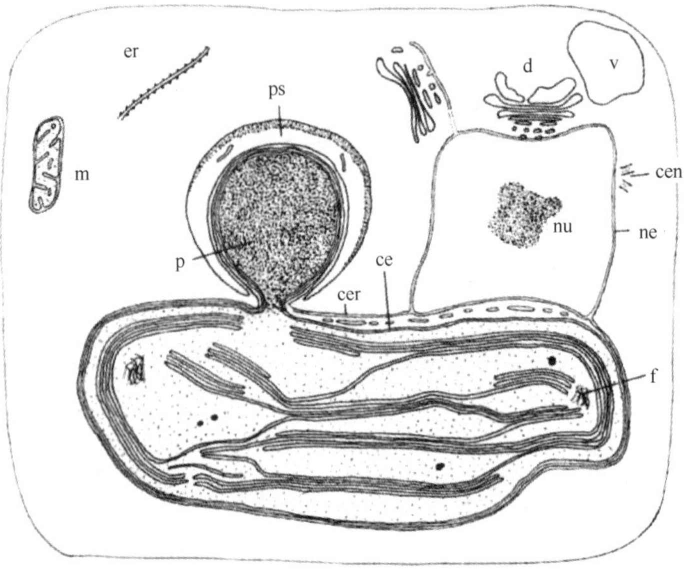

图 4-6　假定的褐藻细胞图示

ce. 叶绿体被膜；cen. 中心体；cer. 叶绿体内质网；d. 网体；er. 内质网膜；f. DNA 纤维；m. 线粒体；ne. 核被膜；nu. 核仁；p. 淀粉核；ps. 淀粉核囊；v. 液泡（Bouck，1965）

孢子梨形，具 2 根侧生不等长的鞭毛，前面长的为茸鞭型鞭毛，后面短的为尾鞭型。游孢子内有 1 个细胞核、1 个色素体和 1 个眼点。有些褐藻（如网地藻属）以不动孢子进行有性繁殖。这种孢子没有细胞壁，没有鞭毛，因此不能自由的游动，完全依靠水流传送。

孢子由单室孢子囊或多室孢子囊产生。单室孢子囊由 1 个细胞发育而成，不经分隔而直接成为孢子囊。单核细胞膨大后，细胞分裂成 4、8、16、32、64 或 128 个子细胞核，然后细胞质分割成单核的许多原生质体，每个单核的原生质体经过变态形成 1 个具有双鞭毛的游孢子，或是变态成为没有鞭毛的不动孢子，随着孢子囊壁的破裂，其孢子被释出。单室孢子囊内细胞核的第一次分裂为减数分裂，因此，这种（游）孢子萌发成为配子体。多室孢子囊的发育也是由孢子体的 1 个细胞开始，先横分裂后纵分裂，产生隔壁，形成许多小室，即由许多细胞构成，每一个细胞产生 1 ~ 2 个游孢子，但细胞分裂时不经过减数分裂，因此它们萌发成为二倍体的孢子体。孢子成熟后，孢子囊壁溶解，游孢子逸出。不动孢子发生过程与单室孢子囊相同，但每一个孢子囊，通常只产生 4 个单倍体的孢子。

3. 有性生殖

（1）同配生殖：是褐藻门中较为原始的有性生殖类型，雌、雄配子从外形、大小上很难区别。雌雄同体或异体，两个配子接合成合子后立即萌发成新的藻体。一般不接合的配子不久便分解死亡，但也有可能进行单性生殖产生新的配子体。如水云目、索藻目、黑顶藻目和网管藻目的绝大多数物种为同配生殖。

（2）似配生殖：雌、雄配子外形上可以区别出来，雄配子个体很小，雌配子较大；雄配子通常有 1 个色素体，雌配子体却有好几个色素体。网管藻目和马鞭藻目的一些物种为似配生殖，马鞭藻目的一些物种在雌配子没有接合的机会时，一般可以进行单性生殖。

（3）卵配生殖：是褐藻门中最高级的有性生殖类型，雌、雄配子形状、大小都不同，明显分为卵和精子。精子小，都能游动，有 2 条侧生鞭毛，一根向前另一根向后（网地藻目的物种只有 1 根鞭毛在前端）。卵体积较大，不动。酸藻目、海带目、网地藻目的物种为卵配生殖，一般为雌雄异体。网地藻目没有配合的雄配子普遍发生单性生殖。

（二）生活史

褐藻生活史主要单体型生活史和双单体型生活史两类，后者又分为同形世代交替和异形世代交替两种类型。

同形世代交替：藻体在生活周期中孢子体和配子体形状相同，大小相等，没有区别，如水云属、网地藻属等。

异形世代交替：生活周期中配子体和孢子体的形状和大小不等，如海带属物种，孢子体长达数米，而配子体是仅几个细胞的丝状体；马鞭藻配子体大而明显，可达 20 cm，具分枝，但孢子体很小，是扁平壳状体。

单元双相式物种的生活周期中没有世代交替，只有核相交替。只有双倍体的孢子体世代，没有单倍体的配子体世代；没有无性繁殖，只有卵配生殖，卵囊和精子囊中形成卵和精子的第一次分裂为减数分裂，合子不再进行减数分裂，直接发育成新的双倍体藻体。如海黍子。

通常认为同形世代交替在系统发生上是较古老的，在系统发生上比较年幼的类型是它们单相的配子体藻体渐渐退化，直到只有单相的有性细胞阶段，在整个生活史中植物体仅有二倍体阶段。

四、生态分布

褐藻主要分布于寒带和温带海洋，生长在低潮带和潮下带的岩石上，世界各大洋都有存在，在寒冷海洋生长的物种较多且个体较大，如：如长达几十米至百米的巨藻，在美洲太平洋沿岸形成密度很大的巨藻场。

褐藻纲的很多种类能扩散到半咸水中，并经常成为盐沼植被的重要组成部分。这些半咸水植物几乎完全丧失了有性生殖的能力，仅能通过营养生殖的方式进行繁殖。褐藻纲的大部分种类生长在冷温带沿海的潮间带及以上区域，并成为该区域的优势类群，这一趋势在北半球更加明显，虽然在这里褐藻的种类少于红藻，但褐藻的生物量远超过红藻。在热带地区，只有在大西洋的马尾藻海（Sargassosea）发现有大量的褐藻种类。

海带广泛分布于堪察加东南岸、千岛群岛南岸、萨哈林岛、北海道和朝鲜元山以北，在中国主要产于黄海北部。但是也有一些种类如马尾藻，主要产于热带、亚热带海洋，温带海洋也有一些种类生长。

五、经济意义

褐藻可作农田肥料或猪饲料，如马尾藻等；可食用，如海带、裙带菜、昆布、羊栖菜和鹿角藻等；在医药方面可作抗凝剂、止血剂和代用血浆等；褐藻酸钠具用阻吸放射性同位素的作用；在工业生产中，褐藻是碘、褐藻胶、甘露醇等的原料。

第二节 分类及其代表种

各国藻类学家对褐藻的分类单位划分的问题意见并不一致。Kylin（1933）建议，根据褐藻繁殖和生活史的不同特点，把褐藻分为3纲：圆子纲、不动孢子纲和褐子纲，下设11个目：水云目 Ectocarpales、黑顶藻目 Sphace－lariales、线翼藻目 Tilopteriales、索藻目 Chordariales、马鞭藻目 Cutileriales、毛头藻目 Sporochnales、网管藻目 Dictyosiphonales、网地藻目 Dictyota－les、酸藻目 Desmarestiales、海带目 Laminariales 和鹿角菜目 Fucales。

有些学者则建议褐藻门设1个纲——褐藻纲，根据生活史的类型、生长方式、藻体的构造及色素体是否含有蛋白核等特征，下设13个目：水云目、黑顶藻目、线翼藻目、索藻目、马鞭藻目、毛头藻目、网管藻目、萱藻目 Scytosiphonales、网地藻目、酸藻目、海带目、墨角藻目 Fucales 和德威藻目 Durvil－laeales。

褐藻、金藻、硅藻等藻类细胞通常具有1条前端呈流苏状、后端呈马尾鞭状的鞭毛，质体都含有叶绿素a，叶绿素c和岩藻黄素，储藏物质通常为金藻昆布多糖，位于胞质液泡中。因此，Lee 建议将这些具有共同特点的藻类归为异鞭藻门 Heterokontophyta，异藻鞭门下设金藻纲、黄群藻纲、真眼点藻纲、脂藻纲、硅藻纲、浮生藻纲、迅游藻纲、硅藻纲、针胞藻纲、黄藻纲、褐枝藻纲和褐藻纲。褐藻类属于异鞭藻门的一个纲——褐藻纲 Phaeophyceae。

本书采用 Kylin 建议的分类法，根据褐藻繁殖和生活史的不同特点，将褐藻门分为3纲11目。

（1）褐子纲（褐藻纲 Phaeosporeae）：本纲物种特点是有无性生殖，以游动孢子进行。有性生殖为同配、异配和卵配。包括水云目 Ectocarpales、黑顶藻目 Sphace－lariales、线翼藻目 Tilopteriales、索藻目 Chordariales、马鞭藻目 Cutileriales、毛头藻目 Sporochnales、网管藻目 Dictyosiphonales、酸藻目 Desmarestiales、海带目 Lamina－riales 9个目。

（2）不动孢子纲 Aplanosporeae：本纲物种特点是有无性生殖，以不动孢子进行。有性生殖为卵配生殖。只有网地藻目 Dictyota－les 1个目。

（3）圆子纲 Cyclosporeae：本纲物种特点是没有无性生殖。有性繁殖为卵配生殖。生活史中只有孢子体世代。只有鹿角菜目 Fucales 1个目，包括鹿角菜科 Fucales 和马尾藻科 Sargassaceae。

表4－1 褐子纲分目检索表

1	藻体为丝状体或异丝体		2
1	藻体为膜状体		3
2	藻体为单列细胞组成的异丝体	水云目 Ectocarpales	
2	藻体上部为单列丝状体，下部多列成薄壁组织	线翼藻目 Tilopteriales	
3	孢子体等于或小于配子体		4
3	孢子体大于配子体		5
4	生长方式为毛基生长	马鞭藻目 Cutileriales	

续表

4	生长方式为顶端生长	黑顶藻目 Sphace - lariales	
5	生长方式为居间生长	海带目 Laminariales	
5	生长方式为毛基生长、顶端生长或散生长		6
6	顶端生长或散生长	网管藻目 Dictyosiphonales	
6	毛基生长		7
7	有性生殖方式为同配	索藻目 Chordariales	
7	有性生殖方式为卵配		8
8	藻体有明显的中轴细胞，基部有分生组织	酸藻目 Desmarestiales	
8	藻体顶端有明显成束的毛丝体，每一个丝体的基部有一分生组织	毛头藻目 Sporochnales	

一、水云目 Ectocarpales

藻体为异丝体，由单列细胞组成并生分枝。细胞单核。色素体侧生，带状或盘状。大多数种类由主轴基部生出假根固着于基质上，有的可伸入其他藻体内生长。孢子体可产生两种类型的孢子囊：单室孢子囊和多室孢子囊。单室孢子囊顶生或间生，多单生，产生游孢子时经减数分裂，萌发成配子体；多室孢子囊产生的游孢子不经减数分裂，直接萌发成新的孢子体。配子体生有多室配子囊，配子囊多列或单列，顶生或间生，很少集生成群。同配生殖或似配生殖，同配生殖的 2 个配子的形态虽相同，但其生理功能有所不同，雌配子比雄配子活动的时间短，两配子接合后形成一个不动的合子，极少数未经接合的配子能营单性生殖。

常见种类有水云属 *Ectocarpus*、聚果藻属 *Sorocarpus* 和褐壳藻属 *Ralfsia* 等。

水云属 *Ectocarpus*

藻体为异丝体，由单列细胞组成并生分枝，细胞含单核，色素体侧生，不规则带状或盘状。分支顶端尖细，或延伸成无色毛。一般的物种有主轴基部生出假根固着基质，也有不少物种由基部生出丝体伸入其他藻体内生长。

孢子体产生两型孢子囊：一型为单室孢子囊，游孢子是在减数分裂以后产生的，孢子的形状与配子相似，萌发成配子体；另一型为多室孢子囊，所产生的游孢子不经减数分裂，为二倍体，萌发成新孢子体。有性生殖时，枝旁生出配子囊，为许多小细胞所组成，每个细胞产生出 1 个配子，配子有 2 根不等长的侧生鞭毛，长的向前，短的向后，配子有雌、雄配子之分，雌配子略大些或与雄配子同样大小，但在生理上有性的分别。配子配合形成合子，合子不经休眠即发育成为孢子体。孢子体与配子体外形相同，不过前者是二倍体，后者是单倍体。配子可行单性繁殖，即不经配合而萌发为新配子体（图 4 -7）。

水云属的种类很多，中国近海水域大约有 12 种。水云 *Ectocar pusarctus*（异名：*E. confervoides*）和长囊水云 *E. siliculosus* 较为常见。两者的主要区别在于多室孢子囊的形态，水云的多室孢子囊短锥形至梨形，末端无毛；长囊水云的多室孢子囊细长，末端有一

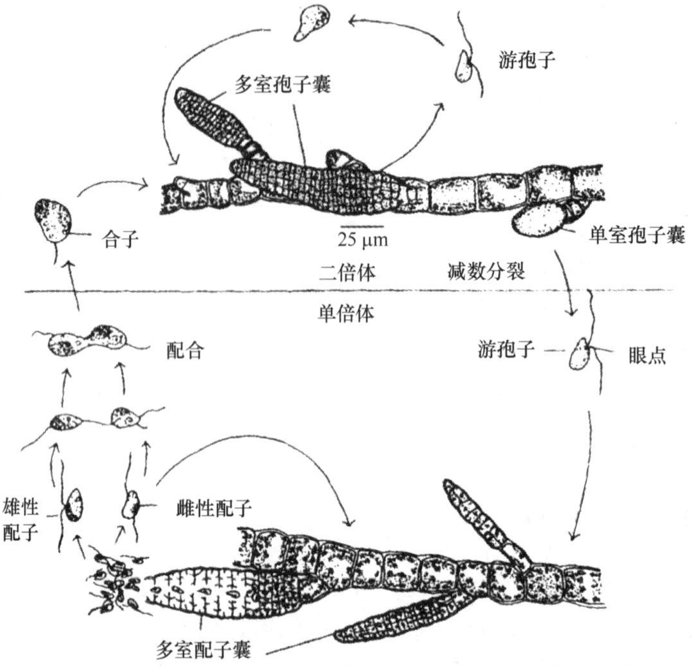

图 4－7　水云生活史（Lee，1980）
横线以上为双倍体，以下为单倍体

长的无色毛。

水云生于潮间带岩石上或石沼中，也常附生于其他藻体上，是海藻人工栽培过程中的一种常见的害藻。

二、黑顶藻目 Sphacelariales

黑顶藻目藻体小，直立，分枝，丛生成束，有时呈壳状。假根直生，分枝互生、对生或轮生。细胞含有多数盘状色素体。顶端生长，顶端细胞明显，由每一个顶端细胞先横分裂，形成初生分裂节，再纵分裂，形成膜状体。

生活史为等世代型。

营养繁殖由特殊小分枝——繁殖枝脱出母体，再继续生长而成。无性生殖是孢子体上产生单室孢子囊（很少产生多室孢子囊）。单室孢子囊单生，往往具柄。多室孢子囊与配子囊的形态相似。有性生殖是同配或似配生殖。配子体产生多室配子囊，配子囊多列，单生，往往具柄。

本目只有一科，即黑顶藻科 Sphaeceladaceae。

黑顶藻属在我国沿海都能生长，常附生于马尾藻或其他大型藻体上，或生于潮间带岩石上。一般由盘形基部或匍匐小枝附生基层或钻入其他藻体组织内。直立枝生多数小枝，呈刷形。

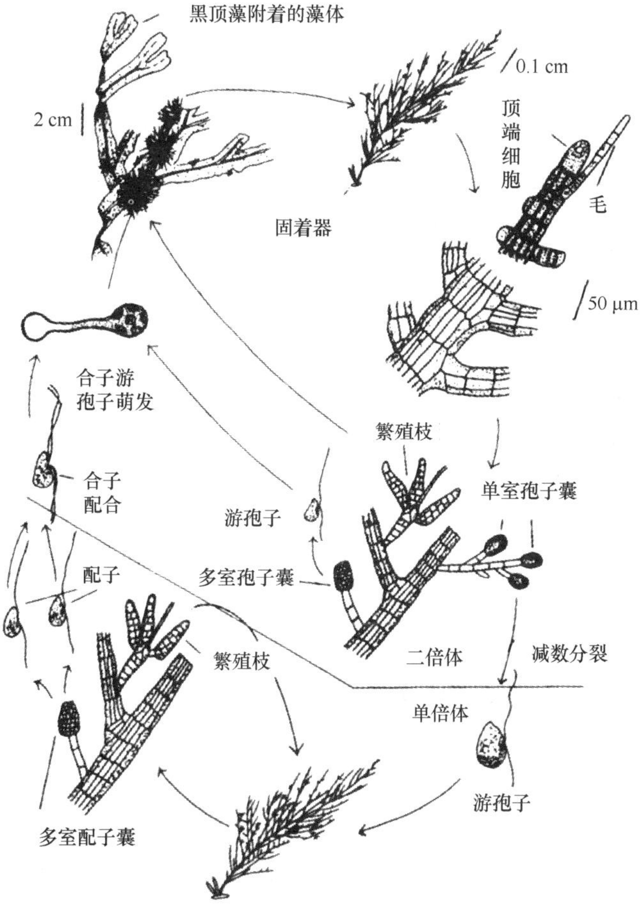

图 4－8　黑顶藻生活史（Lee，1980）

三、线翼藻目 Tilopteriales

线翼藻目藻体为细小异丝体，分枝甚繁，细胞下部多列成膜状，上部单列像水云，生长方式为毛基生长，基部产生假根固着基质，或形成紧密的盘状。细胞具有小透镜形或粒状色素体。

生活史中，孢子体与配子体相等。无性繁殖依靠不动的单孢子。有性繁殖为似配生殖，卵配生殖有无尚待证实。

四、索藻目 Chordariales

生活史为异形世代交替。生长方式为毛基生长。某些种类呈明显的单轴或多轴。孢子体大于配子体，是由分枝较多的丝状体相互交织而成的假膜体。通常孢子体丝状的交织并不紧密，假模体的构造有时不太明显，许多种在稍加压力下，即可辨别丝状体的构造。孢子体上生单室囊，不集生成群。配子体较小，是分枝的丝体，多室配子囊单列或多列。有性生殖多数为同配生殖，只有 1 种为似配生殖，卵配生殖尚未发现。

1. 索藻属 *Chordaria*

属于索藻科 Chordariaceae。孢子体单条或分枝，枝圆柱状，有时中空。藻丝埋藏于胶质层内，形成假膜组织，内部为无色藻丝组成髓部，然后生出同化丝组成皮层。同化丝短，游离，由胶质包围，细胞含多数色素体。无色毛丝体常由同化丝基部生出。由它向外生短的棒体细胞，形成狭的皮层，同化丝由皮层生出后又分枝，分枝联合成紧密的一层，末端常被厚壁。

索藻属藻体 1 年生，生于潮间带岩石上。枝丝状或圆柱状，黄褐色，干燥后黑色，软骨质，单生或丛生，枝高 15 ~ 25 cm，直径 1 mm，固着器长圆盾状。近基部的分枝为不规则互生，向各方向伸出，有些为 2 ~ 3 回分枝，年幼的个体分枝上有许多小分枝，而较老的个体大部分小分枝脱落。藻体幼时富黏质而柔软，老时革质。

藻体横切面观，中空（中央有一小孔），藻体分 3 部分，即髓部、皮层和最外层同化丝。髓部由长柱状细胞组成；皮层细胞呈放射状排列，横切面观细胞狭长或圆形，比髓部细胞小，纵切面观细胞短而不规则状围绕着长的髓部细胞；藻体的最外层为同化丝，同化丝的顶端常具厚壁，毛丝体从同化丝之间伸出。生长点具有一些中轴丝，在中轴丝的顶端及同化丝的基部具有不明显的分生细胞，在藻体顶端呈扇形排列。

单室孢子囊卵形，生于同化丝的基部。

2. 黏膜藻属 *Leathesia*

黏膜藻科黏膜藻属，藻体绿色或褐色，质黏滑，幼时呈卵形，长大后中空，稍呈球形，表面凹凸，幼时实心，长大后中空，形成不规则的褶皱或裂片。一年生，生于潮间带岩石或附生于其他藻体上。

髓部为假膜组织，由无色的大细胞组成，细胞间充有黏质；皮层狭窄，由含色素体的同化丝组成，每一同化丝由 2 ~ 4 个细胞组成，最后 1 个细胞较大，由皮层细胞生出单列细胞的毛丝体。多室孢子囊单列；单室孢子囊梨形或卵形，都由同化丝基部细胞产生。多室孢子囊所产生的游孢子，不经减数分裂，萌发成孢子体；单室孢子囊产生游孢子时经过减数分裂，孢子萌发成为丝状分枝的配子体。

黏膜藻属常见种包括小黏膜藻 *Leathesia nana*，大黏膜藻 *Leathesia amplissima* 和黏膜藻 *Leathesia difformis*。

五、马鞭藻目 Cutileriales

藻体小型到中型，膜状体。毛基生长。生活史中配子体与孢子体相等或配子体大于孢子体。仅马鞭藻科 1 科 2 属 3 种。

有性繁殖为似配生殖，配子体的分枝侧面生多室配子囊，多在藻体表面集中成束。配子具侧生鞭毛 2 根。雌配子囊由几个大的室组成，比雄配子囊大。雌配子比较大，含有几个色素体，活动时间比雄配子短。配子均有眼点，成熟后由开孔放散。合子在 2 d 萌发，不受精的雄配子可营单性生殖，发育成新个体。无性繁殖是在孢子体上产生单室孢子囊，孢子囊核的第一次分裂为减数分裂，每囊形成 4 或 8、16、32 个游孢子。游孢子放散片刻

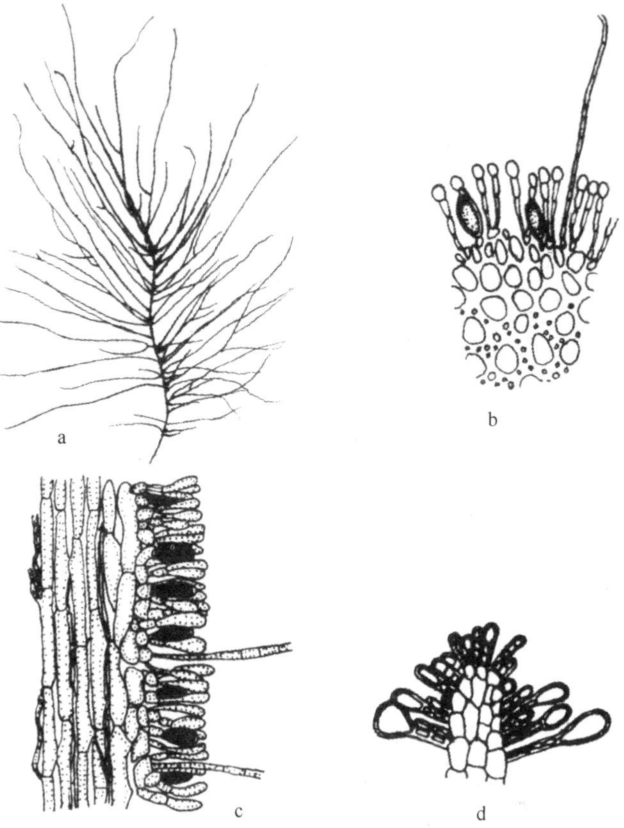

图 4-9　索藻

a. 藻体外形；b. 藻体横切面示边缘部分及单室孢子囊；c. 藻体纵切面；
d. *C. firma* Gepp. 示生长点（Bold，1978；Lee，1980；郑柏林和王筱庆，1966）

即开始萌发形成配子体。

马鞭藻属 *Cutlaria* 10～20 cm 高，藻体直立、扁平，具有数回不规则叉状分枝，顶生一簇毛。孢子体植物较小，为扁平，匍匐的壳状体。以前有相当长的时期把马鞭藻的孢子体误认为是光带藻。马鞭藻属是在地中海及欧洲沿岸暖海水体生长的藻类，中国沿海尚未见报道，但日本、朝鲜沿海均有。

六、毛头藻目 Sporochnales

本目物种的世代交替明显，两世代的藻体不相等，孢子体中型，配子体小型丝状。孢子体有两点特征是其他各目所没有的：第一，枝端细胞成束着生，每枝能生一分枝；第二，生长方式为毛基生长，每根毛下有一分生细胞，因此生长部为椭球形，生长枝顶端为一层分生细胞，分生细胞向上生长顶毛，向下生薄壁细胞，相互挤压，紧密排列成为假膜体。孢子囊均为单室孢子囊，着生枝顶，游孢子萌发产生微小丝状配子体，有性繁殖时为卵配生殖。

本目只有一科，即毛头藻科 Sporochnaceae，6 个属，在我国沿海曾发现 2 属，均为深

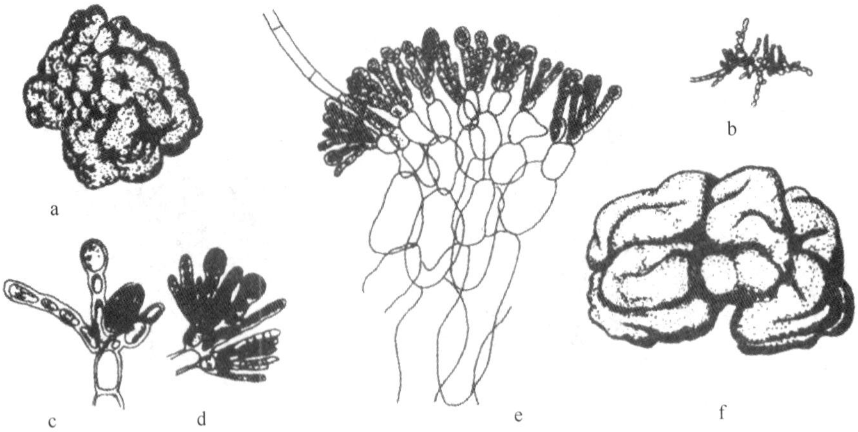

图 4－10　黏膜藻的形态结构

a. 大黏膜藻藻体外形（×1/2）；b. 黏膜藻藻体外形；c. 黏膜藻多孢子囊；
d. 黏膜藻纵切面示单室孢子囊和同化丝；e. 黏膜藻单室孢子囊；f. *L. dif formis*（L.）Aresch 的配子体（×155）
（Smith，1955；郑柏林，王筱庆，1961）

海种。

七、网管藻目 Dictyosiphonales

具有明显的世代交替。孢子体大，圆柱形，管状中空，囊状、扁平叶状或带状，单条或具有分枝。藻体是由真正的薄壁组织构成。顶端生长或散生长。每个表皮细胞具有 1 至数个条状或盘状色素体。往往顶端生毛，单生或簇生。孢子体着生单室囊或多室囊或同一藻体上着生两种孢子囊，单生或集生成群。配子体小，丝状。本目藻体的生活史基本上和索藻目一样，主要的不同点在于本目物种的孢子体为真膜状体构造。

常见的有点叶藻属 *Punctaria*，囊藻属 *Colpomenia*，鹅肠菜属 *Endarachne*，萱藻属 *Scytosiphon*，幅叶藻属 *Ilea*，网管藻属 *Dictyosiphon* 等。

1. 囊藻属 *Colpomenia*

囊藻属藻体中空、囊状，不规则球形、长筒形或纺锤形，成长后往往有不规则的纹裂，体壁膜质，由 2 层组织构成。多室孢子囊为柱状，其中杂有隔丝，孢子囊初为散生，呈斑状，后集生遮蔽藻体。

囊藻 *Colpomenia sinuosa* 藻体黄褐色至暗褐色。成体囊状中空，球形至不规则形状，老时常破裂。内部构造分髓部和皮层。髓部由 2～5 层大的近似圆形的细胞组成；皮层由 2～3 层方形或多角形小的细胞组成。多室孢子囊可单列或两列，孢子囊间还常杂有棍棒状隔丝。

该种为暖温性种类，大多生长在低潮区岩石上，或附生于其他藻体上，是常见的养殖害藻之一。一年生。

2. 鹅肠菜属 *Endarachne*

藻体扁平叶状，固着器盘状。多室孢子囊由表层细胞产生。

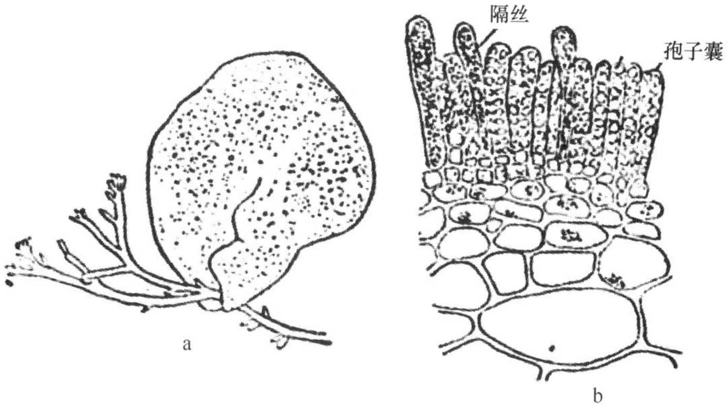

图4-11 囊藻的外部形态及内部构造（郑柏林等，1961）
a. 外形（附于其他藻体上）；b. 横切面并示多室孢子囊

鹅肠菜 *Endarachne binghamiae* 藻体黄褐至暗褐色。丛生、扁平叶状，高 10 ~ 30 cm，幅宽 2 ~ 4 cm。固着器小盘状，上有一短柄，叶片全缘而皱褶。内部构造分三层：外皮层细胞近方形，细胞内含有色素体；内皮层细胞近圆形，细胞壁较厚；髓部是由分枝丝状体交织而成。繁殖时由表面细胞形成多室孢子囊，孢子囊间没有隔丝，成熟时叶片出现许多褐色斑点。

该种是太平洋两岸暖温带性海藻。生长在风浪不太大的中、低潮区的岩石上。鹅肠菜是一种相当受人们欢迎、营养丰富的食用海藻，可与鱼、肉共烧，也可蒸煮后蘸酱油食用。

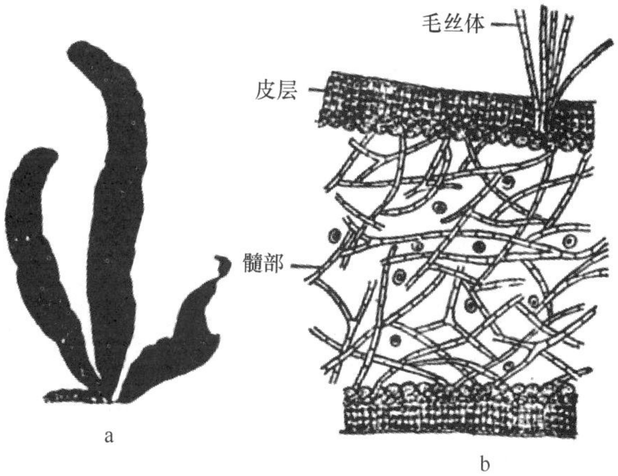

图4-12 鹅肠菜（郑柏林等，1961）
a. 外形；b. 横切面并示孢子囊

3. 萱藻属 *Scytosiphon*

藻体为单条圆柱状，圆柱体有明显缢缩，盘状固着器。无分枝。幼期藻体内部由大型、无色圆柱状细胞组成髓部，随着成长，髓部中央成为空腔。藻体多丛生在潮间带的岩石及石沼内。

萱藻 *Scytosiphon lomentarius* 藻体褐至深褐色，单条、丛生、直立、管状（幼时中实，稍后中空），有时扁压或扭曲，常缢缩成节。内部构造分髓部和内外皮层，细胞由内向外逐渐变小。成熟的藻体表面形成单列的多室孢子囊。该种是泛暖温带性海藻。大多生长在潮间带中潮区的岩石上或石沼中，有时在高潮区的石沼中或低潮区岩石上也可见到。一般而言，生长在高潮区的比较细小，常无缢缩的节；生长在中潮区以下的则较粗长，并且多缢缩成节。

该种是食用海藻。

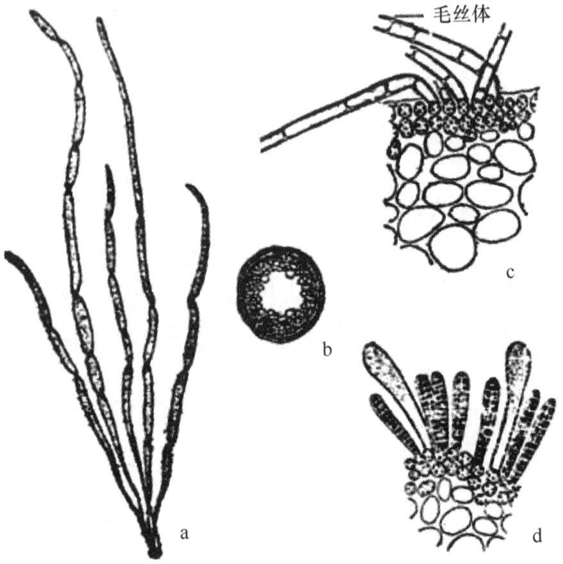

图 4－13 萱藻（郑柏林等，1961）

a. 外形；b. 横切面；c. 横切面放大一部分；d. 多室孢子囊

八、酸藻目 Desmarestiales

本目物种的世代交替明显，两个世代的藻体不相等，孢子体中型至大型，配子体为丝状，孢子体大的可达 5 m，以一盘形或圆锥形固定器附着于基质上，藻体羽状分枝，有长枝和短枝之别，枝为圆柱状或扁圆柱状，为假膜组织。短枝呈毛状，单列，单条或对生、轮生分枝，生长方式为毛基生长。

无性繁殖为孢子体产生单室孢子囊，孢子囊分生或集生成群。游孢子萌发成为丝状配子体。有性繁殖雌雄异体，为卵配生殖，卵成熟时被挤出卵囊外，停留在空囊上，等待受精。每一精子囊只产 1 个精子。合子萌发成孢子体。

酸藻目有 2 科 3 属，均为寒带海洋性种。中国海域只发现酸藻 *Desmanelia uinidis* 1 种。

九、海带目 Laminariales

其为褐子纲中最进化的一目。生活史为异形世代交替。孢子体均为大型叶状体，单条或具有分枝，圆柱状或扁平，多数种类有叶片、柄部和固着器的分化。藻体由表皮、皮层和髓部3部分组成，表皮细胞小，具有几个盘状色素体，无蛋白核；皮层由几层无色的细胞组成；髓部为交织丝体，一端膨大为叭形，称叭管，它的横壁相当于筛板，髓部组织起着输导的作用；叶片经光合作用制造的有机物通过叶柄到固着器。有黏液管或无，居间生长。孢子体只产生单室孢子囊，单室孢子囊群位于叶片各处或孢子叶内，与棒状隔丝相依。配子体小，丝状，雌雄异株，雌雄配子体分别产生精子和卵，受精后萌发成孢子体。

本目有4科（绳藻科、巨藻科、海带科、翅昆布科）30余属，大多数生长于寒带、亚寒带，少数生活于暖流带。

1. 海带属 *Laminaria*

藻体褐色，明显地分为固着器、柄部和叶片三部分，固着器假根状或盘状。叶片单条或深裂为掌状。海带的生活史有明显的世代交替。无性繁殖产生单孢子囊，孢子囊位于叶片下部或整个叶片。

海带的整个繁殖过程可分无性繁殖和有性繁殖两个阶段。一棵成熟的海带孢子体通过无性的孢子繁殖可产生上亿个游孢子。游孢子经一系列复杂的变化，发育成雌、雄配子体。雌、雄配子体成熟后进行有性繁殖，产生合子，合子再萌发成小孢子体。在中国北方能越夏成活的海带，一年中，孢子囊可以成熟2次。第一次在5—7月份；第二次在10—12月份。自大生产上采用自然光低温培育夏苗后，育苗单位仅利用第一次成熟的种海带。

（1）无性繁殖。

海带孢子体成熟后，叶片表面产生大面积隆起的孢子囊群。孢子囊是由叶片表皮细胞分化出来的。当孢子体生长发育条件满足后，叶片表皮细胞向外突出延长，每个细胞分裂成2个细胞。下面的1个细胞为基部细胞，上面的1个细胞向外延长，形成单细胞的隔丝。隔丝的顶端逐渐膨大互相结合形成一层由胶质组成的保护层。两个隔丝之间有一空隙，称隔丝腔。随后，隔丝下面的基部细胞在隔丝腔内产生突起，形成孢子囊母细胞。孢子囊母细胞在隔丝腔内继续长大，最后形成长棒状的孢子囊及囊内的游孢子。海带的孢子囊是单室孢子囊，孢子囊母细胞在隔丝腔内进行连续2次减数分裂。将细胞核分成4个，然后再进行3次有丝分裂，最后形成32个游孢子。

孢子囊成熟后，囊壁裂开，游孢子被释放出来。游孢子为单细胞，梨形，长6.9～8.3 μm，宽4.1～5.5 μm，具两条侧生不等长鞭毛，长的伸向前端，短的指向后端，依靠鞭毛的摆动，游孢子在水中游动。游动的时间与水温密切相关，在5～15℃水温中，随着水温的升高，游动时间明显缩短。游孢子游动一段时间，遇到适宜的基质附着其上，附着后，鞭毛很快消失，变成球形，形成胚孢子。胚孢子无细胞壁，只有原生质膜。胚孢子形成4 h后开始萌发，先从细胞表面产生一个突起，然后逐渐延长形成萌发管，细胞里的内含物也随着萌发管的延伸而流向逐渐膨大的萌发管顶端。2～3 d后，细胞的内含物全部流到萌发管顶端并在萌发管顶端形成细胞壁将这些内含物包含在里面，此时形成海带的配子体（图 4－14）。显微镜下可以看到刚形成的配子体与其相连的空的胚孢子萌发管及胚孢子空壳结构。

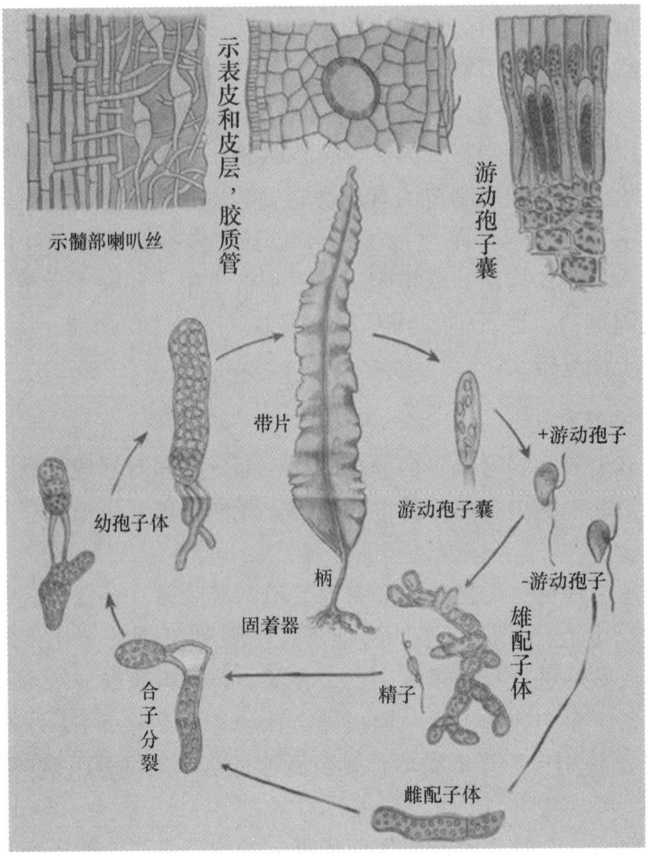

图 4－14　海带生活史

（2）有性生殖

海带配子体为雌、雄异体，刚形成的配子体在显微镜下用肉眼分辨不出雌雄，一般游孢子附着 5～6 d 后，雌、雄配子体可明显分辨。

雌配子体通常为 1 个细胞，球形或梨形。在特殊的条件下如弱光、高盐或与雄配体分离的雌配子体可生长成多细胞的丝状体。刚形成的配子体生长较慢，3～4 d 后生长加快，细胞长度和宽度增加。在适宜条件下，10～15 d 雌配子体成熟，形成卵囊。卵成熟后从卵囊的顶部破囊而出，停留在卵囊开口处等待受精。

雄配子体通常为多细胞，由数个至十几个细胞不等，细胞个体明显小于雌配子体，直径一般 4～8 μm。显微镜下，雄配子体细胞颜色较浅，有较强的折光性。适宜条件下，游孢子附着 10～15 d 可达到性成熟，形成精子囊。精子囊先由雄配子体的顶端细胞产生，每个精子囊产生 1 个精子。精子梨形，长 4.4～6.2 μm，具 2 条侧生不等长鞭毛。精子成熟后，破囊而出，向卵所在的方向游去与卵结合。

卵受精时，在卵的表面可以看到聚集着很多精子，但通常状况下，卵只与 1 个精子结合。卵受精后立即形成细胞壁而发育成合子。整个过程染色体倍数的变化为：1 个单倍体的卵与 1 个单倍体的精子形成 1 个二倍体的合子，合子再经细胞分裂长成幼孢子体。

海带是重要的经济藻类，既是一种大众食品，又是医药和工业的重要原料，也是褐藻工业提取藻胶和制碘的重要原料。

2. 昆布属 *Ecklonia*

孢子体由固着器、柄和叶片三部分组成。固着器假根状，或形成匍匐部分。柄圆柱形，不分枝。叶片单条或羽状，以至复羽状分枝，叶缘有粗锯齿。游动孢子生于叶片的两面。常见种有鹅掌菜、五掌菜等，是有经济价值的褐藻，可食用，含有大量甘露醇，用途似海带。

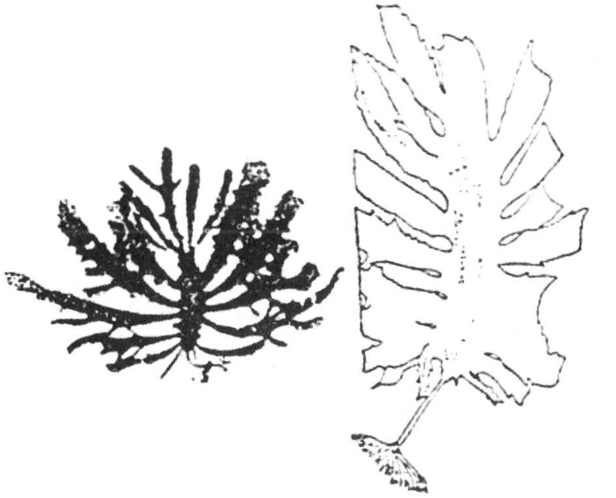

图 4－15　昆布孢子体外形（郑柏林等，1961）

昆布 *Ecklonia kurome*（鹅掌菜）藻体深褐色，革质。高 30～100 cm，外形明显可区分为固着器、柄部、叶片三部分。固着器粗壮，二叉式分枝；柄下部圆柱状，近叶片处扁平；叶片中部稍厚，两侧羽状分枝或复羽状分枝，叶片边缘有稀疏的齿状突起，表面略有皱褶。整体略呈掌状，故俗称“鹅掌菜”。其内部构造与海带相似。

该种是北太平洋西部特有的暖温带性海藻。生长在水深流急、水质较肥沃的大干潮线附近至潮下带 7～8 m 深处的岩石上。

该种可食用和药用。其营养价值不亚于海带。据产地居民称，此藻可治热症、泻肚、便血和妇女产后营养。其褐藻酸、甘露醇、碘、钾的含量也很高。

3. 裙带菜属 *Undaria*

植物体幼时为卵形或长叶片状，单条，在生长过程中逐渐羽状分裂，有隆起的中肋。孢子囊群生在柄部两侧延伸出褶皱状的孢子叶上。繁殖时由柄部的两侧延伸出褶叠的孢子叶，产生单室孢子囊。有性繁殖与海带相似，配子体有雌雄之别。

裙带菜 *Undaria Pinnatifida* 是一种可食用经济海藻，除含碘量较少外，其他成分不亚于海带，亦可作为综合利用提取褐藻胶的原料。裙带菜消费主要在中国、日本和韩国。生活史及栽培方法与海带相似，但其适应的温度略高些。我国自然繁殖的裙带菜主要分布在浙江省舟山群岛，垂直分布于低潮线的上部或潮间带小池沼中，藻体长度很少超过 1 m。

4. 巨藻属 *Macrocystis*

巨型海藻，孢子体具有 1 个多年生的基部，固着器假根状。具有叉状分枝或叉分不明显的柄，在每个分枝顶上，各有 1 片叶片，顶生叶片基部做不规则裂开而形成新侧生叶，叶面具有皱纹，成熟的侧生叶片具有短柄。全部叶片生于一个侧面上。因此孢子体的叶状部是由多数叶片组成的，丛生于柄部的上端。巨藻 *M. pyrifera* 为多年生海藻，最长寿命可达 12 年之久，藻体长一般达数十米，最大体长可达 60 m。

巨藻自然分布于自美国阿拉斯加州经加拿大、美国至墨西哥的北美洲太平洋沿岸以及澳大利亚、新西兰、智利、秘鲁、南非等国沿海。美国于 1910 年开始以巨藻作为制造钾肥的原料。20 世纪 30 年代起将巨藻作为提取褐藻胶的原料。50 年代中后期藻场因采收过度、海水污染和海水温度反常变化等因素受到严重破坏。中国于 1978 年从墨西哥引进巨藻。

十、网地藻目 Dictyotales

本目藻体外形扁平，双分枝，具有或没有中肋。顶端生长或边缘生长。分枝的每一顶端具有 1 个顶端细胞。成熟藻体分化成髓部与皮层。髓部由 1 至数层大的细胞组成；皮层由 1 层小的细胞组成。

孢子体仅产生单室孢子囊，孢子囊群分布在扁平藻体的两面，产生 4 个或 8 个不动孢子。

有性繁殖为雌雄异体卵配生殖。卵囊单生或集生成小的卵囊群。每一卵囊产生 1 个卵，精子囊集生成小的精子囊群，每个多室的精子囊产生多数单鞭毛的精子。生活史为等世代式。

本目仅 1 科，网地藻科 Dictyotaceae，本科分有网地藻属、网翼藻属和团扇藻属。通常生活在暖海海域。

团扇藻属 *Padina*

团扇藻属藻体扁平扇状，无中肋，单条呈羽状裂片。藻体内部结构由髓部与皮层组成，髓部为数层无色横切面呈方形的细胞；皮层由 1 层横切面呈方形的细胞组成。藻体生长多为边缘细胞分裂。雌、雄生殖细胞均为群生。无性繁殖产生四分孢子。

团扇藻 *Padina crassa* 藻体扇形，棕褐色，高 10 cm，稍厚，膜质，下有短柄及固着器。扇形的部分常分裂成几个同样的扇形裂片，边缘全缘而向下卷曲。上表面及下表面都生毛，排成若干行同心纹层。靠近基部由 6 ~ 8 层细胞组成，边缘为 4 ~ 2 层细胞组成，表层细胞含有色素体，内部细胞无色。多数藻体的下表面含有石灰质。四分孢子囊在两圈毛间形成，呈梨形，不规则地分散，有的在毛间成两行。

多生于热带及温带海区，低潮线附近岩石上，1 年生。

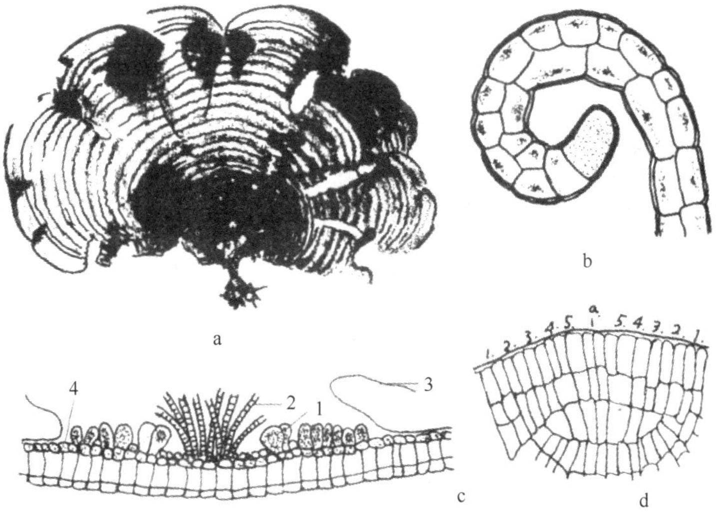

图 4－16　团扇藻藻体外形（Bold，1978；郑柏林等，1961）

a. 团扇藻藻体外形；b. 藻体边缘垂直切面示单个顶端细胞；

c. *P. parania*（L）Gaill. 藻体顶端发育成扇形的表面观

1. 孢子串；2. 毛；3. 角质膜；4. 表皮细胞

十一、鹿角菜目 Fucales

生活史只有孢子体世代。顶端生长。孢子体上产生配子囊（卵囊和精子囊）。没有无性生殖。繁殖由小分枝形成生殖托，在生殖托上形成生殖窝，窝内再产生卵囊和精子囊。雌雄同体或异体。减数分裂在卵或精子形成时核的第一次分裂时进行。

鹿角菜目约有 4 属 350 种。有些物种生长在南、北半球的寒冷海域，也有一些物种生长于暖热海域，如马尾藻属。本目物种多数固着于潮间带的岩石上生长，也有生长在低潮线以下的岩石上，个别物种能漂浮生活（如马尾藻海中的马尾藻）。生长于潮间带物种的藻体长度很少超过 1 m，但较深海域的物种长度可以超过 5 m。

马尾藻属 *Sargassum*

藻体分为固着器、“茎”、“叶”三部分。固着器形态多种多样，有盘状、圆锥状、瘤状、假根状等；“茎”（主干）通常圆柱状至扁压，可向四周辐射分枝或两侧分枝；“叶”扁平或棍棒状，全缘或有锯齿。藻体还有各种形状的气囊，以使藻体浮起直立，利于接受阳光进行光合作用。繁殖时产生生殖托。气囊和生殖托都生在“叶腋”处。

马尾藻为顶端生长。气囊由皮层细胞加厚、髓部细胞破裂而成。

藻体为孢子体，产生卵囊和精子囊，减数分裂在卵或精子形成过程中的第一次细胞分裂时进行。精子和卵结合为合子，萌发后长成新藻体。

马尾藻繁殖为雌雄同体或异体，雌雄同窝或异窝。生殖窝由表皮细胞产生。卵直接由生殖窝壁细胞产生。幼卵囊含 1 个卵母细胞核，核分裂两次为 4 个核（第一次为减数分

图 4－17　马尾藻藻体

裂)，再分裂一次为 8 个核的细胞，但在成熟时每个卵囊只含有 1 个核，其他 7 个核则退化消失。

精子囊在生殖窝的隔丝上产生，一般生长在隔丝分枝的基部。成熟的精子囊具有 2 层壁，成熟时由开口处逸出呈椭球形胶团，内含精子；精子梨形，具有 2 根侧生不等长的鞭毛，长者向后端。

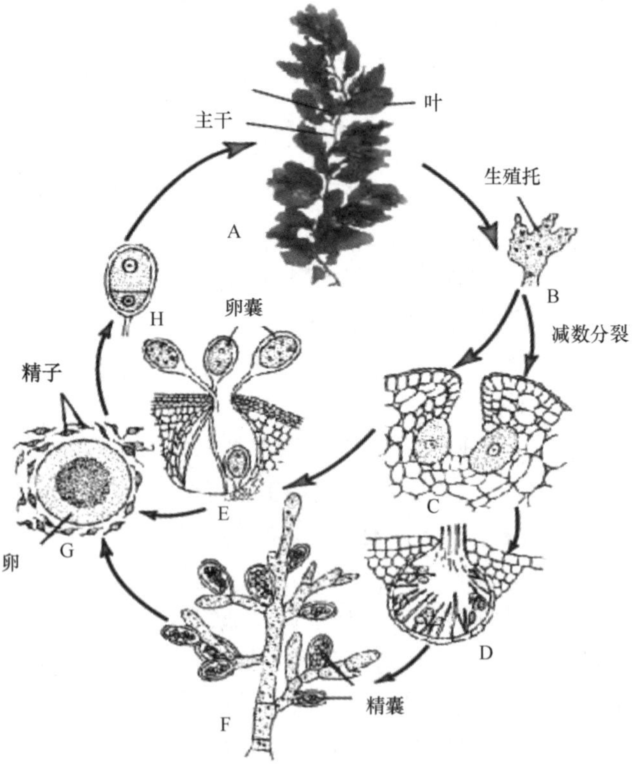

图 4－18　马尾藻生活史

中国的马尾藻物种非常丰富。在南方海域常见的物种有羊栖菜 *Sargassum fusiforme*、海蒿子 *S. pallidum*、半叶马尾藻 *S. hemiphyllum*、铜藻 *S. horneri*、海黍子 *S. muticum*、裂叶马尾藻 *S. siliquastrum*、鼠尾藻 *S. thanbergii*、亨氏马尾藻 *S. henslowianum*、展枝马尾藻 *S. patens* 和瓦氏马尾藻 *S. vachellianum* 等。

1. 羊栖菜

藻体黄褐色，肥厚多汁，高 15 ~ 40 cm，最高可超过 2 m。固着器假根状。主干直立，圆柱状。叶的变异很大，长短不一，形状也多，呈细匙形、棍形、线形，匙形叶两缘常有粗锯齿或波状缺刻。气囊形状也多，有球形、纺锤形或梨形等。生殖托圆柱状或长椭圆形，钝头，单条或偶有分枝。雌雄异株。

该种是北太平洋西部特有的暖温带性海藻。生长于浪冲击较大的中潮区下层至低潮区的岩石上。

羊栖菜是人们普遍喜欢的食用海藻。可与鱼同煮，冷却成冻，切成碎块食用；也可将其煮后切碎做馅蒸包子。羊栖菜的药用价值也很高，《本草纲目》上记载，有“瘿瘤结气”、“利小便”、“治奔豚气、脚气、水气浮肿、宿食不消”等功用。中药铺中的“海藻”一味，实际上常指的就是羊栖菜。

20 世纪 90 年代以来，浙江洞头一带开展该种的人工栽培养殖，产品大多销往日本，取得明显的经济效益。

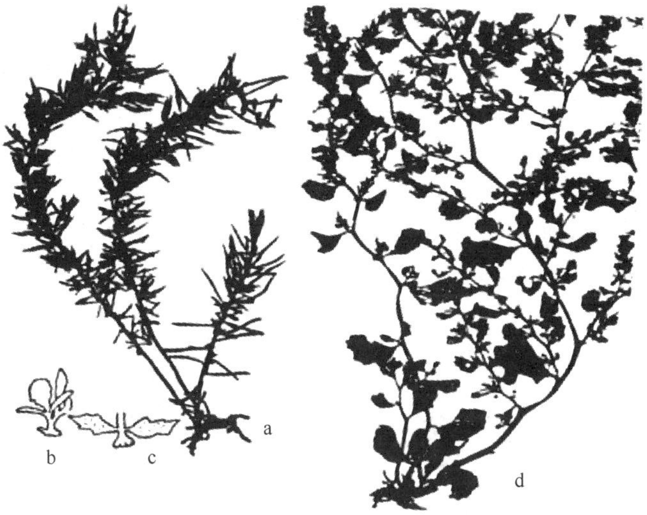

图 4 – 19　羊栖菜和半叶马尾藻

a. 羊栖菜外形；b. 羊栖菜幼体；c. 羊栖菜基部叶；d. 半叶马尾藻外形

2. 半叶马尾藻

藻体黄褐至暗褐色，高 30 ~ 100 cm 以上。固着器假根状有匍匐枝。自上生出主枝，枝互生，线状。叶片除基部的外，大部分叶子左右不对称，一侧向外弧形弯曲，无中肋，叶缘有粗齿。气囊在体下部的为倒卵形，顶圆；上部的常为纺锤形或椭圆形，顶端尖，边缘和顶端有翼状突起。生殖托圆柱状，单条或排列成总状。

该种是北太平洋西部特有的暖温带性海藻。生长在风浪较大的低潮区至潮下带 1 m 左右深的岩石上。

该种过去只被用作肥料，现在成为褐藻胶工业的原料。在南方中药铺中出售的“海藻”中常有数量较多的半叶马尾藻。

3. 铜藻

藻体黄褐色，高一般为 0.5～2 m，最高可达 8 m。体质较纤细。固着器裂瓣状。主干圆柱状，一般单生，基部常有刺状突起。枝上有纵向的浅沟。叶具中肋，中肋至叶尖处逐渐消失，叶缘向中肋处羽状深裂。气囊圆柱状，顶端冠一小裂叶。生殖托圆柱状，顶生或腋生。

铜藻是北太平洋西部特有的暖温带性海藻。生长在低潮线附近的深水沼中至潮下带数米深处的岩石上。

东南沿海居民多以该种作为肥料和代替《本草纲目》中的“海藻”作为药用。由于其褐藻胶的品质好，且较易提取，应是中国东南沿海建立褐藻胶工业最有希望的原料。

4. 海黍子

藻体暗褐色，0.5～1 m 高，最高可达 2～3 m。固着器盘状。上生一圆柱状主干，主干约 2～3 cm。主枝多条，从主干顶端螺旋状地紧密生出，形成假丛生。主枝呈圆柱状，光滑无突起，但有 3～5 条纵沟，轻度扭转。叶片形状变化很大，可有披针形、倒卵形、亚楔形、亚匙形等，还有少数斜楔形叶，边缘有粗齿，两边不甚对称。叶片无中肋，但叶下部略为膨起。气囊也多变化，幼时纺锤形或长椭圆形，成熟时为亚球形或倒梨形，顶端一般圆滑，少数有微小突起或具有线形冠叶。生殖托一般单条，偶有分枝，总状排列。雌雄同株且同托。

海黍子也是北太平洋西部特有的暖温带性海藻。生长于大干潮线附近至潮下带数米深的岩石上。用途与上述马尾藻相同。

图 4－20　铜藻（a）和海黍子（b）外形

5. 裂叶马尾藻

藻体暗褐色，一般高为0.5～1 m，最高达2 m。体质粗硬。固着器圆锥状或盘状。主干圆柱状，2～3 cm，其上生出数条粗壮而扁压的初生枝。近基部枝为三棱形、扭曲，上部枝近圆柱形。藻体上、中、下的叶片形态不同，下部的叶长而宽，近全缘，向下强烈反曲；中部的叶呈锯齿或重锯齿形；上部的叶狭细，有深裂，可裂至中肋。气囊通常椭圆形，有冠叶。生殖托单条，总状排列，生叶腋间。

裂叶马尾藻也是北太平洋西部特有的暖温带性海藻。生长于潮下带1～5 m深处的岩石上，有时在低潮区深水石沼中也可见到。

该种在广东一带作为中药“海藻”的代用品，也可用作牲畜饲料和肥料。

6. 鼠尾藻

藻体暗褐色，一般高为10～50 cm，最高超过1 m，固着器扁平盘状，常有裂缝。上生一主干，主干较短，只有3～7 mm，圆柱状，上面有鳞状叶痕，顶端长出数条初生枝，初生枝幼期密密覆盖着螺旋排列的小鳞片叶，形似鼠尾，其后由鳞片叶腋间长出次生枝，枝上有纵沟纹。叶片丝状、披针形、斜楔形或匙形。气囊小，纺锤形或倒卵形，顶端尖。生殖托长椭圆形或圆柱状，单生或数个集生于叶腋间，雌雄异株。

鼠尾藻也是北太平洋西部特有的暖温带性海藻。生长于中、低潮区岩石上，有时在高潮区的石沼中也可见到。

鼠尾藻可作为制造褐藻胶的配合原料。有的地方将其烧灰提取氯化钾。

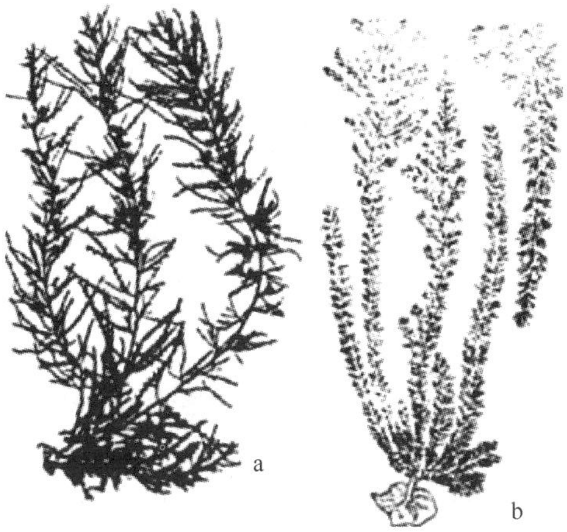

图4－21　裂叶马尾藻（a）和鼠尾藻外形（b）

第五章　绿藻门 Chlorophyta

绿藻门也称绿藻（green algae），含叶绿素 a、叶绿素 b，具有与高等植物相同的色素和贮藏物质，因此通常把它们认为是陆地植物的祖先。绿藻门不同于其他真核藻类，它的储存物质在叶绿体而非细胞质中合成，通常在蛋白核的参与下合成淀粉。叶绿体周围没有叶绿体内质网。绿藻门主要为淡水藻类，海水种类仅占 10%。海水种类主要有石莼目、丝藻目、管藻目和管枝藻目等。

第一节　一般特征

一、外部形态特征

绿藻门物种种类繁多，外部形态多样，大致有以下几种类型。

1. 游动的单细胞或群体

藻体具有鞭毛，是一个能活动的单细胞或群体。单细胞物种如衣藻属 *Chlamydomonas*；呈群体的如团藻属 *Volvox*，细胞数目不定，外具胶被，由 500 至数万个细胞构成，生活材料裸眼能看到，显微镜下能看到团藻滚动着向前运动。

2. 非游动的单细胞或群体

藻体具有假鞭毛或无鞭毛，由游动式藻类演化而来。如绿球藻属 *Chlorococcum*，四角藻属（*Tetradrom*），四孢藻属（*Tetraspora*），小球藻属（*Chlorella*）等。

3. 丝状体

藻体呈丝状，细胞向一个方向分裂，由多个细胞排成一行，相邻的细胞互相连接形成简单的丝状体，如丝藻属 *Ulothrix*；或简单的丝状体侧面再向外突出 1 个或多个细胞并生隔壁，与主轴分隔成具有分枝的丝状体，如刚毛藻属 *Cladophora*。

4. 膜（叶）状体

藻体呈叶片状，是丝状体的进一步发展，由细胞向多个方向分裂而呈叶片状，如礁膜属 *Monostromataceae* 和石莼属 *Ulva*，分别由 1 层和 2 层薄壁细胞组成叶片状体。

5. 异丝体

藻体由两部分组成，一部分为卧生匍匐部分，附着于基层；另一部分为由卧生部分生出的直立部分，如毛枝藻属 *Stigeoclonium*。

6. 管状多核体

藻体呈管状或球形，为多核的单细胞体。细胞核经常分裂，但细胞不生横壁，因此藻体除在生殖时期外，只有 1 个细胞，内有许多个细胞核，如松藻属 *Codium* 和 羽藻属 *Bryopsis*。

二、细胞学特征

1. 细胞壁

除极少的物种外，绿藻的营养细胞多具有细胞壁，细胞壁由原生质体分泌而成，内层为纤维素，外层是果胶质。果胶为水溶性，外面果胶溶解掉可再由内面分泌新的。浮游藻体因所分泌的果胶比溶解的多，因此形成胶质套于细胞外，可增加藻体漂浮能力。刚毛藻属、鞘藻属和毛鞘藻属的细胞壁在果胶外还有几丁质，可阻止果胶质的溶解。蕨藻目的细胞壁多为木聚糖或甘露糖。

2. 细胞核

大多数物种的细胞只有 1 个细胞核。管藻目（松藻属、羽藻属、蕨藻）、刚毛藻目、管枝藻目的藻体细胞含有多个核。伞藻属 *Acetabularia* 则是营养细胞为单核，而生殖细胞为多核。

3. 液泡

较为原始类型的绿藻物种，整个细胞被带叶绿体的原生质充满，只很小的液泡，如团藻、衣藻；较高等类型的绿藻则具有一个大的中液泡，与高等植物的液泡相似。

4. 蛋白（淀粉）核

大多数绿藻的色素体内含有 1 至数个蛋白核。蛋白核是光合作用产物的储蓄场所，与淀粉的合成密切相关，淀粉在叶绿体内合成时需要蛋白核的协同作用。它包含两部分，中心是蛋白质体，为蛋白质的胶黏物，外被淀粉鞘。松藻属和微孢藻属等少数物种无淀粉核。

5. 鞭毛和伸缩泡

多数能运动的绿藻和游动的生殖细胞都具有 2～4 根鞭毛，一般配子具有 2 根鞭毛。

游动细胞的前端、鞭毛着生的基部，一般有 2 个伸缩泡，其功能是通过相互地收缩和展开，排出体内多余的水分和废物。伸缩泡通过往外排出内含物而收缩，从原生质体吸收水分而扩张。不活动的藻体一般无伸缩泡。

6. 眼点和趋光性

游动的绿藻物种以及多细胞物种的游孢子和配子，依靠眼点感光，借鞭毛做趋光运动，向有利于生长的区域运动。

绿藻的眼点通常位于叶绿体内，一般位于鞭毛基部附近靠前的位置。眼点由 1 层到几层不等的脂滴构成，通常位于叶绿体被膜和类囊体最外侧条带之间的基质内。脂滴中的类胡萝卜素通常会使眼点呈现橘红色。不同光强可导致绿藻细胞表现出不同的趋光反应。Strasburger 于 1878 年发现，在中度的弱光强条件下具有正趋光性的生物，在极强的光强下反而显示出负的趋光性。

7. 色素体及色素

绿藻的色素体由双层叶绿体被膜包被，没有叶绿体内质网。3～5 个类囊体聚集在一起。色素体有轴生星形、片状，侧生的带形、网状、杯状、粒状。每个细胞内色素体的数目有 1～2 个或多个不等。从进化的观点看，轴生单个的色素体最原始，侧生粒状色素体最高级。因为后者个体虽小，但数目多，光照接受总面积较大，因而光合作用的效能较高。

绿藻光合色素的成分及比例与高等植物相似，包括叶绿素 a、叶绿素 b、叶黄素、胡萝卜素、玉米黄素等。管藻黄素是叶黄素的一种，为多核（管状）绿藻的特征，还存在于深水的石莼属藻体中，可使深水种类获得 470 nm 的光。

三、繁殖和生活史

绿藻即可以通过营养繁殖和孢子生殖方式进行无性繁殖，又可以形成配子进行有性生殖。

（一）营养繁殖

一些单细胞的物种，是通过细胞的直接分裂形成的，通常称为细胞的二分裂法。群体和多细胞的藻类可以通过这种细胞分裂的方式扩大藻体。对于丝状体和一些多细胞藻体，断裂繁殖较为普遍，可以断裂成为 2 至数部分，每一部分可以形成一个新的独立藻体。如丝藻目的一些种类，每段丝体可以只包含几个细胞而发育成新的个体；蕨藻属的营养枝分离后，也可形成独立的新藻体。

（二）孢子生殖

无性生殖最普通的方式是产生游孢子。不同物种的每一个母细胞所产生游孢子的数目不一，如鞘藻属物种的每一个母细胞只产生 1 个游孢子；丝藻属的物种每一个母细胞可产生 2、4 或 8 个游孢子；刚毛藻属物种的每一个母细胞所产生游孢子的数目更多。形成游孢子囊的细胞和其他细胞一般大，但是也有特殊的孢子囊，形状与其营养细胞不同。

游孢子的形成，可由原生质体收缩而成为一个游孢子；也可由原生质体分裂成 2 个或多数个原生质体，每一原生质体就成为一个游孢子。游孢子逸出后开始游动，具有向光性，游动一段时间后，活动渐渐迟缓，分泌少许黏质，由前端附着于适当基质，最后固着于基质，停止活动形成细胞壁，继而发育成同其亲体相似的新藻体。

小球藻目的物种无性生殖产生不动孢子，在丝藻属、微孢藻属也发现有同样情况。不动孢子无鞭毛，具有 1 层与母体细胞壁不同的壁。此外，有一些绿藻物种，在不良环境条件下，其细胞壁可以变得很厚，成为休眠孢子或厚壁孢子，它能度过不良环境，在环境适宜时再萌发成新的个体。

（三）有性生殖

绿藻门的物种都有有性生殖。

配子的形成和构造与游孢子相似，只是配子比游孢子的数目要多，个体较小。配子单核，无壁，但在衣藻属的个别物种的配子有薄壁。有性繁殖方式包括同配生殖、异配生殖及卵配生殖等。同配生殖是比较原始的方式，卵配生殖是高级的方式。

有性生殖一般是在该物种的营养体充分的生长，并储存了一定量的营养物质以后才进行的。一般情况下，配子如果不经结合就会退化死亡，但是也有一些没有结合的配子能直接发育成为与它的亲体相似的藻体，这种生殖方法叫单性生殖。配子接合后不久，合子形成薄壁，后来再形成 3 层厚壁。合子的原生质体鲜绿色，经过光合作用增加储藏的物质——淀粉。后来淀粉转变成脂肪，血红素也形成，因而内含物呈现红色。此时合子抗干燥伤害的能力甚强。合子萌发前，一般都经过短时间或长时间的休息。海洋中生活的绿藻物种的合子一般都立即萌发，不产生厚壁。一般配子结合后两个性核立刻融合，但也有一些物种如水绵科和鼓藻科直到合子萌发前两核才融合。

有些物种在合子萌发时进行减数分裂，如水绵属、双星藻属、团藻属、鞘藻属。有些物种的合子核不经减数分裂而直接生成二倍体的藻体，如石莼属、刚毛藻属等。

（四）生活史

绿藻门植物的生活史可归纳为以下几种类型。

1. 单体型生活史

生活史只出现一种藻体，无世代交替，仅由有性生殖完成，没有无性生殖。根据藻体的核相，又可分为单体型单倍体生活史和单体型二倍体生活史。

（1）单体型单倍体生活史（合子减数分裂型）：藻体体细胞是单倍体，生活史中仅合子阶段是二倍体，合子核分裂时即进行减数分裂，然后形成游孢子，每个游孢子发育成一个新个体。这种生活史在单细胞类型及绿藻纲多数多细胞的物种中比较常见。

（2）单体型二倍体生活史（配子减数分裂型）：其特点是藻体体细胞是双倍体，生活史中仅配子阶段是单倍体，减数分裂发生在形成配子以前，合子不经减数分裂直接发育成新的双倍体藻体。如羽藻属 *Bryopsis*、蕨藻属 *Caulerpa*、松藻属 *Codium* 等管藻目的种类。

2. 双单体型生活史

生活史中有两种核相的藻体，一种是单倍体核相，另一种是双倍体核相。生活史由孢子生殖和有性生殖共同完成，既有核相交替，又有世代交替，减数分裂发生在孢子囊产生孢子时。根据两种核相藻体的形态是否相同，又分为同形世代交替和异形世代交替两种生活史类型。

（1）同形世代交替：在生活史中出现的孢子体和配子体两者在外形上相同。这一类型的绿藻有世代交替，即在生活史中，有性世代与无性世代交替出现。有性世代的植物体即配子体，产生单倍的配子，配子结合成为双倍的合子，合子发育成为无性世代的植物体即孢子体，孢子体产生单倍体的孢子，孢子萌发成为单倍体的配子体，如此循环往复。减数分裂在产生孢子的过程中进行。有不少的绿藻属于此一类型，例如如石莼属生活史。

（2）异形世代交替：在生活史中出现的孢子体和配子体两者在外形上有明显的差别。藻体既有双倍体，又有单倍体，单、双倍体藻体外形不相似。世代交替明显，由单倍体的配子体和二倍体的孢子体交替进行，两个世代的藻体外形不相似。如礁膜属 *Monostroma* 的孢子体是单细胞单核的小藻体，配子体是多细胞的大型藻体。

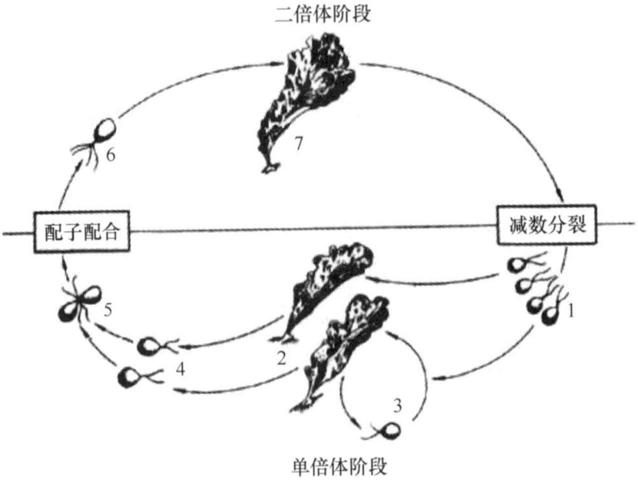

图 5－1　石莼的双单体型等世代型生活史

1. 游孢子；2. 配子体；3. 配子体行无性生殖，产生游孢子，直接发育成配子体；4. 配子体行有性生殖，产生双鞭毛的配子；5. 配子配对；6. 合子；7. 孢子体

四、分布和生态学

绿藻门约 90% 的物种在淡水中生活，海水种类只有 10%。中国海域内生长的绿藻已记载的约 194 种。多数绿藻较小，单细胞或丝状。

绿藻一般分布于潮下带的上部，特别是在热带、亚热带水域中有大量多核、多细胞的绿藻（刚毛藻目、管枝藻目）和管状的或多核体类型（绒枝藻目、蕨藻目）。有些绿藻从北极的冷水中一直分布到热带水体中（石莼属和浒苔属）。热带和亚热带水域的海洋绿藻较为相似，但南北半球处于寒冷海洋水域的绿藻种类明显不同，赤道附近的温暖水体对绿藻新种和属的进化起了地理阻隔作用。

有些绿藻常被用作食物。礁膜因味道鲜美、口感好，常被用来食用，日本还对其进行了人工养殖；石莼与浒苔在英国和日本等一些国家常被做成色拉鲜食；多核体蕨藻在夏威夷和菲律宾常被做成色拉食用，或作为烹调鱼肉的调味品。

第二节　分类及其代表种

基于绿藻门藻类的超微结构特征以及分子遗传学的研究结果，国外许多学者将绿藻门分为 4 个纲：真绿藻纲、轮藻纲、石莼纲和绿藻纲（Lee，2012）。多数海洋种类归属于石莼纲。石莼纲特点是：鞭毛着生于细胞前端；运动细胞在外观上近似于辐射对称；细胞分裂时卵裂沟产生新的横壁；通常有眼点；绝大多数为海水种类；没有休眠受精卵；普遍存在世代交替。石莼纲可分为 6 个目：丝藻目、石莼目、刚毛藻目、绒枝藻目、蕨藻目和管枝藻目。

在本书中，我们仍采用了中国藻类学者的传统分类方法，根据生殖细胞的形态结构和生殖方式的不同将绿藻分为两个纲：绿藻纲 Chlorphyceae 和接合藻纲 Conjugatophyceae。绿藻纲物种的特点是：藻体细胞或生殖细胞具有鞭毛，能游动，有性繁殖方式为非接合生殖；接合藻纲物种的特点是：营养细胞或生殖细胞无鞭毛，不能游动，有性繁殖方式为接合生殖。两纲中只有绿藻纲内有海洋生活的物种，接合藻纲全为淡水生。因此，本书只介绍绿藻纲中的主要物种。

绿藻纲物种的藻体形态多样。运动细胞一般具有 2 根顶生等长的鞭毛，少数种类 4 根，极少数物种为 1 根、6 根、8 根或一轮环状排列的鞭毛。无性生殖产生游孢子、不动孢子、厚壁孢子或营养生殖；有性生殖多数为同配、异配生殖，少数为卵配生殖。本纲分为 11 目，其中鞘藻目 Oedogoniales、四孢藻目 Tetrasporales、胶毛藻目 Chaetophorales 和小球藻目 Chlorellales 的绝大多数物种在淡水环境中生长，海生性种主要分布在团藻目、刚毛藻目、石莼目、丝藻目、绒枝藻目、管藻目和管枝藻目 7 个目中。

一、团藻目

本目物种为单细胞或群体。营养细胞多具有 2 ~ 4 根等长鞭毛，能运动。有眼点和伸缩泡。叶绿体 1 个或多个，轴生或侧生。淀粉核 1 到多个。

无性繁殖为原生质体纵分裂，产生 2 个或重复分裂形成 2 ~ 16 个游孢子。游孢子具有鞭毛，数目与营养细胞相同。成熟时游孢子分离逸出或连成一定形状的群体逸出。有性生殖为同配、异配或卵配生殖。配子具有 2 根鞭毛，能游动。合子休眠或立即萌发。

多生于淡水，生活范围广，只要水中有充分氮源，就能很快生长发育。因此积水、池沼、沟渠、潮湿地面及土壤中都能生长。少数生于半咸水或海水中，如盐藻属 *Dunaliella* 和扁藻属 *Platymonas*。

二、丝藻目 Ulothrichales

其为单列细胞组成的不分枝的丝状体，基部细胞常形成固着器。细胞顶端不具有帽状环纹，游孢子、配子、精子顶生 2 条或 4 条鞭毛（区别于鞘藻目）。

丝状体的物种可由藻体折断而进行营养繁殖；孢子生殖时，藻体除基部固着细胞外，其他细胞都能转变为游孢子囊，产生 2、4、8 或 16 个具 4 条或 2 条鞭毛的游动孢子；有性生殖时主要为同配生殖，少数为卵配生殖，一般为 8、16、32 或 64 个。无性繁殖和有性生殖可同时在一条丝状体上发生。

生于海水环境的物种只有丝藻科。软丝藻 *Ulothrix flacca* 最为常见，为丝藻科丝藻属 *Ulothrix*。藻体为单列细胞不分枝的丝状体，鲜绿色至暗绿色，质柔软，呈棉絮状。细胞短圆筒形，宽 10 ~ 25 μm，长为宽的 1/4 ~ 3/4。体下部的细胞较长，近基部的细胞向下延伸成固着器附着于基质上。细胞单核，色素体环状，环绕于细胞内壁四周，有造粉核 1 ~ 3 个。孢子囊由藻体成熟细胞直接形成，游动孢子具 4 条鞭毛，顶生。

软丝藻是世界性的温带种类。生长在中潮区上层潮水激荡处的岩石上。常成片生长成绿绒毛状。一般早春出现，夏季消失。

该种可作为肥料，还可供食用。

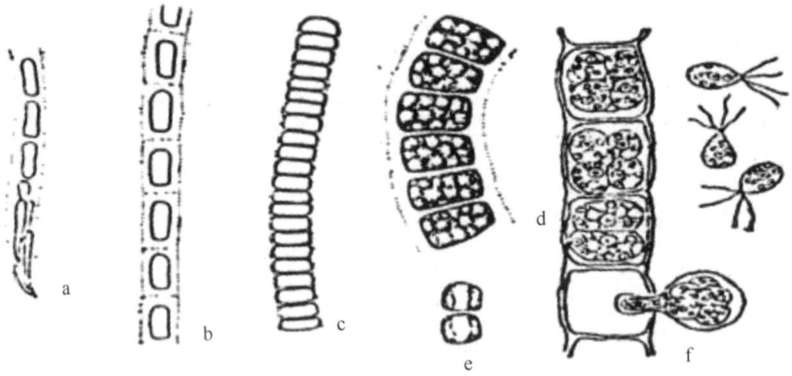

图5-2 软丝藻

a. 藻体基部；b. 藻体下部；c. 藻体上部；d. 孢子囊；e. 环状色素体；f. 游孢子的形成与逸出

三、石莼目 Ulvales

藻体由1~2层细胞组成的叶（片）状体或管状体。细胞核单个，1个片状或杯状的色素体，侧生或轴生，其中含有1个或多个淀粉核。

无性生殖产生具有4根鞭毛的游孢子。

有性生殖是同配、异配或卵配。配子2根鞭毛，形状与游孢子相同。

石莼目内的物种多为海产，淡水物种少，中国已知3科如下。

（1）溪菜科（Prasiolaceae）：特点是色素体轴生，只有1属——溪菜属。

（2）礁膜科（Monostromataceae）：特点是色素体侧生，藻体由1层细胞构成。生活史为双元异形。

（3）石莼科（Ulvaceae）：特点是色素体侧生，1~2层细胞，生活史为双元同形。

（一）礁膜属 *Monostroma*

藻体扁平叶片状或囊状，单层细胞构成。幼体期常中空囊状，成长时，由顶端开始外裂而成裂片，最后分裂到基部，分裂后的裂片呈丛生状。

孢子体无性生殖产生具有4根鞭毛的游孢子。营养体片断可以进行营养繁殖。

有性生殖为同配或异配，配子2根鞭毛，两配子接合而成的合子发育成一个大球状的单核孢子体，成熟时，经减数、有丝分裂产生一定数量（通常为32个）具有4根等长鞭毛的梨形游孢子。

生活史有明显的世代交替，但孢子体比配子体要小很多（与石莼属有明显区别）（图5-3）。

礁膜 *Monostroma nitidum* 藻体亮绿色至黄绿色，是单层细胞组成的膜状体，体质柔软而具有光泽。大小一般只有2~6 cm，最大可达15 cm。厚度只有24~30 μm。幼体时呈囊状，但很快就破裂成为不规则的膜状体，其边缘有许多皱褶。藻体表面观细胞略近圆形，有两两成对现象。

礁膜是北太平洋西部特有的暖温带性海藻。主要生长在高潮区下层至中潮区上层的岩

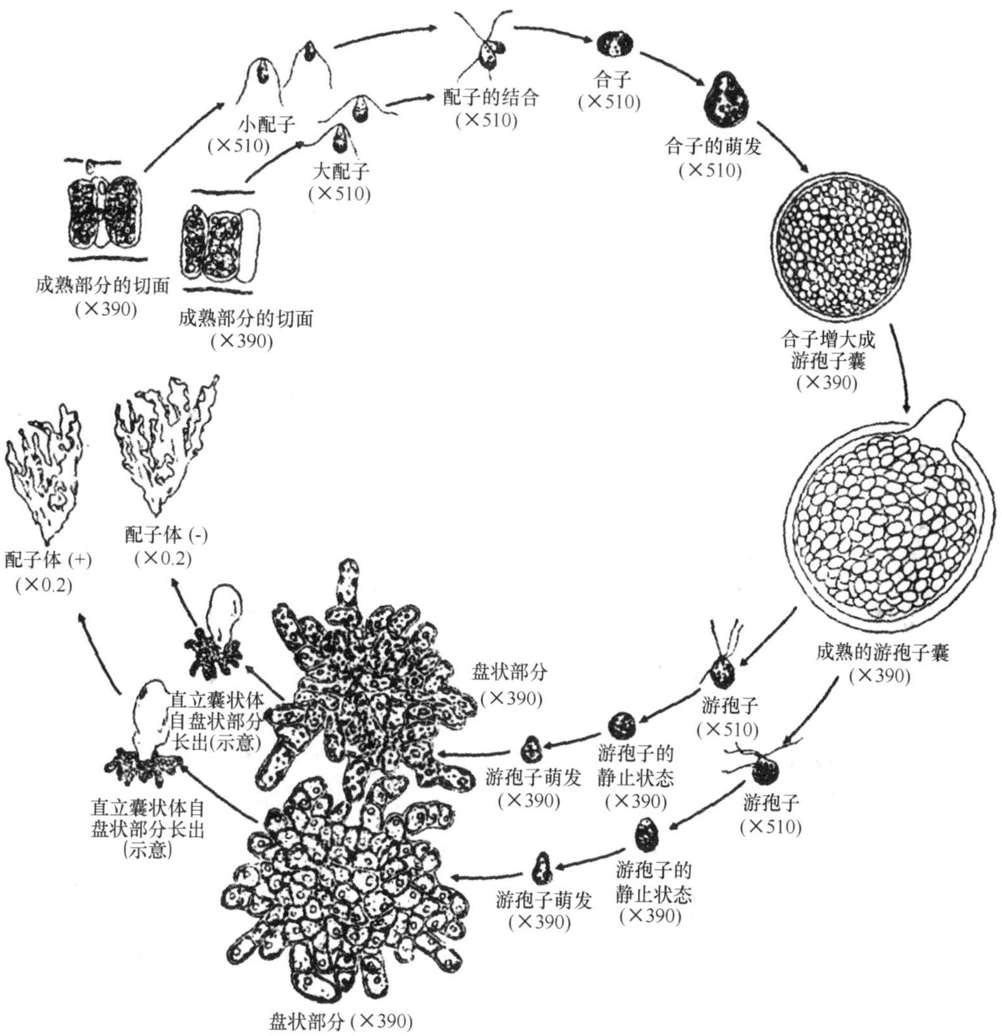

图 5－3 礁膜的生活史

石上，在泥沙滩的碎石块上也常可见到。其盛产期在 3—4 月间。

礁膜是绿藻中食用价值最高的一种，有绿色紫菜之称。其体软味美，常作为调味品。

（二）*石莼属 Ulva*

绿藻门石莼科的一属。藻体扁平叶片状或中空圆柱状，藻体浅绿至青绿色，为多细胞膜状体，具有 2 层细胞。基部的固着器由营养细胞向下延伸的假根丝组成。其孢子体和配子体在外形上无法区别，生活史为双元同形。

无性繁殖产生的游孢子梨形，前端有鞭毛 4 条。有性繁殖产生配子，其外形与游孢子相似，但前端只有 2 条鞭毛。配子体有时可进行孤雌生殖。

常见种有石莼 *Ulva lactuca*、花石莼 *U. conglobata*、裂片石莼 *U. fasciata* 和孔石莼 *U. pertusa* 等。石莼藻体长宽略相等，边缘有波状绉褶，切面观细胞亚方形；孔石莼藻体表面有孔，切面观细胞长方形；花石莼（蛎菜）外形重叠呈花朵状；裂片石莼藻体呈不规则的二叉式分裂。

石莼是泛暖温带性海藻，生长在中潮区至低潮区岩石上；花石莼为北太平洋西部特有的暖温带性海藻，主要生长在中潮区被有细沙的岩石上；裂片石莼是亚热带性海藻，生长在低潮区石沼中或大干潮线附近的岩石上；孔石莼为北太平洋西部特有的温带性海藻，主要生长在低潮线附近岩石上。

石莼类幼时可食用。成熟藻体可作为饲料。还有一定的药用价值，据《本草纲目》上记载，有“下水，利小便”功效。福建南部和广东一带常作为清凉剂，用以冲泡凉茶。

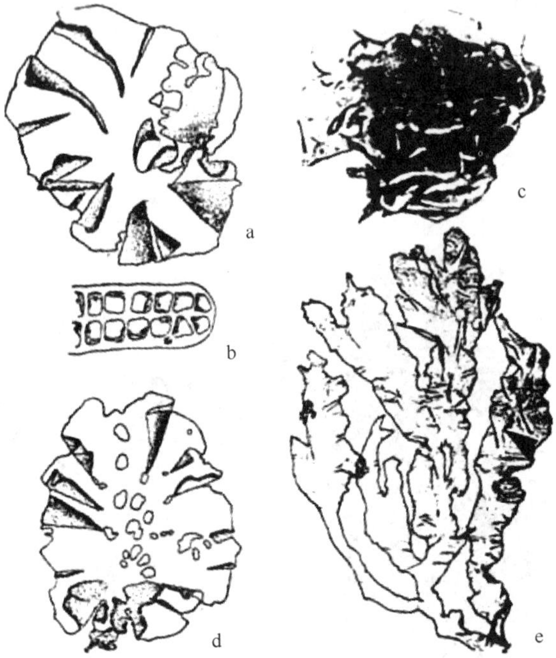

图5-4 石莼

a. 石莼外形；b. 石莼横切面的一部分；c. 花石莼外形；d. 孔石莼外形；e. 裂片石莼外形

（三）浒苔属（*Enteromorpha*）

绿藻门石莼科的一属。藻体绿色，管状、中空或边缘分离中空，由1层细胞组成，单条或分枝。从基部细胞向下延伸出许多假根丝组成盘状固着器固着于基质上。繁殖方式与石莼类同。

该属的种类很多。中国常见种类有浒苔 *Enteromorpha prolifera*、条浒苔 *E. clathrata*、扁浒苔 *E. compressa*、肠浒苔 *E. intestinalis*、缘管浒苔 *E. linza*、管浒苔 *E. tubulosa* 和直立浒苔 *E. erecta* 等。其中，产量最大，经济价值最高的是浒苔和条浒苔。浒苔藻体具有明显的主枝，分枝较多，较主枝为细。细胞表面观圆形至多角形，藻体基部或至少在分枝基部细胞排成纵列；条浒苔分枝有单列枝和多列枝之分，即使是多列枝，顶端也往往有1~12个单列的细胞，藻体细胞表面观方形至长方形，自基部至顶端细胞排成纵列；扁浒苔藻体基部分枝较密，上部分枝较疏，分枝基部略有缢缩，上部较膨大，分枝与主干形状相似，细胞表面观圆形至多角形，除基部外，细胞皆不排列成纵列；肠浒苔藻体只在基部有少许分枝，单条或丛生，藻体表面有许多皱褶或扭曲，上部膨胀成肠形，细胞表面观圆形至多角形，不纵列，藻体切面观细胞位于单层藻体外侧；缘管浒苔藻体单条、丛生、带状，常螺旋状扭曲，其最大特点是藻体中间两层细胞相连，只有在叶缘部分 2 层细胞分离成中空。

图 5－5　浒苔

a. 浒苔的一部分；b. 条浒苔的一部分；c. 扁浒苔外形；d. 肠浒苔外形；e. 缘管浒苔外形

上述浒苔种类，大多是泛暖温带性或温带性海藻，主要生长在中潮区的岩石上、石沼中，在内湾泥沙滩的碎石、贝壳上往往生长更旺盛，有时也可附生在大型海藻的藻体上。

浒苔的生长期一般在 15 d 左右，它对环境的适应能力和繁殖能力都极强，是藻类中比较“随遇而安”的品种，对水质、阳光都没有要求，主要依靠自体分裂繁殖，正常情况下 20 d 数量就能繁殖到原来的 1.5 倍，这是它们得以大面积发生的原因。

浒苔属的所有种类均可食用，但民间利用最多的是浒苔和条浒苔。肠浒苔可供药用。浒苔自然资源非常丰富，应该进一步考虑其他方面用途，如制作蔬菜饼干辅助配料、方便面等。

四、刚毛藻目 Cladorhorales

刚毛藻目藻体为单列或分枝的丝状体，细胞内含2个或数个细胞核。基部由1个或数个细胞延长成假根，固着于基质上。细胞壁较厚，有纹层，共3层结构，外层为几丁质，中层为果胶质，内层是纤维素层。细胞质中央含一大液泡。色素体多数呈网形，交叉处常含1个淀粉核。

无性生殖由孢子囊内形成游孢子，游孢子多为卵形。整个藻体除固着器外，细胞都能形成游孢子。偶尔也形成厚壁孢子。

有性生殖为同配、异配或卵配。

生活史为双元同形（刚毛藻属、硬毛藻属）或异形（尾孢藻属）。

本目在淡水、海水中均有不少种。海生种仅有1科——刚毛藻科，本科物种常见的有4个属，特征简述如下。

（1）刚毛藻属 *Cladophora*：藻体为分枝丝状体。如团刚毛藻 *Cladophora glomerata*，钩枝刚毛藻 *C. cymopoliae*。淡水、咸淡水和海水中都有分布，海生种生长于潮间带的石沼中或岩石上。

（2）根枝藻属 *Rhizoclonium*：藻体不分枝，但具有1个或数个细胞所组成的假根分枝；细胞多核。通常多条藻丝体聚生在一起，卧生在潮间带或低潮带附近多泥的岩石上。

（3）尾孢藻属 *Urospora*：藻体为单条丝状，藻丝体由基部细胞（可由多个细胞形成）发育成假根，使藻体固着。细胞圆筒形，多核。游孢子为纺锤形，后端稍尖。大多生活于海水低潮带岩石上，也有生长在大型藻体上。

（4）硬毛藻属 *Chaetomorpha*：藻体单条不分枝，多核，细胞壁厚而硬。多生于潮间带浪大的岩石上，少数生于淡水。

五、管藻目 Siphonales

管藻目藻体为管状多核体，只有繁殖时才产生隔壁。海生的管藻目物种一般有明显的分枝，分化成匍匐枝与直立枝。匍匐枝生出成束的直立枝、羽状枝或由错综交织的管状丝组成的多核的柱形分枝。藻体外形虽复杂，但内部结构简单，中央有一大液泡贯穿整个多核藻体。在液泡与细胞壁间含有薄的细胞质。色素体数目多，侧生，盘状或凸透镜形，分布于原生质内。色素体还含有两种特殊的类胡萝卜素，即管藻素和管藻黄素。每个色素体含有1个或不含淀粉核。细胞核甚多，位于色素体与液泡间。细胞壁薄，组分为β－1，3木聚糖或β－1，4甘露糖，而不是纤维素。

管藻目中只在德氏藻属内发现游孢子，由侧枝膨大形成孢子囊，成熟时产生数个游孢子，孢子前端有一圈鞭毛，有些物种形成不动孢子，也有少数形成厚垣孢子。

多数管藻物种能进行有性生殖。有同配、异配生殖，较少卵配生殖。藻体产生配子前，进行减数分裂，受精后的合子，不久萌发成新藻体，因此，藻体为二倍体，仅配子为单核单倍体。生活史类型为单体型二倍体生活史，世代交替，仅有核相交替，配子是唯一的单倍体阶段。

本目多数为海生种，热带海洋的物种很多。已知的5科如下。

（1）羽藻科 Bryopsidaceae：藻体为羽状分枝的管状多核体。

本科藻体分化成根状枝，向下生假根，向上生直立羽枝。未发现游孢子。配子囊由直立小枝直接转变而成，侧生于小枝上。分布广，多生于热带、亚热带、温带海岸。

（2）蕨藻科 Caulerpaceae：藻体单轴，分化成根茎体。

藻体向上生直立枝，向下生假根。本科物种的藻体为多核体，在形态上可分为两部分：主轴无色，横卧匍匐，贴近基质；与主轴垂直向上伸出直立枝，内含色素体，进行光合作用，向基质方向伸出分枝状假根使藻体固着。

（3）松藻科 Codiaceae：藻体为多轴型，由多条管状多核体组成。

整个藻体为1个大的多核体。圆柱形叉状分枝，呈扇形、仙人掌形、不规则的球形等。内部由许多丝状分枝交织组成。有性生殖为异配生殖，配子由不同形状的配子囊产生，通常为雌、雄异体。本科内的物种均为海产，主要分布于热带、温带海洋。

（4）德氏藻科 Derbesiaceae：藻体为丝状体，单细胞或不规则分枝的管状多核体。无性生殖产生较大型的多鞭毛的游孢子。其为暖海种类，生长在潮间带的泥土上或附生其他藻体上。

（5）钙扇藻科 Udoteaceae：藻体多轴型，由多条管状多核体组成。配子囊生在一个特殊的配子囊柄上，有白色体。

（一）羽藻属 *Bryopsis*

其为管藻目羽藻科 Bryopsidaceae 的一属。本属藻体具有1个主轴根状枝，多年生，直立枝1年生或多年生，直立枝上的分枝，有的生两排羽状枝，或有的小枝轮生在主轴上，细胞内含许多细胞核及许多纺锤形色素体，每一个色素体含1个淀粉核，细胞中央为一大液泡。

未发现游孢子。配子囊由最末端小枝直接转变而成，在主枝的基部产生横壁，将小羽枝与藻体隔开，小羽枝成为配子囊。配子形成之初，细胞核的第一次分裂为减数分裂，同时色素体、原生质体也分裂，形成许多网状排列的小原生质体单位，各含细胞核与色素体，最后形成配子。配子梨形，有2根顶生鞭毛，雌配子的大小约为雄配子的3倍，雌配子黄绿色。雌雄异株。成熟的配子由配子囊顶壁的胶化孔逸出，在水中游动几小时后接合，合子球形，有壁包被，不久萌发成新藻体。

分布很广，多生于热带、亚热带、温带海岸。

羽藻 *Bryopsis plumosa* 藻体是一个无横隔壁的多核细胞体，高5～10 cm。深绿色、有光泽，直立、丛生。藻体分化成根状枝和直立枝，直立枝羽状分枝如羽毛状，下部的分枝长，上部的分枝短，整体呈塔形。

羽藻是暖温带性海藻。生长在低潮区石沼中或低潮线附近的岩石上，是常见种。经济价值不明。

（二）蕨藻属 *Caulerpa*

其为管藻目蕨藻科的一属。藻体是一管状多分枝的多核细胞体，外形很像陆地上的蕨类植物，由假根枝、匍匐枝和直立枝三部分组成。横生根状枝，下生无色细小假根，固着

图5-6 羽藻

于岩石、珊瑚骨骼或泥沙上。直立枝呈扁平叶状或圆柱形，有匍匐状小枝，外形多样，有的像石松、卷柏，有的像轮藻，也有像不同种的仙人掌，直立枝长可达30 cm，没有横壁的单细胞藻体利用细胞壁的加厚以及细胞腔的横条、纵条和细胞的膨胀来支持藻体。这些条与膜连接，或一端游离，它们起初像薄膜，后来在纵壁上，继续有沉积物，厚度增加，由于增加沉积物的密度不同，就出现了纹圈，纵壁像“骨条”，由胼胝质（callose）、果胶、果胶酸和五碳糖组成，不含纤维素。

藻体通过断裂和枝的分离进行无性生殖。

有性生殖时，多由末枝特别突起产生配子囊，配子梨形，有2根顶生鞭毛，含1个无核的色素体，眼点长而明显。大配子棕绿色，动作较迟钝；小配子个体狭窄，亮绿色，动作较快，它们产生于不同藻体上。

中国已有记载的本属物种有5种，主要产于广东沿海、海南岛、西沙群岛和南沙群岛海域。包括：①锯叶蕨藻 *C. brachypus*，叶缘有锯齿，叶柄无或极短；②针叶蕨藻 *C. sertularioides*，叶针形或圆柱形，对生状；③杉叶蕨藻 *C. taxifolia*，叶镰刀形，羽状排列；④齿形蕨藻 *C. serrulata*，直立交叉状分枝，分枝螺旋状扭转，边缘有锯齿；⑤绒毛蕨藻 *C. webbion*，藻体小型，匍匐茎密生绒毛，直立枝有短而密集的轮生小枝，多生于热带海区。

（三）松藻属 *Codium*

其为管藻目松藻科的一属。本属藻体的分枝圆柱状或扁平，柔软如海绵，内部由无色分枝丝状体交织组成“髓部”；外部由呈棍棒状囊体紧密排列组成“皮层”，内、外部丝状体无隔壁而相通。整个藻体为一个分枝很多、管状无隔的多核单细胞体。

配子囊由囊体的侧面形成，卵形，基部产生隔壁与囊体隔开。雄配子梨形，狭小；雌配子亦梨形，体较宽大。生活史为单元双相，无世代交替，仅有核相交替，配子是唯一的单倍体阶段。

刺海松 *Codium fragile* 藻体小，一般高10～30 cm，正叉状分枝，越向上分枝越密，分

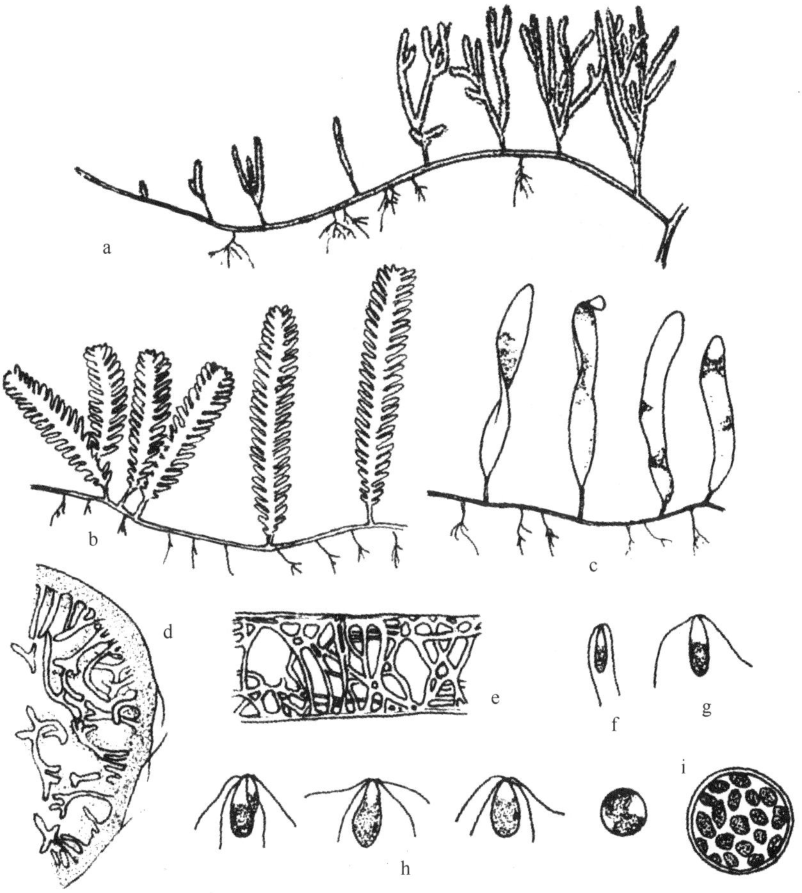

图 5－7　蕨藻

a. 柏状蕨藻藻体外形；b. 厚叶蕨藻藻体外形；c. 芽出蕨藻藻体外形；d. 芽出蕨藻匍匐枝的横切面；e. 芽出蕨藻叶的横切面构造；f. 雄配子；g. 雌配子；h. 配子接合后形成合子；i. 合子萌发（2 个月之后）（引自郑柏林和王筱庆，1961；Smith，1955）

枝腋间狭窄，枝顶端钝圆，表层的棒状胞圆柱状或棍棒状，长为宽的 4～7 倍，顶端尖锐，膜厚，还常有毛状突起；生长在低潮线附近的岩石上，往往集生成大的群落，为多年生，全年均可生长，夏季特别繁盛。在中国北部海区，冬季海松的上部死亡，基部越冬，第二年再生长。

长松藻 *C. cylindricum* 藻体一般高 1～1.5 m，有的可达数米，不甚规则的叉状分枝，下部分枝的距离长，上部分枝的距离较短，分枝处通常扁压，有的可扩大成三角形、楔形甚至方形，其表层棒状胞多为椭圆形或倒卵形，长为宽的 5～6 倍，顶端圆，膜薄。

刺松藻是泛暖温带性海藻，生长在中、低潮区的岩石上或石沼中。长松藻是亚热带性海藻，生长在外海较静内湾的潮下带岩石上，有时在潮间带泥沙滩涂积水的碎石块上也可见到。

刺松藻可供食用，煮水作为清凉饮料，也可做驱蛔虫剂。在历代医书上称为水松。在

《名医别录》、《本草拾遗》、《本草纲目》中均有记载："水松叶如松，丰茸，食之，主水肿"、"气味甘"、"咸寒无毒"。长松藻可作饲料和肥料。

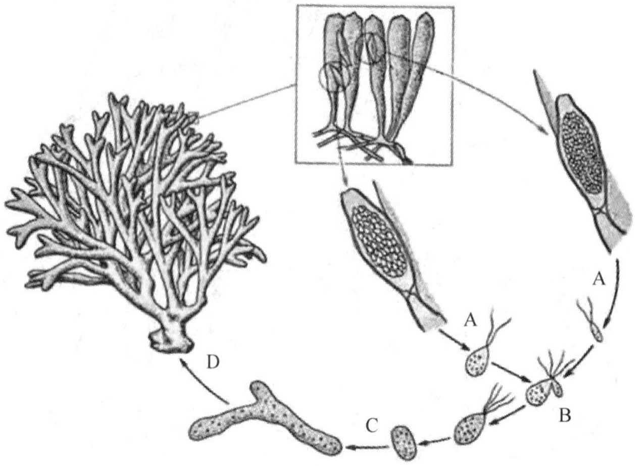

图 5-8　松藻生活史

A：雌雄配子囊；B 雌雄配子；C 合子；D 藻体

六、管枝藻目 Siphonales

本目藻体为多细胞体，每个细胞多核（管藻目为单细胞多核体）。色素体网状。细胞分裂为一种特殊的方式，称之为分离式细胞分裂，分裂过程是原生质体的局部分成许多小团块，每个团块独立发展成 1 个多核体或互相靠近形成假薄壁组织。大部分藻体除了具有绿藻门的常见色素体外，还具有管藻黄素。

无性生殖产生具有双鞭毛的游孢子；有性生殖为同配或卵配。

本目物种全为海产，局限于热带及亚热带海域。

法囊藻属（*Valonia*）

法囊藻属为管枝藻目法囊藻科 Valoniaceae 的一属。本属藻体幼时由 1 个棒状囊胞的多细胞核的初生细胞所组成，依靠由小的单细胞组成的假根固着于基质上。

分离式细胞分裂开始于细胞内原生质体的局部处，由局部的原生质体分化成为一种稠密的凸透镜形的团块，最后在团块与另一部分原生质体之间形成细胞壁。这样分化出的凸透镜形的细胞，延长而成为固着器细胞。除了在假根固着器细胞的形成作用有细胞分裂外，其细胞通常是没有细胞分裂的。初生细胞不分枝，直径 3 cm 左右，多数物种在初生细胞的上部，利用分离的细胞分裂作用，分割出小形的透镜形细胞，最后成长为与初生细胞大小、形态相似的棒形细胞，栅状排列，组成直径长达 20 cm 的团块。

成熟细胞有 1 个明显的中央液泡，多细胞核，浓厚的原生质围于液泡外面，含许多侧生多角形色素体（图 5-9），网状排列，大的色素体多数含 1 个淀粉核。

无性生殖时，所有细胞的原生质体可全分裂成游孢子，游孢子呈梨形，具 2 条鞭毛，

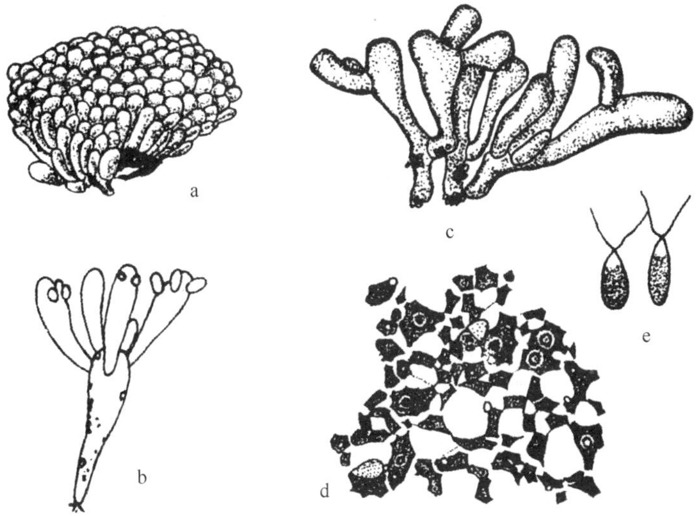

图 5-9　法囊藻（Fott，1971；Smith，1955）
a. 囊状法囊藻丛生状态；b. 大囊法囊藻有子细胞的单一个体；c. 囊状法囊藻藻体外形；
d. 大囊法囊藻的色素体及细胞核；e. 大囊法囊藻的游孢子

含单个细胞核和 2~3 个色素体。成熟后自母细胞壁开孔逸出。有的物种产生游孢子时，在细胞壁上开 3~20 个或以上的孔洞；有的在游孢子放出后孔又封闭，产生游孢子时再开孔。有些物种可进行减数分裂形成配子，配子经接合形成合子，进而发育成新个体。

法囊藻属的物种仅发现于热带及亚热带海区，地中海也有分布。

七、绒枝藻目 Dasycladales

本目藻体幼时为单核囊状体，成长后有 1 个直立的主轴，在这个主轴上，从顶部到基部，或者只在顶部着生轮状排列的分枝，分枝全为生育枝或部分为生育枝，生育枝的原生质体直接分裂形成 1 个到数个胞囊，胞囊再产生配子，配子形成时经过减数分裂，合子直接生长成新个体。

本目内的物种全部为海产，而且限制在暖海水域。目前仅有 3 个现存种，化石种类有 50 余种。

伞藻属 *Acetabularia*

其为绿藻门绒枝藻科的一属，成熟的藻体外形像小帽状菌，有单条圆柱形主轴，顶端有一伞形生殖冠，放射分裂成许多小室，藻体外壁钙化。有 1 条直立而不分枝的主轴。借主轴基部不规则分枝的假根固着在基质上。主轴上有轮生的无色毛或 1 个顶生轮生体，轮生体由若干配子囊射线组成。在每一配子囊射线的基部上下各有上冠及下冠，或仅有上冠，上冠上面有毛或毛脱落后留下的痕迹。

伞藻属种类的发育要经历 2~3 年，配子囊射线内形成许多囊，释放配子并结合，合子萌发形成圆柱体及固着器。秋季，圆柱体死亡，剩下固着器；第二年春季，在固着器上又出主轴，主轴顶端有1或数轮不育枝，秋季再死亡；第三年春季，在固着器上再生出新的主轴，轴上有不育枝和轮生体，此时藻体呈伞状。

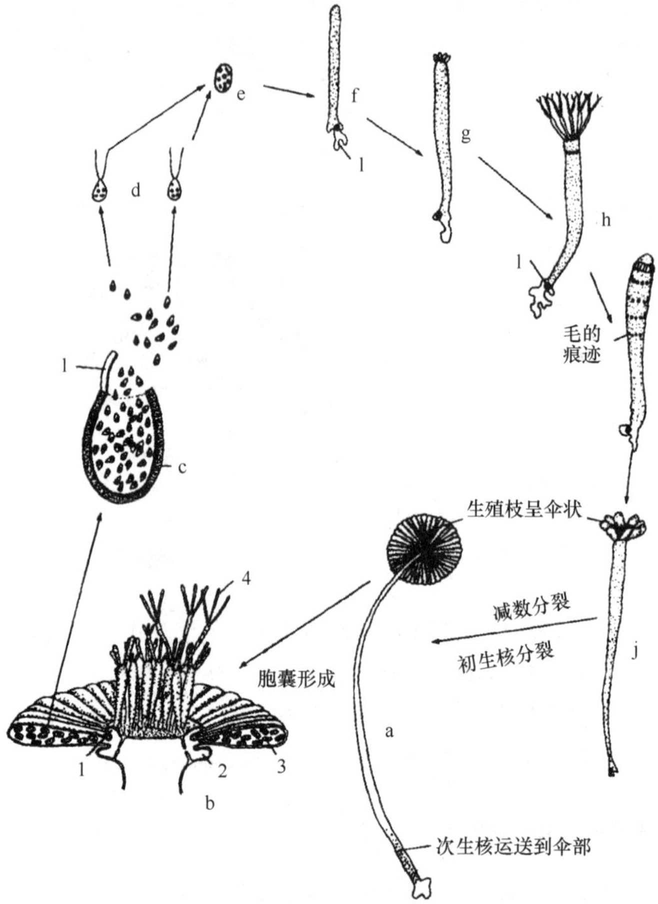

图5-10　伞藻生活史（Lee，2012）

a. 伞藻藻体外形；b. 生育盘（伞状排列的配子囊体）的垂直切面（1. 上位冠，2. 下位冠，3. 胞囊，4. 不育枝上的毛）；c. 胞囊放散配子（1. 胞囊盖）；d. 配子；e. 合子；f. 幼体（1. 假根及细胞核）；g. 幼体（顶部出不育毛，细胞核仍然停留在假根附近）；h. 藻体顶部不育枝，毛成冠状，初生细胞核仍停留在假根附近；i. 示藻体顶部不育枝毛脱落后的痕迹，此时细胞核仍停留在假根附近；j. 细胞核移向藻体顶部，形成伞状排列的配子囊体

伞藻属有20余种，全部分布在热带或亚热带海域，生长在内湾的中、低潮带有泥沙覆盖的石块或贝壳上。中国海域有7种，分布于东海南部和南海。中国常见的有伞藻、极小伞藻等。伞藻种间容易嫁接，常被用来研究生长和发育的遗传控制。

第六章　微藻生物技术

微藻（Microalgae）不是分类学上的名称，通常指那些肉眼看不到的、只有在显微镜下才能辨别其形态的微小的低等光合自养植物。微藻种类繁多，广泛分布于海洋、湖泊、陆地等。它们多为单细胞物种，单独或以链状或群体存在。因微藻种类的不同，其大小介于数微米至数百微米之间。由于微藻能进行光合作用，因此对于地球上的生物极其重要，例如，大气层中的氧气约有一半由微藻产生，同时它们利用温室气体二氧化碳和水合成有机物进行生长。

在微藻中已进行鉴定的新化合物超过15 000种，这些化合物包括类胡萝卜素、抗氧化剂、脂肪酸、酶、聚合物、毒素及固醇等。19世纪末，荷兰科学家Beijerinck首先利用微生物技术分离出小球藻纯培养物，从而使微藻的研究进入了一个新的时代。而微藻生物技术却是一个崭新的词汇。20世纪40年代，德国人开始试验性地进行硅藻的商业化培养，用来生产燃料用类脂；50年代，美国也着手系统地研究生产微藻单细胞蛋白，并设计出一系列用于微藻培养的光生物反应器；从60年代起，苏联、澳大利亚和以色列也相继开展微藻的培养及生产研究；70年代，日本及中国台湾开展了生产小球藻的研究，并开始利用添加有机碳源来提高微藻的产量。微藻生物技术的迅速发展是在80年代末。在这期间，人们发现微藻是高价值化学品及药品的丰富来源，藻细胞中含有难以从其他物种中得到的某些成分。例如$\omega-3$多不饱和脂肪酸、虾青素以及其他多种生物活性物质。当前，随着人类能源危机的日益紧迫，微藻又作为一种生物质能源，被认为是解决未来能源危机的希望之星。可以说，藻类生物技术的研究开发遍及世界各地，藻类生物公司不断涌现。

第一节　微藻生物学基础

一、分类

中国藻类学者们认为，不同藻类所含的色素种类及与色素相关的光合作用产物都象征着藻类进化的不同方向，因此，以此作为藻类分门的重要依据之一。根据微藻细胞所含色素种类、生活史和细胞基本结构，目前常见的微藻主要归于蓝藻门Cyanophyta、红藻门Rhodophyta、隐藻门Cryptophyta、黄藻门Xanthophyta、甲藻门Pyrrophyta；Dinophyta、硅藻门Bacillariophyta、金藻门Chrysophyta、裸藻门Eulenophyta、绿藻门Chlorophyta等门类 。

随着人们对藻类形态结构认识的深入以及分子生物学技术的发展，许多学者对微藻的分类提出了不同的观点。例如Lee（2012）等在其《藻类学》中，将微型藻类分别归于蓝藻门Cyanophyta、红藻门Rhodophyta、裸藻门Eulenophyta、甲藻门Pyrrophyta；Dinophyta、顶复藻门Apicomplexa、隐藻门Cryptophyta、异鞭藻门Heterokontophyta和普林藻门Prymnesiophyta。异鞭藻门又包括了金藻纲 Chrysophyceae、硅鞭藻纲 Dictyochophyceae、黄群藻纲 Synurophyceae、真眼点藻纲 Eustigmatophyceae、脂藻纲 Pinguiophyceae、浮生藻纲 Pelagophyceae、迅游藻纲 Bolidophyceae、硅藻纲 Bacillariophyceae、针胞藻纲 Raphidophyceae、黄藻纲 Xanthophyceae 等类群的微型藻类。

不同类群的微型藻类在形态结构和生物学习性等方面虽然差异很大，但由于绝大多数微藻为单细胞生物，它们的基本生物学特性有很多共同之处，因此本书将各类群的微型藻类合为一章编写，重点描述微型藻类的生物技术。由于蓝藻在第二章中已有详细描述，本章不再赘述，而以真核微藻的生物技术为主。对于分类，本书仍然采用中国学者传统的分类方法。

（一）硅藻门 Bacillariophyta

硅藻是自养的真核微藻，以单细胞藻体或连成链状、带状、星状等多细胞群体形态存在。细胞壁由一大一小两片硅质壳套合而成，大的套在外面，称为“上壳”，较老，套合在内的称为“下壳”，较年轻。细胞壁成分高度硅质化，并形成有物种特征性的各种结构。细胞内有 1 个到数个色素体，含有叶绿素 a、叶绿素 c_1、叶绿素 c_2 和 α、β、ε－胡萝卜素以及硅甲藻素、硅黄素、岩藻黄素等。

硅藻的繁殖方式包括营养繁殖、孢子生殖和有性生殖。

通常用一分为二的无性繁殖方法产生。分裂之后，两个子细胞分别以母细胞的上壳和下壳作为上壳，新生的壳都被母细胞的壳套在内而成为下壳。因此，第一代的两个子细胞中，一个以母细胞上壳为上壳的个体与母体大小相等，而另一个以母细胞下壳为上壳的个体则小于母体。细胞分裂通常在夜间进行，也有在白天进行的。在环境特别合适时，有些物种能每小时分裂一次。如此一代又一代地延续下去，子代中只留有一个与母细胞大小相当的个体，而有相当数量的个体会变小。硅藻细胞连续分裂必然导致大部分子细胞体积会不断地缩小，但事实上在自然环境或实验室内并未发现无穷小的细胞，每个硅藻物种的大小都有一定的幅度。子细胞体积小到一定范围就会以产生复大孢子的形式来恢复细胞的大小，或者被自然淘汰。复大孢子是母细胞通过无性或有性过程产生的，通常由复大孢子发育成的子细胞较母细胞大 1～2 倍或更大。

形成复大孢子的方式主要有 3 种：①将接合的两个硅藻，借运动或分泌胶质而相互接近，然后两细胞内的核各进行减数分裂，原生质体亦分成两半，形成两个配子，各有两个核，其中一个后来消失，由不同细胞产生的配子脱离母细胞壁后，则相互接合形成两个接合子，接合子与母体垂直方向延长成两复大孢子，如披针桥弯藻 *Cymbella lanceolata*（Ehr.）V. H.。②接合的两个细胞各产生一个配子，而配子接合后只产生一个复大孢子，如扁卵形藻 *Cocconeis placentula* var. klinoraphis Geitler。③无配子生殖，两细胞接近后，包在胶质内，不经过接合，各自形成一个复大孢子，如线卵形藻 *Cocconeis placentula* var. lineata（Ehr.）Cleve。

此外硅藻尚能以形成繁殖孢子、休眠孢子等进行繁殖。

有性生殖则有同型配子接合及自配子接合等，其精子的形态与内部构造，基本上与褐藻的游动细胞相同。

硅藻分布广泛，地球上有阳光照耀、生物生存的地方几乎都有硅藻物种的出现，是大洋浮游植物中的优势种，在淡水和盐水（brackish water）中也有分布。据其生活习性，可分为浮游和底栖两大类，前者在水体中漂浮，后者则附着于水底岩石、沙、泥或生物体体表。现已知种类大约 11 000 多种。常见的硅藻的培养种类有：三角褐指藻、牟氏角毛藻、纤细角毛藻、中肋骨条藻、海链藻、小环藻等。

（二）绿藻门 Chlorophyta

其也是分布较广的一类藻，尤其是在淡水中较为常见，是现代被子植物的祖先。细胞壁含有纤维素。色素体所含色素为叶绿素 a、叶绿素 b、叶黄素及胡萝卜素；色素体内还含有淀粉核。有性生殖很普遍，为同配、异配或卵配。

高等植物是由绿藻进化而来的，所以与其他种类的藻相比，绿藻受到了研究者们的更多关注。莱茵衣藻 *Chlamydomonas reinhardtii* 作为模式生物已被深入地研究，另一种研究较多的绿藻是小球藻属 *Chlorella.*，培养较多的单细胞绿藻有亚心形扁藻、盐藻、小球藻、微拟绿球藻、衣藻、雨生红球藻等。

（三）金藻门 Chlrysophta

金藻主要分布在淡水中，海水中生活的种相对较少。其约有 200 属 1 000 多种。多数运动种类和繁殖细胞具有 2 条鞭毛，少数 1 条或 3 条，鞭毛等长或不等长。金藻的细胞壁所含成分和结构是金藻分类的依据之一，在各物种间有较大差别。能运动的物种大都没有纤维素细胞壁，只有能固定形态的周质膜；有细胞壁的种，细胞壁主要由果胶质、纤维素组成，相当数量的种还具有由二氧化硅、碳酸钙组成的鳞片；许多种的原生质体外具有 1 个开敞而坚固的有特定形态的甲鞘。色素体中含有的色素除叶绿素 a 和叶绿素 c 外，还有丰富的 β－胡萝卜素及少量的叶黄素和墨角藻黄素，因而藻体常呈金黄、黄绿或褐色。

金藻主要进行无性繁殖，有性生殖极少见。金藻的同化产物是金藻昆布多糖和油滴状的脂肪，特别在休眠孢子及孢囊中同化产物含有相当大以油脂和碳水化合物为主要的贮藏物质。

培养较多的海洋单细胞金藻有叉鞭金藻和球等边金藻等。

（四）蓝藻门 Cyanophyta

也称蓝细菌（cyanobacteria），其中绝大多数物种是淡水、陆生的，海生的物种较少。蓝藻为原核生物，是最原始的藻类，在结构和组织上与细菌更为接近。蓝藻除含有叶绿素 a 外，还含有辅助色素藻胆素，包括藻蓝蛋白和藻红蛋白，因而藻体呈蓝绿色。

单细胞蓝藻无性繁殖方式主要有裂殖，形成内生孢子、外生孢子、厚壁孢子及形成藻殖段等，不具有性生殖方式。生殖细胞无鞭毛。

同化产物以蓝藻淀粉为主，还有蓝藻颗粒体。

（五）甲藻门 Pyrrophyta

甲藻多为单细胞体，也有单细胞连成的不同形状的群体，是重要的浮游藻类群，分布很广，多数为海产，淡水种类较少。与硅藻同为海洋动物的主要饵料，其产量也是海洋生产力的指标。细胞表面有 1 层由原生质分泌形成的相当坚实的表质膜，细胞壁有或无，壁薄或厚而硬，由纤维素组成。远洋性的种类细胞多为裸露，而近岸生长的多具厚壁。有多个色素体，圆盘状、棒状、片状等，常分散于近细胞表层，光合色素有叶绿素 a、叶绿素

c、胡萝卜素和叶黄素等，还含有甲藻特有的甲藻素和多甲藻素等，色素体金黄色、黄绿色或褐色，极少数种类无色。

甲藻的营养类型差异很大，有自养型、混合营养型和异养型。自养型细胞营光合作用；混合营养型细胞是自养型细胞在特定的情况下摄取溶解有机物或营吞噬型的生活方式；异养型种具有特殊的细胞结构，如捕食胞，可以用来吞噬其他的有机体。甲藻储藏物质是淀粉或油。

（六）红藻门 Rhodophyta

红藻门的单细胞藻类只有个别物种，如紫球藻属 *Porphyridium* 是目前唯一已培养利用的单细胞红藻。紫球藻属物种主要为淡水产，也见于海水、半咸和潮湿的土壤表面。中国仅 1 种。即淡水产的紫球藻。

（七）隐藻门 Cryptoophyta

因隐藻与甲藻具有相似的同化产物——淀粉，Pascher（1914）把隐藻列入甲藻门。Graham（1951）认为隐藻细胞结构和色素与甲藻有很大差别，因此建议把隐藻从甲藻门中分离出来。

隐藻门藻体背腹扁平、不对称；绝大多数无纤维素细胞壁，而具有柔软到坚固的周质膜；细胞腹面通常有 1 条倾斜的浅沟，两根稍不等长的鞭毛从口沟中伸出。细胞内通常含有 1 ~2 个色素体，色素成分较复杂，除含叶绿素 a、叶绿素 c 外，还有 α－胡萝卜素、叶黄素中的甲藻黄素、藻胆素中的藻红蛋白和藻蓝蛋白，因含色素比例不同而使藻体呈现不同的体色。

隐藻门植物种类不多，24 属 100 种，淡水、海水中均有分布，在海洋浮游生物群落中占有一定地位，少数生活在土壤和沼泽地带。对温度、光照适应性极强，无论夏季和冬季水体中均可形成优势种群。

隐藻的储藏物质为淀粉或类似淀粉的物质。油类以小滴的形式贮存于细胞质中。

（八）黄藻门 Xanthophyta

黄藻门细胞壁含多量果胶质，多数由相等或不相等形的 2 节片套合组成；管状或丝状体的细胞壁由“H”形的 2 节片套合而成。运动的个体和动孢子具有 2 条不等长鞭毛，极少数只有 1 条鞭毛。色素体中含有叶绿素 a，叶绿素 c，β－胡萝卜素及叶黄素。繁殖多为无性的，产生动孢子、不动孢子或静孢子，静孢子有时形成孢囊，内生，易于硅化。不易保存和培养。

黄藻门物种绝大多数为陆生，生活在淡水中或附着在其他物体表面，约有 75 属 370 多种。海生物种极少，主要分布在潮间带的石沼内和泥土表面，少数营浮游生活。有报道，中国海域存在 3 属 3 种。黄藻门大多数物种个体微小，为单细胞或群体，少数物种为丝状体和个体相对较大的单细胞管状体。

其同化产物为油滴、金藻昆布糖及脂肪。

二、生长繁殖特征

微藻接种进入新鲜培养液后，在一次性培养中，藻细胞的生长繁殖表现出一特定的模式曲线，按特定的“S”形生长曲线生长。“S”形曲线可划分为5个时期。

（1）延缓期：在这个时期中，细胞数目不增加。

（2）指数生长期：细胞迅速地生长繁殖，细胞数目以几何级数增加。

（3）相对生长下降期：细胞生长繁殖的速度与指数生长期比较，逐步下降。

（4）静止期：细胞数目保持稳定。

（5）死亡期：藻细胞大量死亡，细胞数目迅速减少。

这5个时期，可能有某些时期时间很短，表现不明显。

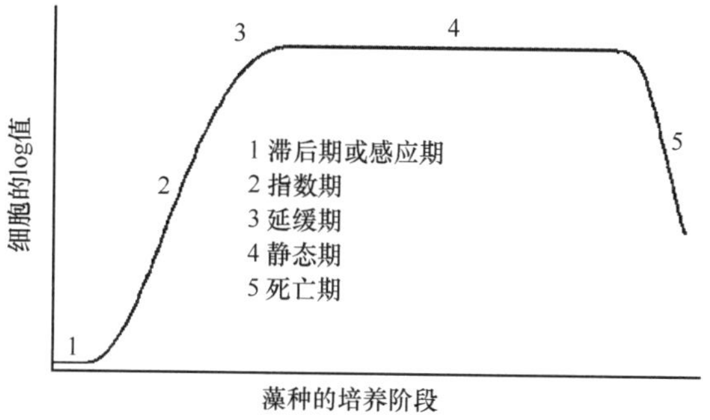

图6－1　培养微藻的5个生长阶段

（一）延缓期（滞后期或感应期）（lag or induction phase）

微藻接种进入新的培养液后，最初有一段时间内，细胞数目无明显改变，要经过一段适应过程才能快速生长繁殖，这段藻细胞数目增加不明显的时期称为延缓期。不同种类的微藻及不同生长状态的藻种的延缓期长短不同。影响延缓期的因素很多，原因有多种解释，综合起来有如下三方面。

1. 藻种老化

长期保存的藻种，大多数细胞是繁殖能力很弱的老细胞，有的已形成休眠孢子或孢囊。接种的细胞的大部分可能是没有繁殖能力的，只有小部分细胞可进行正常的分裂繁殖，细胞数目增加不明显。

另一种可能是接种的细胞大部分是有生殖能力的，但这些藻细胞缺少分裂所需要的活性物质，需要经过一定的时期才能形成。

微藻培养实验表明，微藻延缓期时间的长短依赖于接种的藻种所处的时期。如果在藻种已经指数生长的时候接种，延缓期减少，甚至消除。如果在藻种已进入静止期的时候接种，则延缓期明显。藻种在静止期所处的时间愈长，接种后产生的延缓期时间也愈长。这一结果与延缓期的上述两种原因相符，处于生长期的藻种活细胞多，调换细胞分裂的活性物质（如酶等）活性高，因而延缓期缩短，甚至消除。

2. 新培养液中生长促进物质缺乏

某些微藻需要培养液中具有一定数量的由其自己产生的生长促进物质，才能开始生长繁殖。在某些情况下，在老的培养液中添加入肥料培养，延缓期较短，而相同的细胞在新的培养基中，延缓期较长。如果接种量小，甚至在指数生长期接种，也显示出一个延缓期。

小球藻在光合作用中大量地释放羟基乙酸，当藻细胞内、外之间的羟基乙酸达到平衡时，延缓期消失。淀粉核小球藻的一个浮游品系在接种量较小，光照条件较弱下，由于在培养液中加入大约为 1 mg/L 浓度的羟基乙酸而消除了延缓期，而加入同等的葡萄糖或别的有机酸并没有相同的效果。在饱和光照强度或大比例接种的情况下，这种小球藻品系的延缓期大大地减少，在这些条件下细胞能够迅速地确立细胞外的必需的羟基乙酸的浓度。以上几种结果推测出，某些由细胞自己产生的散布到水中的物质，对自身生长是必需的。在微藻培养中为了缩短延缓期，使其快速生长，其方法就是要用已活化扩大培养的藻种，创造最适宜的培养条件，适当加大藻种的接种量等。

3. 培养条件变化太大

温度、盐度、营养和 pH 值等的剧烈变化，都会延长微藻的延缓期。与老培养液比较，新培养液中某些物质的含量过高，藻类细胞由旧的环境转到新的环境中，环境条件变化太大，延缓期增长。

单细胞藻培养生产，要求接种后尽可能快地进入指数生长期，延缓期越短越好。因为在接种培养后，能否较快地进入指数生长期，在很大程度上决定着培养的成败，尤其是较大面积的水池培养更是如此。所以了解造成延缓期的原因，采取相应的措施，尽可能缩短延缓期有其重要意义。

（二）指数生长期（exponential phase）

又称对数期，这一阶段突出的特点是藻细胞迅速生长繁殖，细胞数目以几何级数增加。首先是生长，细胞体积不断扩大，干物质量增加，当生长达到一定的限度时，细胞即分裂产生新细胞，它们各营独立生活，又生长，分裂，周而复始。

但从种群的繁殖来看，许多细胞分裂的步调是不一致的。所以在此期测定藻的生长率是一种统计上的平均值。这种指数式的生长繁殖可用数学公式表示：

$$K = (\ln N_2 - \ln N_1) / (t_2 - t_1)$$

$$T = 0.693/K$$

式中：K 为相对生长速率；t_1、t_2 为对应的培养时间；N_1 和 N_2 分别为 t_1、t_2 时期的藻液的细胞数目；T 为平均世代（d）。

同种藻类，在同一条件下培养，其相对生长常数是相当恒定的，这意味着细胞分裂所间隔的时间是有规律的。藻类的生长繁殖，受种种生理学和生态学因子的影响。其相对生长常数是温度、光照度和其他环境因子的函数。在良好的环境条件下培养，生长繁殖迅速，相对生长常数值高，反之则低。

（三）相对生长下降期（Phase of declining relative growth）

此期又称缓慢生长期，在这一时期里微藻的世代时间延长，生长缓慢。在这个时期内，微藻生长繁殖速率相对下降的原因主要是微藻通过指数生长期，水体内细胞密度很快增大，水环境中的各种因素都起了变化。

（1）光照强度减弱：仅表面的细胞能接受到较强的光照，大部分细胞由于细胞间的相互遮盖，光照强度不足，影响生长。在藻细胞的悬浮液中，光透入的强度随着透入深度的增加，迅速地减少。细胞密度大时，仅在表面的细胞能接受到光合作用的饱和光照强度，大部分细胞获得的光照是不足的，或者实际上处于“黑暗”之中。通过指数生长期藻细胞迅速繁殖，细胞密度增大后，光照不足成为影响生长的重要因子。

（2）营养耗尽：培养液中的营养，经过藻细胞在指数生长期的大量消耗，迅速减少到不足的水平而限制生长。

（3）二氧化碳供应不足：细胞密度高，光合作用强，需要的二氧化碳的量也大，二氧化碳供应不足，成为限制生长的因子。

（4）培养液酸碱度的改变：pH 值上升，使酸碱度改变到不适于藻类生长的范围而影响生长。

（5）自体抑制：微藻在它们的新陈代谢过程中，有时会产生对自身生长有抑制作用的物质，这些物质积累到一定的数量，对生长起抑制作用，最后使指数生长停止。

在指数生长期中，藻类细胞迅速生长繁殖，指数生长期愈长，藻液中藻细胞数量就愈多，单位水体的产量愈高。因此，在单细胞藻类培养生产中，如何延长指数生长期具有重要意义。所以必须研究造成指数生长下降的种种原因，加以改善。

连续培养方式由于新培养液不断加入，达到一定浓度的藻液不断流出，营养物质不断得到补充，藻细胞密度可以控制在一定的水平上，环境条件比较稳定，一般不会出现在一次性培养中造成指数生长下降的各种抑制条件。半连续培养也有同样的作用。

（四）静止期（Stationary phase）

又称稳定期，在此期微藻生长逐渐下降，并且由于抑制因子的作用不断增加，终于使生长停止而进入稳定期。在静止期内藻细胞数目保持稳定。

（五）死亡期（Death phase）

在死亡期内藻细胞的死亡率大于生长率，细胞数目迅速减少。开始发生大量死亡的时间，依种类和培养条件而有所不同，有的藻种静止期可以维持几个星期或更久。但有时在指数生长期的末期即立刻“灾难性”地死亡。例如棕鞭藻 *Ochromonasdanica* 就不显示静止期（Allenetal，1960）。

指数生长期的藻细胞一般含碳水化合物较多，而蛋白质和脂类的含量较少；进入稳定期则相反。许多微藻，如球等鞭金藻和三角褐指藻等以油脂为贮藏物质的微藻，在指数生长后期和稳定期开始积累油脂。因而以收获油脂为目的的微藻的采收应选择在指数后期或稳定期。但对三角褐指藻和中肋骨条藻等应在指数期后期收获为好。因为这两种微藻的培养后期会分泌出有害次生代谢产物。

三、影响微藻生长繁殖的因子

微藻营养方式绝大多数为光能自养型，以光为能源，以二氧化碳为碳源，利用水作为氢供体，在光照下同化二氧化碳合成碳水化合物、蛋白质、脂类等，同时放出氧气。水环境中的光照、温度、营养盐度、溶解气体、pH 值和生物因子等环境条件都对单细胞藻类的生长繁殖产生深刻的影响。

每个环境因子对生物的作用可以分为如下几种。

（1）最高度：超过最高度时生物即不能生存。最高度亦称最高限。

（2）最低度：低于最低度时生物也终止了生命活动。最低度亦称最低限。

（3）最适度：有广义的和狭义的意义。广义的是指生物能正常生活的范围，亦称适应范围。狭义的是指生命活动最盛时的范围，亦称最适范围。

在生物与环境的关系中，生物需要什么样的环境条件以及生物对每一个环境条件的适应幅度，取决于有机体在历史上所已形成的形态结构和生理特征。根据其适应幅度的大小，可以把生物分为广适应性（如广温性、广盐性等）和狭适应性（如狭温性、狭盐性等）两类。

现将影响培养藻类生长和繁殖的因子介绍如下。

（一）光

绝大多数微藻营光合自养生活，因此，光在单细胞藻类的培养中是影响生长最重要的因子之一。光质、光强和光周期对单细胞微藻的生长和繁殖有重要影响。

藻类植物由于所含色素和生态习性不同，在光合作用中吸收的光谱也是不同的，不同的光质对藻细胞的生长繁殖和细胞物质的合成产生明显的影响。

不同微藻对光照度的要求有明显差异，在一定光照度范围内，光合作用率随光照度的增加而增加。当光合作用或细胞分裂速率达到最高值时的光照强度，称最适光照强度或饱和光照强度。达到饱和光照强度后，光照强度增加，光合作用反而减弱，受到抑制。

在培养的微藻悬浮液中，光线透射进入藻液中，由于藻细胞的吸收和散射，随着深度的增加，光照强度迅速减少。光透入深度大小，决定于藻细胞的密度，密度愈大，光透入的深度愈浅。在高细胞密度下，仅表面细胞能吸收到进行光合作用的饱和光照强度，而大部分细胞吸收到的光照强度是不足的，甚至下层细胞实际上处于“黑暗”之中。淀粉核小球藻悬浮液中光吸收情况的研究表明，在 1 g/L 干重的浓度下，在第一个厘米范围内，即有 95% 以上的红光和蓝光及 60% 的绿光被吸收。在浓度为 10 g/L 干重时，大部分光在第一个毫米范围内被吸收。这说明在高浓度下光透入深度是很浅的。

藻类最适的光照度范围一般在 2 000 ~ 10 000 lx。水体表面光照度在晴天可达几万勒克斯，因而产生光抑制现象，所以水表层光合作用率偏低。

单细胞藻类培养光源主要是太阳光，其次还可利用人工光源。在室内小型培养及室外大量培养，都可以有效地利用太阳光源，但是太阳光源的缺点是不稳定，这给在培养中掌握最适光照强度带来较大的困难。在室内小型培养也可利用白炽电灯、白色日光灯或荧光灯等人工光源，白炽电灯产生的温度很高。可使培养液水温上升，在夏天水温高时不宜使用。使用人工光源，光照时间和光照强度都容易控制，但成本高，一般只在实验室使用。目前我国的单细胞藻类培养生产，主要利用太阳光源，有条件的地方，在阴雨天气或阳光不足时，则以人工光源补充。

单细胞藻类对光照强度改变的适应能力较强，当小球藻（*C. vulgaris*）在指数生长期时，仅需要一个分裂周期就能够快速地适应不同光照强度。

温度通过对藻类细胞新陈代谢速度的影响，而影响藻类细胞对光照强度的要求。在低温下，新陈代谢缓慢，要求的补偿光照强度较低，有害作用的光照强度也较低。例如：在 7℃时，光照强度为 2 000 lx，小球藻颜色变淡。

营养盐浓度对其影响也较大。在低光照时，营养盐浓度对生长率无影响。在中光下，则表现出营养盐浓度增加，光合作用加强的趋势；而高营养盐浓度可使细胞在较强的光照下快速生长。

另外，二氧化碳的供给、酸碱度等环境因子对光照的作用也有重要影响。

（二）温度

大多数微藻的最适温度范围较宽，一般在18～25℃，但因种类的不同使其最适温度有所差异，具有不同的温度忍受限，如某些蓝藻可在93℃下正常生活，而另一些绿藻则可在冰雪中生长。一般情况，蓝藻和绿藻的温度适应范围较高，夏秋两季不仅种类多，种群数量也很大，而金藻、硅藻多数在温度较低的冬春两季生长繁殖。海南收集的微藻最适温度多数在35℃左右，如小球藻，双眉藻，当温度低于30℃时，培养时极易被污染。

微藻生长的最适温度范围也不是一成不变的，可随着光照强度和某些营养物质的浓度而改变。连续培养新月菱形藻发现，当培养液中硝酸盐和磷酸盐浓度与天然海水中的浓度相似时，其生长最适温度低，当它们的浓度高于天然海水中的浓度时，其最适温度较高。当温度变化超出适温范围时，即对生物产生严重的危害作用，甚至死亡。在高温条件下影响更严重，死亡加快。一些生态学家认为，高温对生物的危害是化学性的，而低温对生物的危害是机械性的。骨条藻的适温范围是8～32℃，在35℃时，能在1 d内保持恢复繁殖的能力，38℃只能维持2 h左右，40℃时30 min便致死。在低温区内，温度愈低，危害愈严重。骨条藻维持繁殖的能力在5℃可达8 d，在0℃则不及1 d。

（三）盐度

海水盐度对海洋生物的影响主要表现在渗透压和比重上的作用。

由于不同水域的盐度不同，变化幅度也各异，长期在各种盐度不同的水域中生活的水生生物，形成了它们对各自生活水域盐度的特殊的适应性。单细胞藻类和其他水生生物一样，对生活环境的盐度变化均有其一定的适应范围和最适范围。适应能力常以能否生殖为标准。

单胞藻对生活环境盐度变化的适应能力大小不同，据此可分为狭盐性种类和广盐性种类。大多数海生单胞藻培养种都是广盐性种类。

（四）营养

单细胞藻类和其他绿色植物一样，都需要从外界吸收无机营养来制造有机物。植物所吸收的营养元素很多，其中有些是不可缺少的，称为必要元素。如果缺少这些元素，植物就不能正常生长繁殖。

植物营养所需要的必要元素，按其存在于植物体中的数量，分为大量元素和微量元素两类。大量元素又称常量元素，有碳、氢、氧、氮、硫、磷、钾、钙、镁、铁10种。微量元素有硼、锰、锌、铜、钼、钠、硅、铅、砷、钴、氟、氯、溴、硒、碘、汞、镉、铯、镭、镍、镓、钒等。

大量元素和微量元素存在于植物体内的分量，虽然有多寡之分，但是它们都具有同等的重要性，而且不能相互代替，它们对于植物的生长和发育都各有其一定的功能，各元素之间也存在着一些相互的作用。

一种植物所需要的每一种必要营养元素都有一最低量，如果低于最低量，则对生长发育起抑制作用。天然海水中虽然存在着藻类植物所需要的各种营养元素，但在由于藻类细胞的大量繁殖，每立方厘米水容量内的细胞数目可以达到几百万个甚至一千万个以上，对营养元素的需要量大大增加，而天然水中存在的营养元素的量是很不够的，因此必须补充这些不足量的营养元素来维持藻类正常的生长繁殖，从而获得高收获量。某种藻类所需要的每一种必要元素，如果低于最低量会影响藻类的生长繁殖，相对的，如果某一必要元素超过了一定的量，也会对藻类产生毒害作用，影响藻类的生长繁殖，甚至使藻类死亡。由此可见，藻类对某一营养物质都有其适量范围，不足和超过都对藻类不利。需要特别注意的是微量元素的适量和致毒量之间的幅度很小。

藻类除了必须吸收无机营养元素之外，某些溶解有机质有辅助藻类生长的作用，称之为辅助生长物质或生长因素（growth factors）。

概括地说，单胞藻的营养包括大量元素、微量元素和辅助生长物质三个部分。在单胞藻的培养中，根据培养对象对营养的要求，采用理想的配方，配成对藻细胞生长繁殖优良的培养液，以提高培养效率是十分重要的。

（五）二氧化碳

光合作用的过程，也就是碳的同化过程。碳，作为一种营养元素，它在水中的存在形式、变化和在单细胞藻类培养中的供应方法，均有其特殊性而有别于其他营养元素。

水中的二氧化碳以多种形式存在：游离二氧化碳（CO_2），重碳酸盐（HCO_3^-）及碳酸盐（CO_3^{2-}）。水中游离二氧化碳部分与水作用生成碳酸（H_2CO_3），而碳酸部分地解离成 H^+ 及 HCO_3^-，极少量的 HCO_3^- 又能进一步解离成 H^+ 及 CO_3^{2-}。所有这些反应，都按下列反应式进行。

$$CO_2 + H_2O = H_2CO_3 = H^+ + HCO_3^- \Leftrightarrow HCO_3^- = H^+ + CO_3^{2-}$$

通常，在 pH 值为 7.8～8.2 的情况下，游离的二氧化碳在海洋中只占二氧化碳总量不足 1%，重碳酸根离子可占 90%，其余为碳酸根离子，至于未解离的 H_2CO_3 其量甚少。二氧化碳的各种存在形式，都按照质量作用定律互成平衡。当游离二氧化碳消失至大气中或被藻类吸收时，即引起 H^+ 和 HCO_3^- 结合成碳酸，再从碳酸中放出二氧化碳供藻类利用，反应自右向左进行。

藻类在光合作用中对二氧化碳的吸收，一般认为是以游离二氧化碳为主。

水中二氧化碳的来源，主要来自有机物的分解，其次为水生生物的呼吸作用排出，还有来自大气溶解进来的。通常海水中所有形式的二氧化碳的总浓度是充足的，在天然水域中不会限制单胞藻的光合作用。但在人工培养单胞藻的情况下，藻细胞的密度很大，白天光合作用进行繁殖，二氧化碳的供应往往不足，成为光合作用的限制因子，从而影响藻细胞的生长繁殖。所以在单胞藻培养中，二氧化碳的供应是影响产量的一个重要因素。

在单胞藻培养中，二氧化碳的供给采取下列三种形式：①通过搅拌增加水与空气的接触面，使空气中的二氧化碳溶入培养液中；②把普通空气从管道通入培养液中，通过微小气泡增加水与空气的接触面，使空气中的二氧化碳溶入培养液中；③把二氧化碳含量为 1%～5% 的混合空气，从管道通入培养液中，可少量连续充气或较大量地间歇充气。通入量根据温度、光照、酸碱度等具体情况决定。二氧化碳通入量不能过大，因水中二氧化碳含量过多，对藻类细胞有毒害作用。

三种供给二氧化碳的形式中，以第三种通入含二氧化碳的混合空气效果最好，但设备复杂、成本高，国内只有少数实验室使用。目前，国内单胞藻饵料培养普遍使用通入普通空气的方法供给，空气中含有0.03%的二氧化碳，当培养液缺乏二氧化碳，二氧化碳的分压低时，空气中的二氧化碳能迅速溶解到培养液中。例如培养扁藻（*Tetraselmistetrathele*）最适充气量为每10 L培养液每分钟通入8～10 L空气，充气充足时，无需在空气中添加二氧化碳。除三角烧瓶培养的藻种以及小型中继培养一般用摇动或搅拌方法外，生产性大量培养宜装配充气设备，如无充气条件则用搅拌方法供给二氧化碳，但效果较差。此外，也可以在培养液中加入碳酸氢钠作为补充碳源。

（六）酸碱度（pH值）

水的酸碱度决定于游离的氢离子的浓度。

各种单细胞藻类对酸碱度各有其一定的适应范围。新配培养液的pH值必须适合培养藻类的要求，因此在开始培养时酸碱度是适宜的。但在单胞藻培养过程中，由于藻细胞对二氧化碳和培养液中某些元素的优先吸收，导致pH值的变化，有可能超出适应范围而影响藻细胞的生长。最常见的是大量吸收二氧化碳及利用重碳酸盐的结果，引起培养液pH值上升，可能pH值达11以上。有机酸的利用没有同等的阳离子的吸收，也会导致pH值的上升，使培养液不利于单胞藻的生长。如果氮的供给是铵盐的话，氨离子的吸收引起培养液pH值下降。在单胞藻的培养过程中，及时测定、了解pH值的变化，并在变化超出藻类细胞的适应范围时，采取相应的措施，这是十分必要的。

（七）吞食

微藻是地球上生物圈内的第一生产，特别在天然水体中，许多动物都是以藻类为食。吞食行为既影响微藻种群数量变化，也影响其种类的演替。吞食者与被吞食者之间不是简单的静态关系，而是具有反馈机制的，这种关系集中表现为数量上的相互消长，复杂的吞食关系形成了生态系统中的食物网，起着传递物质和能量的作用。

（八）竞争、拮抗及其他

竞争主要指微藻的不同种类之间和藻类与其他生物之间对光和营养源的竞争。在天然水体中，水下光强较弱，在营养源不足的情况下，微藻与水生高等植物间就存在剧烈的竞争。通常在水生高等植物繁茂的湖区，浮游藻类数量很少；反之，当浮游藻类大量生长时，水生高等植物的生长受到抑制。此外，微藻的不同种类之间也存在竞争。拮抗是一种生物的代谢产物抑制他种生物生长的一种现象。例如，微囊藻的分泌物能抑制星杆藻、空球藻、小球藻的生长等。水生高等植物如黑藻、风尾莲、金鱼藻也能分泌某些物质抑制藻类生长。此外某些淡水藻类受真菌和黏菌寄生的影响，使其种群数量的组成发生变化。

第二节 微藻种质的分离与保存技术

微藻资源非常丰富，然而迄今为止，已开发利用的微藻资源以及能成功地进行大规模生产的藻种都不多，这就需要进行新的藻种的分离和培养，从天然水域混杂的生物群中，运用一定的方法，把所需要的个体分离出来，而获得单种培养。另一方面，若藻种受敌害生物及其他杂藻的污染也要通过分离进行纯化。

一、采样

水样可以取自任何有可能生长所需单胞藻的水体，通常在海岸边退潮后留下的小水洼中或者在养殖场、盐场等地方的小水坑中，生长有适合静水培养的单胞藻类，而且比较纯。在实验场、育苗场的一些水池、水桶中都有可能出现比较纯的藻类。采样时要同时测定水样的温度和盐度，供分离、培养时参考。

水样采回后，进行显微镜检查，如果需要分离的藻类比较多，可以立即进行分离。如果在水样中有需要的藻类，但是数量不多，就要进行预培养，待其繁殖起来后再分离。预培养可以用 500 mL 的三角烧瓶，加入 150 mL 的培养液，然后把经 350 目筛绢过滤的水样 150 mL 接种进去，在一定的温度和光照下静止培养，每天摇动 1 ~2 次。用作预培养的培养液，可选择各类藻类通用的培养液配方或者同时采用几种不同藻类的培养液同时分别培养。预培养的培养液的浓度应小些，一般只用原配方的 1/2 或 1/4。如果要分离的藻类的最适生长条件是已知的，那就在其最适的光照和温度下培养。如果不知其最适生长条件，那就在人为设定的条件下培养，以便适应应用时的特定环境。

二、分离方法

1. 微吸管分离法

用直径 0.5 cm、长 35 cm 的普通玻璃管，在中央部分加热，拉长 6 ~10 cm，使玻璃管的直径缩小至 0.06 ~0.1 cm，把它折断后即成 2 个吸管。把一团棉絮塞进吸管的宽大一端，然后放入高压灭菌器中消毒。消毒后，再在酒精灯上加热吸管的细端，用镊子拉成极细的微管，直径缩小至 0.08 ~0.16 mm 即可。微吸管在入水的瞬间，因毛细管的作用会吸入微量的水。将藻液水样放在凹玻片上，在显微镜下用微吸管仔细地吸出单个藻体，滴在载玻片上，在显微镜下确认是所要分离的单个藻体后，移入经灭菌的培养液中培养。

2. 平板分离法

按所要分离的藻类的特性，选用合适的培养液，在培养液中加入 1% ~1.5% 的琼脂，加热将琼脂溶化。加热后要加淡水补充蒸发掉的水分。然后，按照微生物学中固体培养基的制作方法倒平板、灭菌。

在无菌操作箱中，用接种针蘸取少量藻液，在固体培养基上划蛇形线，藻细胞就会散布在琼脂培养基的表面。

另一种使藻细胞散布在培养基表面的方法是用医用口腔喷雾器，将经稀释的藻液喷在培养基的表面。

将接种好的培养皿放在有适合的光照和温度的地方培养。一般经过十几天的培养就会在培养基上长出相互间隔的藻落。通过显微镜检查，找出所要的纯的藻落，再用已消毒的接种针从培养基上挑取藻体，移入经灭菌的培养液中培养。

3. 水滴分离法

先将欲分离的藻液稀释，用微吸管将少量藻液吸出，滴在载玻片上，每张载玻片上可以滴数滴。水滴大小以在低倍显微镜下一个视野能包括整个水滴为准。在显微镜下逐个观察水样，挑选水滴中只有所要分离的单个藻体，而没有其他任何杂藻或小动物的，移入经灭菌的培养液中培养。

4. 稀释分离法

用已消毒的试管 5 支，在第一支试管中加蒸馏水 10 mL，第二和第五支试管都加 5 mL，用高压蒸汽消毒，待冷却后，在第一支试管中滴入混合藻液 1 滴，充分震荡，使其均匀稀释。再用经消毒的吸管从第一支吸管中吸取 5 mL 到第二支吸管中，充分震荡后再取 5 mL 到第三支试管中，如此直至第五个试管。再取 5 个已装有消毒的培养基的培养皿，加热使培养基熔化，待冷却而尚未凝固时，分别滴入 5 个试管中的藻液各 1 滴，用力震荡，使藻液充分混入培养基中。等冷凝后将培养皿放在适合的条件下，直到培养基中出现藻落。在稀释适当的培养皿内，藻落和细菌群落会充分分离。再在无菌条件下将选取单个藻落接种到固体培养基的表面，再培养。重复数次，直至得到纯的藻落。

三、藻种的保存技术

微藻营养丰富，是鱼、虾、贝等经济动物人工育苗的基础。特别是海洋微藻，由于富含 EPA 和 DHA，在许多方面受到人们的青睐。在微藻的培养和应用中，保种技术十分重要，它是微藻培养和进一步应用的基础和关键环节。由于藻种极易受污染，分离培养方法比较复杂而且耗时较长，因此，在微藻保种工作中要尽量减少接种次数，避免藻种被杂藻、细菌或原生动物污染，既能达到长期贮藏种质的目的，又能维持藻种的活性，是微藻科研工作者努力的方向之一。本文就微藻保存的几种常用方法介绍如下。

1. 继代法保存

继代保存法是目前普遍采用的方法，适用于一切藻种的保存。通常在常温或常低温进行。常温一般指 15～25℃，常低温一般指 0～15℃，藻种可接种在固体、液体或双相培养基中。接种后应首先放在适宜的光照条件下培养，待藻细胞生长繁殖达到较高密度，可见明显的条状或块状的藻细胞群时，再移置低温、弱光的条件下保藏。保藏半年到 1 年后必须进行转接。此方法简单易行，但是保存时间短，而且继代频繁，容易发生污染和变异。

2. 固定化保存法

固定化细胞（Immobilized cells）是指将游离细胞包埋在多糖或多聚化合物制成的网状支持物中，固定载体束缚藻种，影响其代谢过程，从而抑制细胞的生长和分裂。固定化微生物技术是在 20 世纪 60 年代固定化酶技术的基础上发展起来的，1978 年以来，固定化技术就被用来作为延长光合细胞寿命的一种重要手段。但微藻存活时间从 1 个月到几年不等。

固定化保种技术对多数微藻是适用的，该法可以在常低温下实现对藻类的中期保存，培养保存时间较长，活化复苏快，技术设备简单，细胞外渗少，而且可用于次生代谢物质的生产。在一般的微藻实验室内都能进行。但固定化程序较复杂，大多数微藻在培养后期常会从胶珠中溢出。而且，现有的资料表明，某种固定化方法只适用一定种类的微藻，对于其他种类的微藻会有不同的反应，原因复杂，还需要做更深入、广泛的研究，这就给固定化保种技术的推广带来了一定的困难。

3. 超低温保种技术

所谓超低温保存区别于其他低温概念的冰箱温度（4 ~ -40℃）和干冰温度（-79℃），是指在液氮低温（-196℃）下保存。此时生物体的物质代谢和生长活动几乎完全停止。可是它们仍处于可逆的成活状态。

超低温保存法具有保持种质遗传稳定性、最大限度地减少污染、省去藻种的活力监测和繁殖更新等方面的优点。但对保护剂组合、浓度及降温升温速率有特殊的要求。且微藻的种类很多，生理状态各异，适宜的保存条件各不相同，找出不同微藻的超低温保种方法困难，而且不同的细胞要求不同类型、不同浓度的抗冻剂，至今还没有找出1种对所有种类都适用的保护剂。

4. 浓缩低温保存技术

浓缩低温保存法是将藻液高密度培养后，采用物理、化学的方法浓缩1 000倍左右，再低温保存。国外自20世纪80年代末开始就有对海洋经济微藻的浓缩方法和低温保存方法进行研究，取得了不少的研究成果，其中美国、英国和日本已有相应的产品（微藻浓缩细胞或称“藻膏”）问世。

浓缩低温保存多用于海洋微藻。微藻浓缩液的生产，可以使海洋微藻的生产与使用保留一定的时间差。但相对保存时间较短，海洋微藻的抗逆原理还有待做更多的研究和探讨。

5. 冷冻真空干燥保存法

冷冻真空干燥保存法是在极低温度下（-70℃左右）快速冷冻，然后在极低温度下真空干燥，使藻种的新陈代谢活动处于高度静止状态。冷冻干燥保存法优点是微藻复苏效果好，保藏期内可避免其他杂菌污染，便于携带运输，易实现商品化生产；其缺点是操作繁琐、对设备要求高等。

6. 低温甘油生理盐水法

在藻液中加入一定的甘油作为保护剂，同时加入一定的生理盐水，混匀后直接放置在-20℃ ±0.5℃冰箱放置保存。保存时间长，一般3年左右。低温甘油生理盐水法是对甘油原液保存法的改进。加入生理盐水适当降低了甘油的高渗作用，更有利于藻种的保存。

综上所述，单细胞藻类的保种技术尚没有发展成为一项成熟稳定的技术，许多问题还有待于我们去探索，开展微藻保种方面的研究工作，不但会填补微藻保种理论研究上的空白，还会在生产实践中发挥应有的作用。

四、藻种的无菌培养（Axenic culture）

微藻与菌种之间的关系可被视为一种环境上的竞争或共生，微藻对细菌的生长、增殖可能具有促进或抑制作用，反之，细菌对微藻也有抑制或促进分裂的作用。二者浓度的变化还会影响培养环境的化学或物理因子，如溶解氧（DO）、酸碱度、透明度和温度等。

有些细菌能分泌促进微藻生长的物质，例如中肋骨条藻无菌培养时，生长很慢或根本不生长。塔玛亚历山大藻和利马原甲藻也有与其共生的菌株。

但有些细菌对微藻有毒害作用。例如铜绿假单胞菌（*Pseudmonas aeruginosa*）对条纹四片藻（*T. striata*）的生长有强烈的抑制作用。某些细菌还可促使微藻细胞老化和下沉附底，从而限制了微藻的生长繁殖。还有研究表明，水产养殖中，利用活体微藻或是微藻萃取物可以有效控制疾病的扩散，但对于微藻抑制病原菌的作用机制尚未明确。

迄今国内研究和水产养殖中应用的海洋微藻藻种基本上未经无菌化。微藻的无菌培养和保存是其应用的基础和关键性环节，也是研究其生理、生化、营养价值、药理学、毒理学等必不可少的步骤。带菌培养得到的结果有掩盖或改变其固有特性的可能。

（一）无菌培养方法

无菌培养是一项十分细致的工作。主要方法有洗涤法、平板法、逐步毒杀法、抗生素法、电解法、电泳法和紫外线法等。

1. 平板法

预先配制灭菌 f /2 培养液，添加 10 g/L 葡萄糖，1.5% 琼脂，制成固体培养基，在培养皿上倒平板。取经纯化培养的微藻，适当稀释后，用培养液离心洗涤数次，用接种环在固体培养基上画线，黑暗条件下培养。待菌落及藻落长出后，用接种环挑取未被污染的藻落，再次画线、培养。重复以上步骤，直至得到单克隆无菌藻落，挑入液体培养基中进行扩大培养。培养基及所用实验器材全部高压或紫外线灭菌，倒平板、画线等操作均在无菌工作台中进行。

2. 抗生素法

抗生素法是较为方便有效一种除菌方法。抗生素可抑制水生细菌的繁殖，在除菌、抑菌方面表现出了强大的作用。如青霉素含有 p 内酰胺环，可特异地结合在含肽聚糖成分丰富的 G^+ 菌的细胞壁上，抑制细胞壁的合成；注射用的硫酸庆大霉素，可在遗传物质的翻译过程中，与细菌核糖蛋白体亚单位上的特异性蛋白牢固结合，干扰核糖蛋白体功能，阻止蛋白质合成；注射用头孢他啶（Ceftazidime 粉末），可与细菌细胞膜上的青霉素结合蛋白（PBPs）结合，使转肽酶酰化，抑制细菌中隔和细胞壁的合成，影响细胞壁粘肽成分的交叉连结，抑制细胞的分裂和生长，使细菌形态变长，最后溶解并死亡。

由于但各种微藻和细菌、真菌等微生物对不同抗生素的种类和浓度的耐受力是不同的，所以在进行微藻无菌培养时，利用微藻比细菌具有更强的抗生素耐受性的特点，耐心地进行多次试验，寻找对微藻本身影响小，但能抑制或消灭伴生杂菌的抗生素的种类和适宜的浓度及培养时间。

实验证明，通过向平板中加抗生素或在培养基中直接添加抗生素的方法可有效地去除微藻中的菌。

（1）抗生素涂平板法

在琼脂平板上画线或喷雾接种上微藻再在平板中央放上一些青霉素、链霉素等抗生素的晶体或粉末，任其自由扩散。在强光和低温下培养 15 d 以上，平板上有些位置上抗生素浓度正好对细菌有抑制作用或杀死作用，而微藻尚能存活，生长出一些藻落。镜检后将这些藻落取出接种进无菌试管中培养，就有可能达到无菌分离培养的目的。

（2）藻液中直接加入抗生素法

可将一定浓度梯度（如 50 mg/L，100 mg/L，500 mg/L）的抗生素复合物（如青霉素、氯霉素、链霉素、庆大霉素或卡那霉素等）直接加入到处于指数生长初期的待除菌的微藻培养液内，培养 4 ~ 7 d，观察细胞生长，并检验抑菌作用。

将微藻小球藻培养液 130 000 g 下离心 2 min，将微藻沉淀重新悬于灭菌培养基中，培养基中加入抗生素复合物（如氨苄青霉素 ampicillin，青霉素 penicillin 和四环素 teracycline 等），如小球藻可添加 300 mg/L 的抗生素复合物，黑暗培养 3 d，每天镜检 1 次。多次重复这个过程，直至培养物中检测不到菌的生长。然后将含有抗生素培养液中的微藻重新收集，并用灭菌的培养基冲洗藻细胞 2 次，培养于不含抗生素培养液中，使其恢复正常生长。

赵培等（2007）分别以绿藻门、红藻门和金藻门的藻种小球藻、紫球藻和球等鞭金藻作为研究对象，考察了 3 种常用抗生素对其生长的促进作用。发现青霉素的性质比较温和，能广泛用于微藻的除菌，添加浓度为 200 ~ 400 mg/L 时，对于小球藻的培养效果最好，而紫球藻和球等鞭金藻的适宜浓度为 300 mg/L。硫酸庆大霉素分别在 50 ~ 100 mg/L，100 mg/L 及 100 ~ 200 mg/L 时，对小球藻、紫球藻及球等鞭金藻的生长有明显促进作用。微藻对头孢他啶极其敏感，50 mg/L 的头孢他啶即对藻细胞产生抑制作用，200 mg/L 就会对其产生致死效应，所以用头孢他啶除菌时要慎重。

此外，结果表明，继代培养时间以 5 d 为最佳。

（二）无菌培养检验方法

微藻中的细菌或霉菌是否已被杀死，这还需在细菌培养基上做无菌检验。无菌检验培养基的配方较多，其中较为常用的是波氏培养液（表 6 - 1），或在原来的微藻培养液中添加 1% 的琼脂、1% 的葡萄糖和 0.1% 的蛋白胨配制的培养基效果也较好。

表 6 - 1 波氏（Burkholder）海洋细菌检验培养液

成分	用量
胰化酶	2.0 g
大豆胨	2.0 g
酵母	2.0 g
海泥提取液	100 mL
自然海水	900 mL

如果这种微藻培养物在黑暗中培养 15 d（25 ~ 30℃）没有发现有细菌生长，就认为无菌分离培养成功。但因细菌会在短时间生长后死去，所以在检验测定其间，要随时进行镜检，必要时要用相差显微镜来镜检。

（三）微藻无菌化中应注意的问题

1. 抗生素的选择和加入方法

理想的抗生素应具备两个特征：①高效的抑（杀）菌活性；②对微藻细胞毒性低。由于抗生素的抗菌谱存在差异以及各微藻液中细菌群落结构特征不同，不可能找到一种可用于所有微藻除菌的抗生素，实际操作中往往是多种抗生素一起应用。然而作用机制不同可能会导致合用抗生素间产生拮抗，为避免这种作用，可在微藻除菌中采用逐种抗生素加入法：根据青霉素的作用特性，将其作为第一种加入微藻培养液的抗生素；而干扰细菌蛋白质合成的，如庆大霉素及卡那霉素等氨基环醇类抗生素应后加。但是，也有研究表明不同作用机制的抗生素合用也可有效地排除微藻培养液内的细菌。因此，当抗生素逐种加入法除菌效果不理想时，可以考虑抗生素合用法。总之，由于各微藻间以及以微藻为基础的各细菌群落间存在的差异，因此不可能有一种应用于所有微藻的有效除菌方法，具体情况应具体分析。

2. 无菌检验

目前尚无一种通用的无菌检验方法。在做微生物培养检验时，应采用多种培养基同时进行，以增加发现未除掉的微生物的几率。最新研究结果表明，抗生素可“钝化”微藻培养液内某些细菌，使其处于一种不可培养状态，当消除抗生素的影响后，这类细菌会恢复生长。因此应采取多种方法进行无菌检验，确保结果准确。

五、藻种的污染防治

藻种的污染源主要为细菌，所以我们应注意消毒以保证种瓶中的藻类良好生长。坚持每日藻种室地面消毒；每次摇瓶、接种前都要用肥皂把手洗干净，再用酒精消毒，以免手上细菌污染藻种；接种用的三角烧瓶、细口瓶也要彻底消毒；盖瓶口的白纸或棉塞也必须保证干净，定期更换；非工作人员不得进入保种室，以免带入细菌等。若种瓶中已被细菌污染，可在藻液中加入适量抗生素，有效抑制细菌的生长。

第三节 微藻的培养方式

微藻的培养方式有多种类型，按培养容器的类型来分可划为封闭式培养和敞开式培养；按藻液的收获方法不同，可分为批次培养、半连续培养和连续培养；按藻类的光合营养类型来区分，可分成自养型、异养型和混养型培养；按培养的纯度来划分，可分为纯培养与单种培养。

一、封闭式培养和开放式培养

封闭式培养是把培养液密封在透明的容器中，与外界隔离。培养容器多为管状，用有机玻璃或透明的聚乙烯塑料做成管道，水平、直立或斜立于地上，暴露在阳光中（或用日光灯光源），二氧化碳完全采用人工供给的办法，并利用水泵使培养液不断循环。完全封闭式培养所用的设备主要包括培养槽、气体交换塔和控制系统三部分。藻种培养和一级培养必须要进行封闭式培养。如条件许可，二、三级培养也可用封闭式培养。

其优点是容易控制，避免灰尘、杂藻、原生动物的污染，培养成功率较高，产量稳定。此外，还可防止培养液蒸发，提高培养液温度。缺点是除了玻璃外，大多数商品材料并不完全透明，光的穿透能力明显下降。另外，灰尘等累积在覆盖物外表，而水蒸气等凝结在内表，减少光辐射 40% ~50%。再者培养水体小，设备成本较高。

目前国内采用玻璃柱和塑料袋培养，效果很好，具有方法简单、成本低、培养的藻细胞密度大、不易被污染、生产周期短优点。

开放式培养比较简单方便，培养物暴露于空气之中，主要设备是各种规格的水泥池、大型纤维玻璃钢水槽等。培养容器的形状多为长方形，这样的池子占地面积小，也便于管理。圆锥形和椭圆形池子曾于 1960—1970 年间，在日本和我国台湾省时兴过一阵，但因其造价高、占地面积大等缺点，现已基本上不用。目前常用的砖石结构的水平式或阶梯式水泥池。开放式培养造价低、操作方便、运转成本少，并且由于光照充足，通风较好，藻细胞生长繁殖迅速，但因藻液与外界接触面大，容易受敌害生物污染。

二、一次性培养、连续培养和半连续培养

按采收方式不同，可将微藻培养划分为一次性培养（batch culture）、连续培养（continuous culture）和半连续培养（semi - continuous culture）。

一次培养又称批次培养或有限容积培养，是微藻培养中最常用的一种方法。其方法是在一定的培养容器中，加入适量的消毒或灭菌海水，根据藻类需要加入无机和有机营养，配成培养液，把少量的藻种接种进去，然后在适宜于藻类生长的环境条件（温度、盐度、光照、pH 值等）下培养，待藻液达到一定的密度后，便一次性采收或做进一步扩大培养。原培养器进行清洗、消毒后，重新做下轮的培养。一般敞开式培养多采用这种批次培养方法。

连续培养法与批次培养不同点是一边收获培养容器中培养到一定浓度的藻液，一边又将新鲜培养液补充进去。根据需要和藻液中细胞的生长情况，调节藻液的流出量和培养液的流入量，使培养液的营养浓度和藻液的细胞密度保持相对稳定，达到持久的高产稳产目的。连续培养一般在室内进行，采用自动控温、人工光源、封闭式通气培养。在培养过程中，营养物质浓度和藻类细胞密度相对稳定，环境因子变化较小。与批次培养相比，连续培养方式能更精确地控制培养环境和微藻种群细胞的变化，藻类细胞生长的环境条件稳定，从而获得更高的产量和生长较为同步的优质微藻细胞。不过连续培养存在操作和技术较为复杂、培养基消耗量比较大、培养过程中易受污染等缺点，培养规模也受到限制，因此虽然在国外应用较多，但国内应用较少。

半连续培养是指在一次培养的基础上，当藻类细胞达到一定密度后，每日或隔日收获部分藻液后，再补充等量的新鲜培养液继续培养。半连续培养是我国目前在微藻（尤其是饵料微藻）大量培养中较为常用的一种方法。一般像三角褐指藻、亚心形四片藻和海水小球藻等能连续收获 5 ~6 次，多的可达 10 次，为期 1 个月左右。但像牟氏角刺藻、中肋骨条藻、绿光等鞭金藻等，则连续培养时间较短，收获 2 ~3 次后，藻液就出现老化下沉现

象。一般封闭式或半封闭式培养适用半连续培养方式。

三、自养、异养和混养培养

按藻类的光合营养类型不同，可将微藻培养划分为自养培养（Autotrophicculturemethods）、异养培养（Heterophic culturemethods）和混养培养（Mixotrophic culturemethods）。

1. 自养培养

指在光照下，将二氧化碳（1% ~5%）或空气通入敞口的或封闭的微藻培养容器中，作为微藻生长的碳源，通过微藻的光合作用生产有机物。这是目前我国饵料微藻大量培养中最为常用的方法。优点是操作简单，生产成本低。缺点是产量不高，难以达到较高的细胞密度，并且容易遭受有害生物污染。

2. 异养培养

异养培养的方法是将微藻培养在黑暗的容器中，利用有机物（如葡萄糖、乙酸盐和甘油等）作为微藻的碳源。可进行异养生长的微藻涉及蓝藻门、隐藻门、甲藻门、金藻门、黄藻门、硅藻门、裸藻门和绿藻门 8 门 66 个属近百种微藻。微藻利用化学能而不是光能来生产有机物质，其优点是产量高，藻细胞容易收获，生产不受天气等自然因素的影响，并且生长速度快，细胞密度高，富含 DHA 和 EPA 等多不饱和脂肪酸。早在 20 世纪 80 年代初，人们就开始研究利用海洋微藻的异养发酵培养生产 DHA（二十二碳六烯酸），例如，美国马泰克生物科学公司的研究人员发现 *Crypthecodinium cohnii* 在发酵罐中培养 60 ~ 90 h 后的最终发酵液浓度可达到 40 g/L，其多不饱和脂肪酸含量为自身干重的 15% ~ 30%，其中 DHA 占 20% ~30%，即发酵液中 DHA 的最终产量至少为 1.2 g/L。

3. 混养培养

混养培养可区分为三种类型。

（1）自养—混养型（Autotrophic - mixotrophic methods）：与自养培养差不多，只是添加部分乙酸或葡萄糖等有机物等作为微藻生长的补充碳源。

（2）异养—混养型（Heterotrophic - mixotrophic methods）：以异养培养的方法培养足量的微藻后，将藻液转移到循环式跑道池或光生物反应器中，以日光或人工光照继续培养，目的是增加微藻的叶绿素和类胡萝卜素成分。

（3）光照—异养型（Heterotrophic with light methods）：微藻培养在装有氙灯的不锈钢罐内，以葡萄糖或乙酸作为碳源。光照能增加微藻的叶绿素和类胡萝卜素含量。

四、无菌培养与单种培养

按培养的纯度分为无菌培养（Axenic culture）与单种培养（Unialgal culture）。

无菌培养又称纯培养，是指排除了细菌在内的一切生物的条件下进行的培养。纯培养要求有无菌室、超净工作台等设备条件，容器、工具、培养液等必须严格灭菌。纯培养是科研工作中不可缺少的技术。

单种培养则是在生产性的培养中，不排除细菌存在的培养方式，为了区别于纯培养而称之为单种培养。目前生产上的微藻培养基本是单种培养。单种培养操作方式简单，一般只需要将淡水或海水在电炉上煮沸后保持10 min左右，待冷却至室温后加入事先灭菌的营养盐母液，然后接种藻液即可进行传代培养。单种培养易受细菌和原生动物的污染，发现大量污染后应及时进行纯化，防止有害生物混入到下一级培养中。虽然多数细菌对于微藻的生长是不利的，但是许多微藻的伴生细菌却能与微藻共同生长，并且为微藻提供维生素等必需营养，甚至近来研究表明伴生细菌对于硅藻的分裂繁殖具有重要作用，因此，应区别对待微藻培养液中的伴生细菌和有害细菌。

五、藻种培养、中继培养和生产性培养

按培养规模大小和培养目的分为藻种培养、中继培养和生产性培养。

藻种培养为室内小型培养，一般采用封闭式不充气一次性培养法。培养容器为100～3 000 mL的三角烧瓶，瓶口用消毒的牛皮纸包扎或用灭菌棉塞。目的是培养和供应藻种。

中继培养的目的是培养较大量的高密度纯种藻液，供应生产性大量培养的藻种。中继培养一般在室内用大的玻璃容器或塑料大袋进行。根据需要可分为一级中继培养和二级中继培养。一级中继培养的容器为10 L的大口玻璃缸、10～20 L的细口瓶或鱼苗袋，以封闭式不通气培养为主。二级中继培养的容器为0.2～0.4 m^3 的水族箱、0.5～1.0 m^3 的玻璃钢水槽、0.5～1.0 m^3 的小型水泥池等，以开放式（或封闭式）通气一次性培养为主；利用塑料大袋进行二级中继培养也是目前比较流行和有效的培养方式。

生产性培养的目的是为生产如饵料、营养品、生物柴油等提供大量原料。可在室内也可在室外，有封闭式培养和开放式培养两种类型。培养容器为大型水泥池、大型玻璃钢水槽和塑料大袋等。

六、一级、二级、三级培养

微藻的培养按培养程序可分为一级、二级、三级培养程序。

一级培养通常指藻种的活化培养。平时实验室保存的藻种，为了延长接种间隔时间，往往使藻种生长处于比较抑制的状态，并且藻种的数量也较少。所以在微藻大量培养开始前1～2个月，就需将要使用的藻种，预先进行活化培养。取原始藻种接种到新鲜的培养液中，置于最适培养条件下，使藻种尽快达到指数生长期。

二级培养指藻种扩大培养。将活化了的一级培养的藻种，扩大接种到二级培养池中培养。藻种的接种量和培养液的比例为1∶3～8。

三级培养指生产性培养。经镜检认为藻种较纯，就可按比例接种到三级培养池中。接种量与培养液的比例为1∶1～5。如果藻种量不足，可以采取分次逐步添加培养液的方法来培养。

第四节 微藻培养技术

消毒、灭菌、海水处理、培养液配制、接种以及生长测定等技术是微藻培养研究和培

养生产中必不可少的操作程序，是微藻培养工作者都应熟练掌握的基本技术。

一、消毒（Disinfection）与灭菌（Sterilization）

消毒，是指杀死物体上的病原微生物，也就是可能致病的微生物，使其无害化，细菌芽孢和非病原微生物可能还是存活的；灭菌，是指杀灭或者去除物体上所有微生物（细菌、真菌、病毒、支原体、衣原体等）以及抵抗力极强的细菌芽孢，灭菌通常作用于全过程，保证所有的微生物全部失活。所以，灭菌比消毒要求更高一些。此外，“杀菌”一般指对细菌（微生物）的杀灭过程，一般不包含杀灭的程度。

在微藻培养中，为了防止对藻细胞有危害的捕食者和竞争者（常称敌害生物）的污染，在培养前必须对各种容器、用具等进行消毒或灭菌处理，有疏忽就会引起藻种混杂，原生动物滋生，造成整个培养工作的失败。

所有培养用容器、工具在消毒前都必须先用去污粉、洗液或肥皂粉等刷洗并冲洗干净，如果玻璃瓶壁上有白色菌膜或碳酸钙等物黏附，不易刷洗，可用1%浓度左右的稀盐酸浸泡去除，然后用水充分冲洗。单胞藻的纯培养，容器、工具、培养基等都必须严格灭菌，而在生产性的单种培养中，一般进行消毒程序就行了。

二、培养液的制备

单胞藻的培养液（液体培养基）是在消毒海水中加入各种营养物质配成的。培养液的配制时，首先是消毒海水，然后按配方加入各种营养物质。

（一）海水的处理

天然海水中生活着各种微生物和杂质，配制培养液的海水以及冲洗用化学药品消毒后的容器、工具、培养池的海水，都要事先经过适当的处理，除去杂质及杀灭微生物后才能使用。此外，天然海水的盐度、酸碱度及某些大量营养元素的含量需要测定，可据此结果来调节盐度及补充肥料。

海水处理的原则：一是能够达到杀灭敌害生物的目的；二是经消毒后的海水必须是无毒的，对微藻的生长无不良影响；三是消毒方法必须切实可靠、经济快捷、简单易行，对环境不会造成二次污染。

海水处理的基本程序是：在高潮期泵取海水（尽量避开刮风下雨天，以防水质混浊和盐度下降），进入沉淀池沉淀 24 h 以上，经砂滤后进入海水处理池，进行灭菌或消毒处理。目前在微藻培养生产中应用的水消毒处理方法有加热处理、过滤除菌法、酸化处理、臭氧处理、漂白粉或漂白液处理等。

（二）配制培养液

藻类的培养液必须具备藻类的生长繁殖所需要的各种营养元素，并且营养盐的比例应该符合藻类生长繁殖的需要。不同种类的微藻对营养盐的质和量的需求不同，各有其特殊性，因此，制定某种微藻的一个培养液配方时，首先必须进行一系列的试验，了解这该种藻类对营养的要求，并在使用中验证配方的效果，加以改进，使配方达到更理想的水平。藻类对营养盐的需求也有很多共同点，因而一些培养液配方可应用于多种藻类的培养。

进行微藻培养时，可根据培养藻类对营养的要求，选用合适的配方，在消毒水中按配方加入各种营养物质配成。所加肥料应保持清洁，某些不清洁肥料必须消毒，预防敌害生物通过肥料污染。

微藻培养液基本成分

配制各种单细胞藻类培养液所需的成分主要分为下列七类。

（1）大量元素

① 氮（N）：培养液常用的氮源有硝酸钾（KNO）、硝酸钠（$NaNO_3$）、尿素（NH_2CONH_2）、硝酸铵（NH_4NO_3）、硝酸钙［$Ca(NO_3)_2$］、氯化铵（NH_4Cl）、硫酸铵［$(NH_4)_2SO_4$］、发酵人尿等。其中以硝酸钠和硝酸钾最常用。但不同的藻类对硝酸态氮和铵态氮的吸收利用情况是不同的，必须根据不同的藻类选择合适的氮源。

② 磷（P）：单胞藻培养液常用的磷源有磷酸二氢钾（KH_2PO_4）、磷酸二氢钠（NaH_2PO_4）、磷酸氢二钾（K_2HPO_4）、磷酸氢二钠（Na_2HPO_4）4 种。海水单胞藻培养液应用磷酸二氢钾，如用磷酸氢二钾所配培养液会产生大量沉淀。

③ 钾（K）：单胞藻培养液中钾的来源，常用的有氯化钾（KCl）、硝酸钾（KNO_3）、磷酸二氢钾（KH_2PO_4）、磷酸氢二钾（K_2HPO_4）等。一般培养液中由于氮、磷元素的加入，也附带加入了钾营养元素。除此以外，可再加入氯化钾

④ 镁（Mg）：培养液中镁的来源，常用的是硫酸镁（$MgSO_4$）和氯化镁（$MgCl_2$）两种。可以单独使用其中一种，也可两种同时使用。

⑤ 硫（S）：培养液中硫来源于硫酸盐类，如硫酸铵、硫酸镁、硫酸铁、硫酸高铁、硫酸锰、硫酸铜等，在获得其他营养元素的同时，也获得了硫元素。

⑥ 钙（Ca）：培养液中钙的来源为氯化钙（$CaCl_2$）或硝酸钙［$Ca(NO_3)_2$］。

⑦ 硅（Si）：在硅藻培养液中一般都加入硅元素，硅元素的来源，常用的是硅酸钠（Na_2SiO_3）和硅酸钾（K_2SiO_3）。

⑧ 铁（Fe）：单胞藻培养液常用的铁源有三氯化铁（$FeCl_3$）、硫酸亚铁（$FeSO_4$）、柠檬酸铁（$FeC_6H_5O_7$）等。其中最常用的是三氯化铁和柠檬酸铁。无机铁在水中容易形成一种胶体复合物，无可逆反应，不能为生物利用，此外，铁也容易产生沉淀。所以尽管铁在数量上所需很少，但很难满足藻类需要。要保持溶液中生物可利用态铁的数量，通常采用以下几种措施：一是在培养液内加入土壤抽出液，由于自然有机质（一般称为腐殖酸）的作用阻止了铁的沉淀和溶胶化；二是在培养液内加入某种有机酸或其盐类以形成可溶性铁化合物，如向培养液中添加柠檬酸盐或酒石酸盐；三是应用络合剂，最常用的为乙二胺四乙酸（EDTA），络合剂能防止铁和微量营养元素沉淀，并按照质量作用定律释放出足够数量的离子供藻细胞利用。

（2）微量元素

硼（B）：硼酸（H_3BO_3），焦性硼酸钠（$Na_2B_4O_7$）。

锰（Mn）：硫酸锰（$MnSO_4$），氯化锰（$MnCl_2$）。

锌（Zn）：硫酸锌（$ZnSO_4$），氯化锌（$ZnCl_2$）。

铜（Cu）：硫酸铜（$CuSO_4$），氯化铜（$CuCl_2$）。

钼（Mo）：钼酸钠（$Na_2M_0O_4 \cdot 2H_2O$）。

钴（Co）：氯化钴（$CoCl_2$）。

钛（Ti）：氯化钛（$TiCl_2$）。

钨（W）：钨酸钠（Na_2WO_4）。

铬（Cr）：硫酸铬钾［$CrK(SO_4)_2$］，铬酸钾（K_2CrO_4）。

镍（Ni）：硫酸镍（$NiSO_4$）。

钒（V）：钒酸钠（$NaVO_3$），钒酸铵（NH_4VO_3）。

镉（Cd）：氯化镉（$CdCl_2$）。

锶（Sr）：硫酸锶（$SrSO_4$）。

通常把微量元素集中配成500 ~ 1 000 倍的微量元素母液，然后按一定比例加入培养液中。藻类对微量元素的需要量和中毒量（致毒量）的差距一般很狭小，略微超过需要量即会引起中毒。微量元素也容易形成胶体复合物和发生沉淀，使藻类细胞不能利用。由于上述两种原因，常在微量元素溶液中添加 EDTA 等络合剂，以保持培养液中适量的微量元素。良好的田园土壤抽出液一般含有藻类生长繁殖所需要的各种微量元素和溶解有机物质，且具有类似络合剂的作用。所以在培养液中加入土壤抽出液也是解决微量元素供应的有效办法。

（3）辅助生长有机物质

辅助生长有机物质能促进藻类细胞的生长繁殖，还能增强藻类细胞对环境的适应能力，因此受到重视，加入培养液中的辅助生长有机物质种类也愈来愈多。常用的有维生素 B_{12}、维生素 B_1（硫铵素）、维生素 B_2、维生素 B_6、维生素 H、生物素、柠檬酸、乳精酸、烟酸、对氨安息香酸、叶酸、泛酸钙、肌醇、腐肉碱、胸（腺）间氮苯、葡萄糖、肝抽出物、酵母抽出物、贝肉汤、鱼粉、咸鱼汁等。辅助生长有机物质可以分别加入培养液中，也可以把多种辅助生长有机物质配成混合液，在配制培养液时按一定比例加入。

土壤抽出液除含有无机微量元素外，还含有某些辅助生长有机物质。在培养液中加入土壤抽出液实际上加入了某些辅助生长有机物质。

（4）络合剂

络合剂，也称为螯合剂（Chelating agent），指能与金属离子形成络合离子的化合物，其本质上相当于环状有机化合物一类，非常稳定。应用一定数量的络合剂，可以防止铁和微量元素的沉淀和溶胶化，并能根据质量作用定律释放出足量的离子供藻类细胞利用，能够大大地减少对藻类供应适量铁和微量元素的困难，并能使元素的量达到比藻类所能忍受的较高的浓度。在许多培养液配方中，都有络合物的使用。最常用的络合剂为乙二胺四乙酸（EDTA），此外还有亚硝基 R 盐、三价氮基三醋酸（NTA）、羟基乙基乙烯二胺三醋酸（HOEDTA）等。

（5）植物生长调节剂

植物生长调节剂又称植物生长激素，有促进藻类细胞生长繁殖的作用。在培养液中加入某些植物生长调节剂，增产效果明显。

（6）缓冲剂

在培养液中加入缓冲剂，可加强缓冲作用。常用的缓冲剂有三羟甲基氨基甲烷和二甘氨酸。

以上介绍了培养液的基本成分并非单胞藻培养液都必须具备的。其中大量元素中的每一种元素都是必需的，其次重要的是微量元素和辅助生长有机物质，不同营养液配方使用的种类不同，其他成分只在某些培养液配方中使用其中的一类或两类。

有时为了促进微藻的快速生长繁殖，在原有的培养液配方中，添加1% ~2%的海泥抽提液或人尿或贝汤的澄清液等有机营养物质，都能显著地促进单细胞微藻的生长。

三、接种

培养液配好后应立即进行接种培养。接种就是把选为藻种的藻液接入新配好的培养液中。接种过程虽很简单，但应注意藻种的质量、接种藻液的数量和接种的时间三个问题。

（一）藻种的质量

藻种的质量对培养效果影响很大，一般要求选取无敌害生物污染、生命力强、生长旺盛的藻种。藻种好坏的标准可从以下几个方面考虑：第一看颜色是否正常，正常情况下，绿藻类呈鲜绿色，硅藻类呈黄褐色，金藻类呈金褐色；第二看水中分布情况，有运动能力的种类上浮活泼运动；无运动能力的种类均匀悬浮于水中；第三看附壁和沉淀情况，好的藻种无明显附壁，无大量沉淀。此外还可通过镜检，好的藻种细胞颜色鲜艳，运动种类运动活泼，无杂藻和敌害生物存在。

（二）接种比例

藻种藻液的密度应达到或接近可以收获的密度。接种后藻细胞在新培养液中应该达到较大的密度，这样有利于细胞在培养液中形成优势群体，利用藻细胞分泌的较大量的胞外产物对其他污染进来的生物起抑制作用，不易出现污染，并缩短培养周期。在环境条件不很适合，藻细胞生长不良，敌害生物出现频繁的季节，接种量大尤其必要。

一般来说，小型培养时藻种液和新培养液的比例为1∶2 ~1∶5，而中继培养和大量培养时，其比例可以提高到1∶10 ~1∶20，最少不宜低于1∶50。

（三）接种的时间

一般来说，接种时间最好是在上午8—10时，不宜在晚上。因为不少藻类晚上藻细胞下沉，而白天藻细胞进行光合作用，有趋光上浮的习性，特别是具有运动能力的种类更明显。上午8—10时是藻类细胞代谢最旺盛的时候，此时接种可以吸取上浮的运动力强的藻细胞做藻种，弃去底部沉淀的藻细胞（这些藻细胞往往是活力较弱的），起到择优的作用。

四、微藻生长监测方法

在微藻的培养过程中，无论是作为采收的指标，还是为了观察微藻的生长情况，都要经常对微藻的生长量和生长状态进行观察测量。一个简便、迅速、准确的监测方法对于微藻的生产培养、藻种的筛选以及培养条件的优化都极为重要。

（一）微藻的生长状态观察法

对培养藻类生长状况的观察是培养成败的标准。在日常培养工作中，每天上、下午必须定时做一次全面观察，必要时可配合显微镜检查，了解掌握藻类的生长情况。

藻类的生长情况，可以通过藻液呈现的颜色、藻细胞的运动或悬浮情况、是否有沉淀和附壁现象、菌膜及敌害生物污染迹象的有无等观察而了解大概情况。

1. 藻液颜色观察

微藻应随着培养时间延长，细胞数目逐渐增加，水色也明显加深。如，绿藻类生长发育良好时，随着密度的增加，培养液由嫩绿到深绿色。三角褐指藻、新月菱形藻正常生长时藻液呈现褐色，藻体悬浮于水中呈云雾状水团，随着密度的增加，由浅褐色到深褐色。球等鞭金藻生长良好时呈金褐色。如果藻液颜色不变或由深变浅则可能是由于环境因子（如肥料不足、光线过强、温度过高等）引起的；出现发灰、混浊或蓝色、黄色、乳白色等异常现象，说明培养出了问题，可能被别的藻类污染，应及时进行镜检，发现问题，及时解决。

2. 运动和沉淀观察

具有运动能力的藻类在水中有一定的分布特点。当环境不适（如光线不足）时便下沉形成沉淀。当环境变好（如光线变强）时则上浮，上浮的藻类细胞比例越大越好。如三角褐指藻、新月菱形藻等没有鞭毛的藻，生长良好时，悬浮在水中，形成云雾状水团；金藻生长良好时，会形成趋光带。

如果在天气正常时，藻类细胞白天也不上浮以及出现大量沉淀且经搅拌后又很快下沉，则属不正常现象。培养时间较长时，底部可有少量沉淀，这是正常现象。沉淀藻体的颜色如果保持原色，说明还没有死亡，有可能复正常生长。如果沉淀藻体变成灰白颜色，表明已死亡、腐败。如果底部沉淀出现团块状或条状空白区，是由于敌害生物吞食的结果。

造成藻类沉淀的原因是多方面的，最主要的是环境不良使生长受到抑制而产生沉淀。许多藻类能形成保护形态。如金藻类形成的胶群体，它们也能产生沉淀，可渡过不良环境。敌害生物代谢产物的毒害也会引起沉淀。此外，当细菌大量繁殖时，藻类细胞可由菌膜互相粘连而形成块状，引起沉淀，这在扁藻培养中是常见的。

3. 显微镜活体检查

除了日常观察了解大概情况外，还必须配合显微镜检查。镜检的目的有两个：第一，从藻细胞的形态、运动或悬浮情况等，了解藻细胞的生长是否正常。第二，检查有无敌害生物的污染。此外，水面出现菌膜表明有真菌或细菌生长时，必须配合显微镜检查，彻底掌握。取一滴藻液，不经杀死直接在显微镜下观察藻细胞的形态及活动情况。并注意观察有无原生动物或杂藻的污染。藻种的培养要求比较严格，一般 1 ~2 个月要进行一次全面检查。除了定期检查外，在日常观察中发现有不正常现象，应立即进行显微镜检查，务求弄清情况。

4. 附壁

生长良好的浮游性微藻不附壁，产生附壁，说明生长不好。

（二）微藻的生长定量方法

通过对微藻生长速度和生物质产量的测定，可以掌握微藻的生长状况，为施肥、接种、除害及收获等决策提供依据。常用单细胞微藻生长定量方法有干重法、湿重法、水滴计数法，细胞计数法和光密度法等（实验六）。

五、微藻培养的日常管理

培养饵料微藻是一项既细致又繁重的工作，必须严格掌握每一步操作规程，加强日常管理工作，才能在实验室长期保存藻种工作中或大量培养工作中，始终保持微藻正常生长，防治敌害生物污染，避免意外事故，保证培养的成功。为此，日常管理应注意以下问题。

（一）搅拌和充气

在单胞藻培养过程中，必须搅拌或充气。充气或搅拌一是可增加水和空气的接触面积，使空气中更多的二氧化碳溶解到水中，补充由于藻类细胞的光合作用对二氧化碳的消耗，提高微藻细胞的光合效率，从而提高生物质产量；二是可防止培养液表面产生菌膜；三是可使藻类细胞均匀受光，帮助沉淀的细胞上浮而获得光照。

在培养中可根据具体情况分别采用摇动、搅拌或充气方法。小型封闭式藻种培养用摇动培养瓶方法；大口玻璃瓶开放式中继培养采用棒形工具搅拌方法；塑料薄膜袋封闭式培养、玻璃钢水槽和水泥池开放式培养采用充气方法。摇动和搅拌每天至少 3 次，定时进行，每次半分钟。充气一般是通入空气，可 24 h 充气或间歇充气。也有通入含 1% ~5% 二氧化碳的混合空气的，效果较好。

（二）光照调节

光照直接影响藻类细胞的光合作用，因而是影响藻类生长的最重要的环境因子之一。目前我国除少数在室内藻种培养利用人工光源外，大多数是利用太阳光源培养。自然光源的优点是节能，培养成本低，但最大的局限性在于太阳光源不稳定，所以在培养过程中，必须根据天气情况以及各种微藻的适宜的光照范围，不断调节光照度，力求尽可能适合于培养藻类的要求。

大多数微藻种类忌直射光，一般室内培养可尽量利用近窗口的漫射光，防止直射强光照射，光照过强时可用竹帘或布帘遮光调节。室外培养池一般应有棚式顶架，中午自然光较强时，可用活动白帆布篷或遮阳网调节光照度；阴雨天光照度不足，可短期利用人工光源补充，常用的人工光源有日光灯、碘钨灯、生物效应灯等。

（三）温度调节

温度在微藻生长繁殖中起着决定性的作用，因而密切注意培养室的气温和培养池的水温变化，是日常管理中一项经常性的工作。每一种藻类都有其适应温度范围和最适温度范围，考虑到培养成本，虽然目前绝大多数单胞藻的生产性培养不具备人工控温条件，但在培养过程中也应该尽可能使温度适合于培养藻类的要求。夏季室内进行培养藻类时，须把门窗打开通风降温，必要时须使用换气扇或风扇等设备。如果气温急降，须关闭门窗，防止温差过大。在北方春季、冬季，气温较低，一般室外培养不能进行，在室内也需要采取措施提高室温，才能进行正常培养，可采取水暖、气暖等措施。

（四）营养调节

氮、磷、铁等营养元素是微藻生长繁殖的主要限制因子之一。给微藻培养物补充营养元素，追加施肥等，也是日常管理工作的一部分。

（五）注意酸碱度的变化

由于藻类细胞大量繁殖，二氧化碳被吸收利用，导致藻液 pH 值上升。还有其他营养元素的吸收，也会引起 pH 值上升或下降。培养藻类对酸碱度都有一定的适应范围，超出适应范围，pH 值过高或过低都会对藻细胞的生长繁殖产生不利的影响。因此，在培养过程中，最好每天测定藻液 pH 值，掌握其变化规律，采取措施，防止超出适应范围。如果 pH 值过高或过低，可用 1 mol/L 的盐酸或氢氧化钠调节。

（六）防虫和防雨

傍晚，室外开放式培养的容器须加纱窗布盖，防止蚊子进入产卵或其他昆虫侵入，早上把盖打开。大型培养池无法加盖，可在每天早晨把浮在水面的黑米粒状的蚊子卵块以及其他侵入的昆虫用小网捞掉。下雨时应防止雨水流入培养池。刮大风时应尽可能避免大量泥尘和杂物吹入培养池。

第五节　微藻的商业化应用

目前世界上微藻的商业化培养主要用于生产营养品，都是小到中规模的生产系统，每年生产生物量几十到几百吨。当前培养的光自养微藻主要以各种营养品为目的的：螺旋藻、小球藻、杜氏藻和雨生红球藻。几乎有一半的生产在中国内陆，其余在日本、中国台湾、美国、澳大利亚、印度等国家和地区。微藻的商业化培养另一个目的是生产水产养殖的饵料。此外，微藻培养还用于城市污水池处理，起到净化废水的作用。

微藻的商业化生产（以保健品为主要生产目的）的方式主要是开放池培养和光生物反应器培养，也有利用自养（暗发酵）培养的，碳源来自淀粉或蔗糖而不用光能，大约有几千吨的微藻是通过这种途径生产的。目前认为，微藻大规模培养可行的方法是开放的跑道池（raceway ponds）培养和封闭式管状的光生物反应器（tubular photobioreactors）培养。

一、微藻商业化应用

（一）微藻在水产养殖中的应用

浮游植物是海洋环境中的食物链的重要基础。因此，微藻是各种海洋动物商业养殖的（包括双壳贝类的各个生长阶段，一些甲壳类动物的幼体阶段，及部分鱼类早期生长阶段）的重要食物来源。藻类还可进一步用于浮游动物（轮虫、桡脚类及卤虫）的大规模生产。此外，为了用“绿色水技术”养殖海洋幼鱼，微藻可直接用于苗种培育池中，以达到稳定水质量、苗种营养及微生物控制的作用。

1. 用于水产养殖的微藻的主要种类

表 6－2 列举了当前用于重要水产动物的养殖的 8 个主要科 32 个属的微藻。这些微藻

包括硅藻、鞭毛藻、绿藻及纤细蓝绿藻，细胞大小从数微米到100 μm。在商业养殖业中用的最多的是中肋骨条藻 *Skeletonema costatum*，假微型海链藻 *Thalassiosira pseudonana*，纤细角毛藻 *Chaetoceros gracilis*，牟氏角毛藻 *C. calcitrans*，球等鞭金藻 *Isochrysis galbana*，四爿藻 *Tetraselmis suecica* 和小球藻 *Chlorella* spp. 等。

表 6-2 用于水产养殖的主要微藻种类

纲	属	应用举例
Bacillariophyceae	*Skeletonema*	PL, BL, BP
	Thalassiosira	PL, BL, BP
	Phaeodactylum	PL, BL, BP, ML, BS
	Chaetoceros	PL, BL, BP, BS
	Cylindrotheca	PL
	Bellerochea	BP
	Actinocyclus	BP
	Nitzchia	BS
	Cyclotella	BS
Haptophyceae	*Isochrysis*	PL, BL, BP, ML, BS
	Pseudoisochrysis	BL, BP, ML
	Dicrateria	BP
Chrysophyceae	*Monochrysis* (*Pavlova*)	BL, BP, BS, MR
Prasinophyceae	*Tetraselmis* (*Platymonas*)	PL, BL, BP, AL, BS, MR
	Pyramimonas	BL, BP
	Micromonas	BP
Cryptophyceae	*Chroomonas*	BP
	Cryptomonas	BP
	Rhodomonas	BL, BP
Cryptophyceae	*Chlamydomonas Chlorococcum*	BL, BP, FZ, MR, BS BP
Xanthophyceae	*Olisthodiscus*	BP
Chlorophyceae	*Carteria*	BP
	Dunaliella	BP, BS, MR
Cyanophyceae	*Spirulina*	PL, BP, BS, MR

注：PL，对虾幼体养殖；BL，双壳贝类幼体养殖；ML，淡水虾幼体养殖；BP，双壳软体动物后期幼体养殖；AL，鲍鱼幼体养殖；MR，海水轮虫养殖；BS，卤虫养殖；SC，海水桡足类养殖；FZ，淡水浮游动物养殖。

2. 微藻在水产养殖中的应用

微藻对于双壳贝类，包括蛤、牡蛎及扇贝的各个饲养阶段，一些海洋腹足类，包括鲍和海螺等的幼体阶段以及多种海洋鱼类、对虾及浮游动物的幼体阶段均是一种必要的食物源。

（1）双壳贝类。当前双壳贝类的集约化养殖依赖于活藻饵料的生产，而平均活藻饵料的生产成本约占双壳贝类繁育成本的30%。用于双壳贝类苗种培育的微藻较多，其中应用最广的藻种主要包括 *Isochrysis galbana*；*Chaetoceros gracilis*；*Chaetoceros calcitrans*；*Tetraselmis suecica*；*Thalassiosira pseudonana*；*Pavlova lutheri*；*Skeletonema costatum* 等。

（2）对虾。藻细胞在无节幼体阶段进行接种，当其变态发育至原蚤状幼体就可摄食到藻细胞。最常用的藻种为 *Tetraselmis chui*、*Chaetoceros gracilis* 和 *Skeletonema costatum*。在糠虾阶段，幼体的摄食喜好从以草食性为主转变到肉食性为主，因此减少了对藻的需求量。然而，培养水体中需要保持一定的藻细胞背景水平，以稳定水质。这种所谓的“半池法”，即藻种和幼体培养于相同的水体，最早开创于日本，用于日本对虾的养殖。

（3）海水鱼。在海水鱼的培育中，除了需要微藻进行饵料生物如轮虫的培育外，育苗池中还直接需要微藻。微藻在这里不仅能提供饵料，而且起到净化水质，提供溶解氧等作用，这种绿色技术是许多海水鱼苗种培育中普遍采用的方法。斜带花石斑鱼 *Sparus aurata* 每天投喂 50 000 cells/mL 的球等鞭金藻和 400 000 cells/mL 的小球藻；遮目鱼 *Chanos chanos* 从受精卵孵化到第 21 天投喂 500 ~ 3 500 cells/mL 的小球藻；马海鱼 *Coryphaena hippurus* 投喂 200 000 cells/mL 的纤细角毛藻、四爿藻或小球藻；大比目鱼 *Hippoglossus hippoglossus* 和虹鳟 *Scophthalmus maximus* 投喂 60 000 cells/mL 的四爿藻或 130 000 cells/mL 的球等鞭金藻。

（二）利用微藻生产虾青素

虾青素是一种近年来才走入应用研发领域的高价值生物活性物质，具有强大的抗氧化活性，比其他的类胡萝卜素高 10 倍，比维生素 E 高 550 倍，被称为“超级维生素 E”。目前，虾青素已广泛应用于水产养殖中，在增加养殖对象着色，提高存活率、促进生长、繁殖、发育等方面具有显著作用。目前，在天然虾青素的生物来源中，雨生红球藻 *Haematococcus pluvial* 中的虾青素含量最高，所含虾青素的结构形式亦与养殖对象所需一致，所以被公认为自然界中生产虾青素最好的生物来源。

根据雨生红球藻分批培养的结果，虾青素的增长速率在不同生长阶段是不一样的，生长后期虾青素的增长速率明显大于生长早期。

虾青素的积累和藻细胞的生长往往呈相反趋势：即当条件适宜藻细胞生长时，虾青素的合成速率通常较低，虾青素的快速积累发生在不利于藻细胞生长的环境条件下。因此利用雨生红球藻生产虾青素的关键在于：既能提高藻的生物量，又能促进虾青素的快速合成。大规模培养雨生红球藻生产虾青素通常采用两步法，首先利用雨生红球藻最优生长条件促使藻细胞生物量增加，通常利用有机碳（如葡萄糖和醋酸盐等）进行兼养和异养培养来提高藻细胞生物量。然后诱导虾青素的快速合成，虾青素积累的诱导条件包括高光照、高温、营养盐（氮、磷）饥饿、盐胁迫、细胞分裂抑制剂、氧化压力（活性氧、自由基和溶解氧等）、黑暗（极少数）以及两种或两种以上诱导条件的联合作用，如高温和盐胁迫、高光照和氮饥饿等。通常，氮源限制和高光照是生产虾青素的有效方法。由于虾青素在快速生长和分裂的雨生红球藻细胞中也能快速积累虾青素。有学者提出在高光照连续培养条件下采用一步法也可以作为生产虾青素的手段。还有学者比较了高光照条件下自养和异养培养雨生红球藻的虾青素产量，自养条件下最高虾青素含量为 77.2 mg/g，比异养生长高出3.4倍。因此关于虾青素生产条件和控制手段还有待于进一步研究。

（三）利用微藻处理污水

由于在生长过程具有吸收氮磷、富集重金属的特点，因此微藻可以作为一种污水处理的材料。处于自由活动状态的微藻不易控制并且随水流动，因此微藻在污水处理过程中多采用固定化的方式。

早在20世纪60年代就已提出了利用微藻进行污水处理的概念，直到20世纪80年代末固定化微藻处理污水的概念正式出现才标志着微藻污水处理向着商业化迈进。固定化微藻利用一些有孔多聚体材料将微藻固定在其中并保持活力，这些有孔多聚体材料的孔径小于微藻细胞，污水流经这些小孔与微藻接触，水中的污染物被微藻吸收，而微藻不能随着处理后的污水一起流动，从而实现污水处理与微藻生长的隔离。

固定化微藻具有下列优点：①处理污水的同时浓缩了大量微藻生物量作为副产物，可以用于生产生物燃料等；②污水在处理前不必经过过滤，节省了成本；③对污水中的有毒化合物具有较高的抗性；④可以固定多种微生物与微藻一起发挥作用。

微藻的固定化材料可分为人工合成材料和天然材料，人工合成材料有丙烯酰胺、聚氨酯、聚乙烯化合物和树脂等，天然材料有海藻多糖（褐藻酸盐、角叉菜胶、琼脂和琼脂糖）、壳聚糖、由几丁质衍生的氨基多糖等。这些材料均具有亲水性，允许污水在其中扩散。天然材料的应用较多，具有成本低、扩散性好并且生产过程无二次污染等优点，但其稳定性比人工合成材料差，易受高浓度污水和微生物的腐蚀。

微藻固定化处理的过程一般如图6－2所示：将多聚体的单体溶液与藻液混合；然后通过一定的物理或化学处理将混合物固化以形成各种形状的多聚体凝胶。以制作固定化褐藻酸钠小球为例，取一定量的藻液与褐藻酸钠溶液混合，然后通过恒流泵将混合物通过软管泵入一个注射器针头，控制流速，使混合物一滴一滴地滴下，下面放置1个盛有氯化钙溶液的容器接收，混合物液滴在进入氯化钙溶液的一瞬间即可固化成小球。该反应过程主要利用了褐藻酸单体与二价钙离子交联形成多聚复合体，增加褐藻酸钠浓度可进一步增强小球的机械强度，但同时相应减小了多聚复合体孔径。

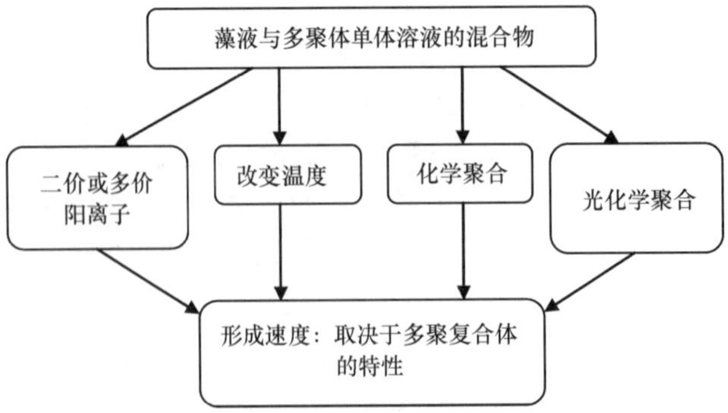

图6－2 微藻固定化过程示意图

固定化微藻主要可以去除污水中的污染物如下。

1. 氮磷

氮和磷是微藻生长过程所必需的两种大量元素，污水中的氮不论是硝态氮还是铵态氮均可以被微藻吸收利用，一般来说，当二者共同存在时，微藻优先利用铵态氮；磷主要以无机磷的形式被微藻吸收利用，但磷的吸收利用效率要远低于氮，这与氮磷在微藻细胞内的相对比例不同有关。有研究表明，自由小球藻细胞对污水中氮的去除率可达到90%以上，磷的去除率仅有50%左右，而固定化小球藻对氮磷的去除率均可达到90%以上，主要原因在于固定化材料也参与了对磷的吸收。

2. 重金属

固定化微藻对于重金属的去除主要利用了固定化材料和微藻细胞表面积大，吸附能力强的特点，这些吸附的重金属经酸处理后还能进行回收。一般而言，微藻细胞可吸收一些必需的金属元素作为酶的辅助因子。过多高浓度的重金属对细胞是有害的，然而一些微藻可以吸收大量重金属储存在不同的细胞质结构中而不会受到毒害，如一株小球藻可在富镉污水中生长，并可去除65%的镉；栅藻具有去除铀、铜、镉和锌等的能力。据报道，微藻可以去除的重金属种类包括：镉、铬、钴、铜、金、铅、汞、镍、铀、锌等。

3. 工业污染物

微藻可以吸收和降解的工业污染物包括杀虫剂（如三丁基锡），碳氢化合物（如多环芳烃）、表面活性剂（如烷基苯磺酸）等。

（四）利用微藻生产燃油

进入21世纪以来，随着化石能源持续快速的消耗，能源危机已经是人类发展必须面对的问题。各种新式能源迅速得以发展，其中生物质能作为重要的可再生能源，在原有技术基础上日趋成熟，生物乙醇和生物柴油等已经可以替代部分的化石能源。微藻仅仅利用光、二氧化碳和水就可以快速生长，是一种理想的生物质能原料。早在1978年，卡特总统设立了“水生生物物种计划”，评估从藻类中提取洁净生物燃料作为汽油替代品的可能性，该项目花费2 500万美元后未能实现产业化而停止。1998年7月美国可再生能源实验室的研究人员向美国能源部提交了一份长达328页的工作报告，详述了“水生生物物种计划”所取得的成果和从微藻提取生物柴油的可能性。此后直到2006年，石油价格大幅上扬，美国等发达国家相继重新开启了微藻生物柴油产业化技术的研究，时至今日，微藻生物柴油的研究仍然处于实验室阶段，尚未有低成本规模化生产的报道。

微藻生长在水中，可以在滩涂和荒漠环境中培养，不与粮食争地；细胞微小，光合效率高，生长周期短；生物量富含油脂，在一定条件下诱导可获得极高产量的油脂；单位面积油脂产量远高于高等植物（保守估计微藻每公顷每年可产30 000 ~ 50 000 L油脂，而高等植物如油棕榈或麻风树每公顷每年的油脂产量在1 300 ~ 2 400L）。在理想条件下估计，微藻生物燃料的成本为50美元/桶，远低于目前的原油价格90美元/桶。然而由于生物量收获和燃料提炼的成本仍然较高，微藻生物燃料距离产业化仍然有较长的路要走。

微藻生物燃料的生产流程大致可分为以下几个部分：培养方式的选择；藻种的选择；环境条件优化；收获与脱水；油脂提炼与加工；副产物加工与利用（图6－3）。

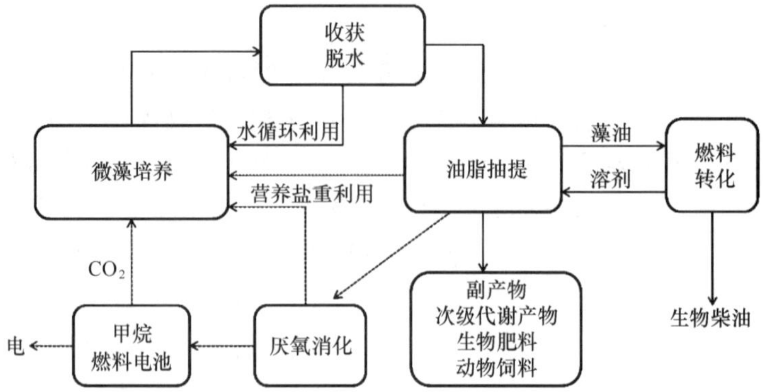

图 6－3 微藻生物燃料的生产流程示意图

1. 培养方式

微藻的培养方式可分为农业培养方式和工业培养方式。农业培养方式以开放池培养为主，主要利用太阳光、大气二氧化碳以及人工添加营养盐进行生产，优点是投入少、成本低，缺点是生长过程不易控制，产量低。工业培养方式以光生物反应器为主，主要利用人工光源和（或）太阳光，充气或搅拌，人工添加营养盐，或辅以有机碳源（葡萄糖）进行发酵培养，优点是生长条件易于控制、生长效率极高、产量高，缺点是能量投入高、成本高。在同等条件下估算，人工光源反应器，自然光源反应器和开放池培养方式的产量分别为 244 668 kg/hm^2，8 262 kg/hm^2 和 4 957 kg/hm^2，然而如果以每千克生物量的成本计算，与上述相反，开放池的成本在 3 美元/kg，而自然光源反应器和人工光源反应器成本分别为 15 美元/kg 和 24 美元/kg。因此，培养方式对于生物量产量和成本具有至关重要的影响，实际生产过程要因地制宜和统筹考虑。

2. 藻种

微藻藻种对于生物燃料生产具有决定性的作用，不同藻种的生长速度、细胞浓度、油脂含量和抗污染能力差别极大，因此选择理想的藻种或对现有藻种进行遗传改造和选育具有重要意义。在农业生产方式中应选择能够耐受一定温度、盐度、光照和微生物的藻种；在工业生产方式中应选择生长快速、细胞密度高、耐受微生物的藻种。在有明显季节交替的地区，温度是影响微藻产量的重要因素，在不同季节选择最适温度不同的藻种进行轮替培养，有利于减少温度带来的不利影响，例如 *Nannochloropsis* 适宜在 25℃ 生长，*Nannochloris* 适宜在 30℃ 生长，而 *Chlorella vulgaris* 适宜在 10℃ 生长（Bae and Hur，2011）。

3. 收获与脱水

收获特别是脱水环节是微藻生物燃料的主要成本之一，也是阻碍微藻商业化生产的主要技术难题之一。需要指出的是，目前针对收获成本过高的问题，已开展了直接从湿藻液中提取油脂的研究，可以处理含水量 80% 的微藻生物量。

4. 油脂提炼与加工

油脂是生产生物燃料的主要原料，但油脂的成分复杂，且许多与蛋白和多糖等结合在一起，为分离过程增加了难度。其中能够直接转化为生物柴油的部分为脂肪酸，而脂肪酸与磷酸和甘油等骨架结合成磷脂和甘油酯等，因此油脂提取的第一步即在酸或碱条件下将酯键水解，利用甲醇和乙醇等小分子与脂肪酸进行转酯化形成脂肪酸甲酯或乙酯等，这些提取出来的脂肪酸甲酯或乙酯混合物经蒸馏等步骤后即可作为生物柴油使用。

为了减少成本，目前油脂提取技术主要向着从湿藻液直接原位转酯化提取方向发展，然而转酯化反应与水解反应是一对可逆反应，大量水的存在会严重抑制转酯化反应，因此如何创造反应条件或添加特殊的催化剂促进转酯化反应的进行是这一过程要解决的主要问题。创造反应条件主要是将脂肪水解与转酯化反应分别进行或将转酯化反应尽量与水隔离开来，常用的方法有阴离子交换树脂法、原位脂水解与超临界转酯化法。阴离子交换树脂法是将藻液直接经过阴离子交换树脂，藻细胞可以被树脂吸附，再使用硫酸/甲醇溶液进行冲洗，藻细胞被冲洗下来后细胞内的脂肪就可以在无水条件下完成转酯化，从而进一步抽提获得脂肪酸甲酯；原位脂水解与超临界转酯化法是首先将藻液与亚临界水反应，水解胞内脂肪，释放游离脂肪酸，然后将包含游离脂肪酸的混合物在超临界条件下与乙醇进行转酯化反应，从而获得脂肪酸乙酯。催化剂对于转酯化过程至关重要，传统的碱催化剂有甲醇钠、甲醇钾、NaOH 甲醇溶液、KOH 甲醇溶液等，酸催化剂有硫酸、盐酸、三氯乙酸、三氟化硼等，各种催化剂的催化效率不同，一般来说，酸性催化剂的效率要高于碱性催化剂，且能耐受较高的水分含量，二者协同使用的效果要好于单一使用一种催化剂，一些新型催化剂如甘油醇盐不与底物（甲醇或乙醇）反应生成水，因此进一步提高了催化效率。

5. 副产物的加工与利用

油脂抽提后的微藻生物量含有多糖、蛋白和维生素等丰富的营养物质，可以从中提取具有药用价值的化合物，或作为生物有机肥料和动物饲料等。也可进一步进行厌氧发酵获得生物燃气，由于微藻生物质含油率通常在30%左右，提油后剩余的大量藻渣仍含有大量能量，通过厌氧发酵制取生物燃气途径不仅可以解决微藻培养以及制备生物柴油过程中的能耗，同时还可生产生物燃气能源，对于促进微藻生物质能产业可持续发展和降低生物柴油成本起到了巨大作用。

二、微藻的商业化培养技术

生产微藻的成本一般比种植物农作物高。光合生长需要光、二氧化碳、水和无机盐。通常温度必须维持在 20～30℃范围内。生长介质必须为藻细胞的组成提供无机营养元素。海洋微藻的培养一般加商业用硝酸盐和几种微量营养元素的海水。生长介质通常不是很昂贵。微藻生物质含碳量约50%（干物质），所有这些碳来源于二氧化碳，100 t 微藻生物量的生产需要固定 183 t 的二氧化碳。在白天光照时间，二氧化碳必须根据 pH 传感器信号不断地供应，以使二氧化碳损失和 pH 值浮动最小。可以利用发电厂燃烧石油时排放的二氧化碳，这样获得的二氧化碳成本几乎为零。

大规模生产微藻生物质通常在白天进行连续培养。用这种方法，新鲜培养基以一定频率不断添加，而同样量的藻液不断地取出。到晚上停止供料，但必须要不断搅拌藻液以防止藻体下沉。由于夜间的呼吸作用，白天所产生的生物质的25%将被消耗，损失的程度依赖于生物质生长时的光照、生长温度和夜温。

（一）开放式培养

典型的开放式培养是选用跑道式（ Raceway ponds）的浅池，由2～10 m宽、0.15～0.3 m深的闭合的循环流通渠组成（图6－4），通过叶轮进行物料混合和循环，水流通过折流板来引导弯曲。白天，从叶轮前面连续加入培养基，在叶轮后面收获培养液，从而完成循环。叶轮一直运行以防止沉淀。管道用混凝土或紧实泥土做成。每个单元面积约几百到几千平方米。

利用跑道池大规模培养微藻始于20世纪50年代，后来在操作和工程方面进行了广泛的实践。最大跑道池式的规模培养生产设备占地440 000 m^2。设备属于Earthrise Nutritionals，用来生产食品用蓝藻。

在跑道池中，蒸发是温度的下降的主要原因。温度存在日变化和季节变化。水以及二氧化碳的利用率低于光生物反应器。跑道池生物质生产产量还易受到污染和敌害生物的影响。因为在跑道池中搅拌较弱，光照不均匀，生物质的浓度也较低。

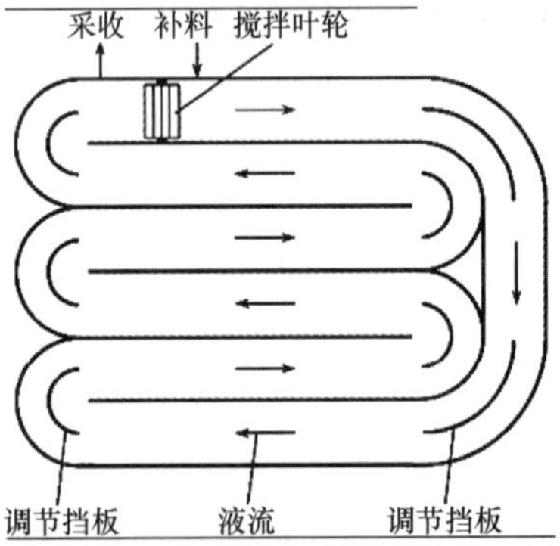

图6－4 跑道池俯视图

（二）光生物反应器（Photobioreactors）

与开放的跑道池培养相比，光生物反应器可以更长时间地维持微藻的单藻种状态。光生物反应器已成功地应用于微藻大规模培养。

管道光生物反应器由一批透明（通常由塑料或玻璃制成）直管组成。这个管状排列是接受光照部位（图6－5）。太阳光的收集管直径一般为0.1 m或更小。因为在高密度藻液中，光不能透过太深，因而管直径有一定限度以确保光生物反应器的高生物产量。微藻藻液从一个蓄水池（图6－5）中开始循环，流入光培养管，然后再返回蓄水池。

最大限度地捕获光能是光收集器安装所要考虑的主要问题。典型的安装方式是将太阳光管彼此平行地平放在地上（图6－5）。水平、平行的直管有时也安装成栅栏状（图6－6），以便在有限空间增加管的数量。管一般南北向放置。为增加光反射，光收集管下的地面常涂成白色或覆盖白色塑料板，反照率的增加可以增加管接收光的量。

管中藻液必须保持一定流速，以防止藻体在管中沉降。藻液流动由机械泵或更为缓和

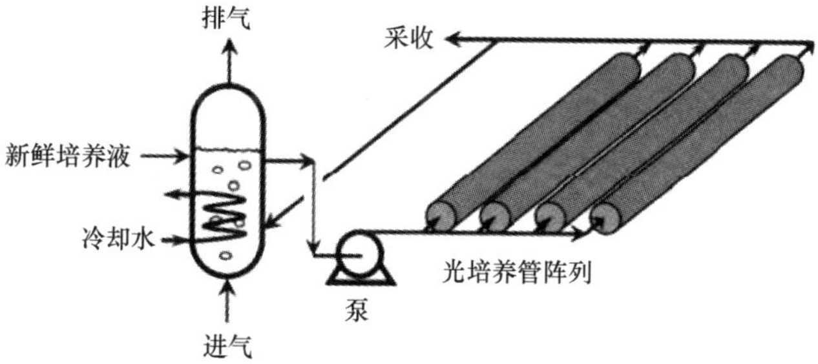

图 6－5　管道光生物反应器

（Molina Grima et al.，1999；Súnchez Mirón et al.，1999）

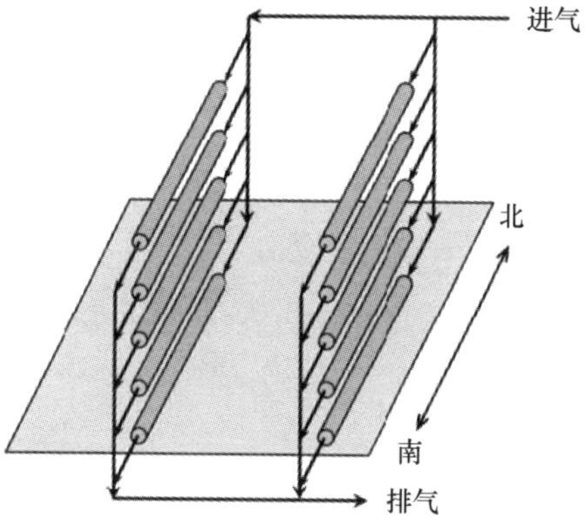

图 6－6　栅栏式光生物反应器

的气升式泵产生。机械泵对生物体有破坏作用，但易设计、安装和操作。气升式泵的应用已相当成功。

光合作用会产生氧气。如果培养基中溶解氧的量比空气饱和氧的量高许多，光合作用将会受到抑制。此外，环境中高浓度溶解氧与强光照结合会导致光氧化，从而破坏藻细胞。为防止光抑制和破坏作用，溶解氧最大量一般不能超过空气饱和点的 400%。在光生物反应器管中，氧气不被排除，因而管的最大连续长度有一定限度。可通过藻液回流到储蓄池中来排除藻液中过多的氧气。

当藻液沿光生物反应器管中流动时，由于二氧化碳的消耗，pH 值增加，要根据 pH 值在储蓄池中补加二氧化碳。

另外，光生物反应器需要在白天降温，晚上的控温也是必要的。

（三）培养池与光生物反应器的比较

以自然光照作为能量来源的微藻培养，可以利用开放或覆盖的培养池，也可在封闭式光生物反应器中进行。

与光生物反应器相比，培养池建造和运行费用低，是低成本的。但其生物质产量也比光生物反应器低。发表于 1988 年的研究报告“A Look Back at the U. S. Department of Energy’s Aquatic Species Program：Biodiesel from Algae”被认为是第一份、也是迄今为止影响最大的有关微藻生物柴油的研究报告，其作者 John R. Benemann 博士在 2008 年的一份报告中提出，以生产生物柴油为目的的微藻规模培养，培养池比光反应器的可行性更强。

与培养池相比，封闭系统的光生物反应器的成本要高许多。而且由于气体交换及其他限制条件，不易进行超过 100 平方米的大规模培养。大规模的生物燃油的生产需要上百公顷（上百万平方米）培养面积规模，如果用光生物反应器生产，需要配制好上万个反应器，需要大量资金和运行成本。开放池，尤其是复合的跑道池建造和运行起来更加便宜，并且每个池的规模可以达到几公顷，是规模化微藻培养的可行途径。然而，开放池也有几方面的限制，一是较易受到杂藻、食藻动物、真菌和变形虫等生物入侵，从而导致生物质产量降低甚至培养失败；二是易受环境影响；三是还缺少大型的微藻池培养池的水动力学（如散射和质量转换系数）研究。二者的比较见表 6－3。

表 6－3　微藻开放式大规模培养与封闭式大规模培养比较

	封闭系统	开放系统
污染控制	易	难
藻液收获方式	连续培养	批次或半连续培养
面积与体积比	高（20～200 m^{-1}）	低（5～10 m^{-1}）
培养密度	高	低
培养过程控制	易	难
投资	高	低
运行成本	高	低
规模化	难	易
光能利用效率	非常高	差

目前 98% 的微藻商业化培养是用开放池，即使是卖价高过生物燃料所能接受的价格的 100 倍甚至 1000 倍的高附加值的营养产品也是用开放池生产。研究者们对小规模的封闭式光生物反应器培养微藻进行了大量的研究，发表了上百份研究报告，而关于微藻商业化生产的设计、运行、产量和其他重要方面的信息却非常少，这可能就使人们认为光生物反应器是个更好、更有前景的生产系统。

三、微藻采收

微藻在饲料、保健品、制药及燃料等工业领域有着广泛的应用，然而，由于个体微小，且多数在培养液中的浓度很低（小于 1 g/L），需要去除大量的水分才能得到很少的生物量，因此采收难度很大。微藻采收一直是规模化生产的瓶颈，其成本占其生产成本（包括培养和采收）的 20%～30%，高效率、低成本的采收方法对于微藻的商业化生产具有非常重要的意义。

（一）微藻藻液的特性

微藻细胞微小（直径 3～30 μm，长 5～300 μm），表面多带负电荷，因此在培养液中悬浮，形成均匀而稳定的分散体系。微藻藻液的浓度一般都很低，在开放培养系统中，其密度一般低于 1 g/L，即使在高效的封闭式生物反应器中其生物量也仅能达到约 30 g/L，这些特性对于微藻的采收极为不利。

（二）微藻藻液的分级采收

微藻藻液特性决定了传统的固液分离方法如过滤、自然沉降和离心等不能用于直接采收微藻生物量：个体微小及其胞外分泌物易导致滤膜堵塞；稳定的分散悬浮体系不能自然沉降；藻液中大量的水分需要消耗大量的离心动力，导致成本骤升。因此，微藻的采收通常采取分级采收的方式，首先通过一级采收去除大部分的水分来富集生物量，接着再进行二级采收脱除剩余的水分获得终产物。

1. 一级采收

藻液的一级采收通常利用物理或化学方法使藻细胞的表面性质或藻液的化学环境发生变化从而使藻细胞发生絮凝。一级采收按照处理方法的不同可分为化学絮凝采收，物理絮凝采收和联合絮凝采收。

化学絮凝是利用化学物质使藻细胞表面性质发生变化而絮凝，常用的化学物质有氧化剂、金属盐和高分子聚合物等。向藻液中加入强氧化剂如臭氧、次氯酸和高锰酸等，从而抑制藻细胞内部的酶，氧化细胞表面的胞外产物或诱导藻细胞分泌有助于絮凝的物质，使藻细胞发生絮凝而沉淀，但强氧化剂通常会导致藻细胞死亡，内部成分受到破坏，并且易产生对人体有害的副产物，因此只能用于工业上生产燃料。金属离子如 Al^{3+}，Fe^{3+}，Ca^{2+}，Mg^{2+} 等游离阳离子能通过与表面带负电荷的微藻细胞发生吸附电中和形成聚集体，在碱性条件（如海水藻液）下，这些金属盐还可形成氢氧化物等难溶物质进一步促进微藻的絮凝沉降；此外，Al^{3+}，Fe^{3+} 等金属盐还能形成［$Al(OH)_3$］n，［$Fe(OH)_3$］n 等形式的聚合体网捕藻细胞促进絮凝沉淀。铝和铁系金属盐成本低、操作简易、对藻细胞无毒害作用，是生产上最为常用的两类絮凝剂。高分子聚合物如壳聚糖、聚合铝盐、聚合铁盐、聚合铝铁盐等，可以通过吸附架桥作用网捕微藻从而发生絮凝，其中壳聚糖是一种效率较高的絮凝剂，由于带有游离氨基，在酸性条件下可电离为阳离子，不仅可以与带负电的藻细胞发生电吸附，而且自身桥联也可网捕藻细胞。

物理絮凝通常利用超声波、电场和电解作用使藻细胞发生絮凝。超声波可以通过破坏藻细胞的微囊泡来促进微藻的絮凝沉降，超声波的强度和处理时间对回收率均有影响，而超声波频率对絮凝的影响不显著；电场絮凝是利用外加电场破坏微藻细胞之间的电容平衡，使藻细胞在载体表面聚集并形成大的絮块，直流电场或交流电场均可使用；电解絮凝则是利用金属电极和氢电极电解生成金属离子和氢气微泡，金属离子使微藻絮凝，氢气微泡则附着于絮凝体使其上浮，从而实现微藻的浮选。

联合絮凝是指利用将物理和化学方法结合进行藻液的絮凝。常用的方法有泡沫分离法和气浮法。泡沫分离法是加入一种疏水性的表面活性剂与微藻细胞相结合，使之吸附在人工产生的气泡上，并随气泡上升至液面以上，形成泡沫层，再将泡沫层与液体分离，从而实现微藻生物量的富集，如利用甲基化卵清蛋白为表面活性剂回收蓝绿藻，回收率可达 85%；气浮法是先向藻液中加入絮凝剂，使悬浮的藻细胞产生絮凝，然后利用气浮装置从底部放出大量微细气泡，这些微细气泡在上浮过程中吸附到絮凝体上，絮凝体的总体密度随之减小，而和气泡一起上浮到液体表面，再由刮板刮入贮槽而达到富集采收微藻的目的。气浮法和泡沫分离法区别是：气浮法是利用大量极其微小（小于0.1 mm）的气泡附着于较大颗粒的絮凝体上，使其密度变低而上浮，而泡沫分离法则是小颗粒的絮凝体附着于较大的气泡（大于1 mm）而上浮，气浮法的颗粒上浮速率要低于泡沫分离法。

2. 二级采收

经过一级采收后富集获得的微藻生物量尚含有较多的水分，二级采收是对一级采收后的微藻进一步脱水获得藻泥或藻粉等商业化产品的过程。常用的二级采收方法有过滤法、离心法和喷雾干燥法。

过滤法是一种常用的固液分离方法，微藻细胞的大小决定了过滤效率，细胞较大（较长）或以群体形式存在的微藻不易堵塞滤膜的孔，而个体较小的微藻却会令滤膜在很短的时间内失效。另外，培养液的盐颗粒、细胞代谢产生的大分子有机物、凋亡细胞碎片等也会导致膜的堵塞。超滤、错流过滤等衍生技术也常用于微藻的采收。膜过滤技术成本高、效率低，一般只能用于小规模的微藻采收。

离心法是目前应用最为广泛的微藻生物质采收法，大部分微藻都可采用离心法采收。微藻生物量的采收率与微藻的沉降特性、藻液的停留时间及沉降的深度有关，离心分离效率较高，但成本也高，到目前为止仍是商业化生产微藻最广泛使用的一种采收方法。

喷雾干燥法是系统化技术应用于微藻采收的一种方法。在干燥室中将藻液经雾化后，在与热空气的接触中，水分迅速汽化，即得到干燥产品。喷雾干燥具有传热快、水分蒸发迅速、干燥时间短的特点，且所得藻粉的质量好，对营养成分破坏少。进料浓度、进风温度和进料速度是影响喷雾干燥的三个主要因素，进料浓度越大，单位时间内要被雾化器雾化为小液滴的物料就越多，因此进料浓度越大，干燥效率就越低；进风温度越高，单位时间内提供给雾滴的热量就增多，因此进风温度的升高，藻粉得率上升，但较高的进风温度易破坏叶绿素、类胡萝卜素等营养成分；进料速度增大，藻粉的含水量上升，因此藻粉得率降低。

第七章　大型海藻栽培技术

第一节　海藻栽培业现状与发展前景

一、海藻的应用价值

经济藻类是海洋农业的支柱之一。据 FAO 统计，2006 年全球水生植物总量为 $1\ 510 \times 10^4$ t，其中 93% 来自于栽培业，集中在亚洲地区，中国约 $1\ 090 \times 10^4$ t，占全球总量的 72%。近年来，中国栽培海藻产值一直位居全球首位，日本次之。

海藻具有很高的经济价值，不但可供食用，还是化学工业、药品工业、海藻胶工业和新型生物能源的原料。从海藻中提取的碘和褐藻胶被广泛应用于医药卫生业、食品工业及纺织工业；从石花菜、江蓠等红藻中提取的琼胶被用于细菌培养基，对医药卫生服务业和生物科研事业有着重要的贡献；从麒麟菜、角叉菜等红藻中提取的卡拉胶也是食品工业和化妆品工业的原料之一；另外，海藻里的很多生化活性物质被认为具有抗氧化、抗癌、增强免疫力、促进植物生长等作用，如从褐藻里提出的多糖 Fucan、岩藻黄素，红藻里提取的藻胆蛋白等。一些微藻可快速增殖积累油脂，可望成为新型生物能源的原料；大型海藻巨藻可产甲烷，20 世界 30 年代就被美国利用，美国加利福尼亚州的一个巨藻场，一年可合成天然气约达 6.3×10^8 L。

二、我国海藻栽培业发展历史

我国是世界上最早开发利用并人工栽培海藻的国家之一，经历了四个发展阶段，由最初利用野生海藻食用、药用，到利用自然苗进行增殖，到半人工采苗栽培，最后实现全人工采苗栽培。人们有意识地增殖海藻可追溯到 1 000 年以前，中国福建沿海渔民在经过清扫的岩礁上洒石灰水以增殖海萝。洒石灰水的目的是去除岩礁上的附着生物，为海藻孢子的附着和生长提供干净的自然基质。约在 16—17 世纪，福建省平潭县开始形成专门清理岩礁增殖紫菜的作业方式，随后在福建南部沿海诸岛传播开来。岩礁清理方法也从人工铲除、火烤，发展到适时（即自然海区紫菜“种子”大量出现之前）洒石灰水清除方式，这在一定程度上赢得了稳定的生产量。这种较原始的紫菜栽培方式被称为“菜坛式养殖法”，这种生产紫菜的岩礁被称为“紫菜坛”（其紫菜种类即为后来所定名的 *Pyropia haitanensis*，坛紫菜）。在现代紫菜栽培方式发展起来以前，我国一直采用“菜坛式养殖法”，即便到现在，浙江、福建等野生紫菜繁盛的沿海，其居民仍保留有采收利用野生“紫菜坛”的习惯。

现代海藻栽培业起始于20世纪50年代，在紫菜生活史全过程被揭示以后，紫菜人工育苗开始兴起，为紫菜大规模栽培奠定了基础，并对其他海藻的人工育苗起了引导作用。与此同时，我国创立了海带夏苗培育技术和筏式栽培技术，实现了海带的全人工栽培。并通过海带南移栽培试验，实现了海带由发源地辽宁向福建的人工迁移，海带栽培产业得到迅猛的发展，成为我国早期海洋农业发展的里程碑。海带筏式栽培技术被广为推广，为裙带菜、江蓠（龙须菜）、细基江蓠繁枝变种、羊栖菜、红毛菜、鼠尾藻、卡帕藻（琼枝、异枝卡帕藻、长心卡帕藻）等10余种大型海藻的人工栽培所采用，成为海藻主要栽培模式。此外，海带南移栽培成功也为其他种类如龙须菜和条斑紫菜的南移栽培提供了思路。攻克苗种繁育和海上栽培关键技术后，我国海藻研究人员又致力于海藻优良品种/系的培育工作，海带、条斑紫菜、坛紫菜、裙带菜良种繁育技术得到了进一步提升，培育出了“东方3号”海带、“2007”龙须菜、“申福1号”坛紫菜、“爱伦湾”海带、“黄官1号”海带、“苏通”条斑紫菜、“海宝1号”裙带菜等一批海藻新品种。且随着我国海藻化工业规模的不断扩大，琼胶、卡拉胶生产对原料藻的需求不断增长，促进了龙须菜、卡帕藻栽培业的快速发展；随着苗种繁育技术的不断突破，羊栖菜、鼠尾藻、红毛菜等栽培种类已逐渐形成规模化生产；随着对新物种营养价值认识的加深，长茎葡萄蕨藻（俗称海葡萄）、掌状红皮藻、萱藻、鹿角菜、海萝等越来越多新兴种类将被开发利用。

目前，中国海藻栽培产量和规模均位居世界首位。辽宁、山东、江苏、浙江、福建、广东等沿海是主要栽培产区。据统计，2006年全国藻类栽培产量150.3万吨（干重），占我国海水养殖总量10%；栽培面积9.4万公顷，出口量6.2万吨，出口额1.7亿美元。海带、紫菜、裙带菜、江蓠和羊栖菜是主要出口物种。

三、我国海藻栽培业发展现状

我国是国际上开展大型海藻栽培工作较早的国家，也是取得成果最为丰富的国家之一。我国海藻栽培产业一直呈稳步发展趋势，栽培规模和产量自1996年至2006年达到高峰，随后有小幅下降，近几年来又出现明显回升，栽培规模总量在10万公顷左右，总产量150万吨左右（图7－1，图7－2）。目前，我国已形成了辽宁、山东、江苏、浙江、福建、广东、海南沿海连线的经济海洋藻类产业带，海带、紫菜、裙带菜、江蓠、麒麟菜等主要栽培种类的大面积全人工栽培，形成了一个包括良种繁育、栽培、食品加工、藻类化工和生物制品开发的综合型海藻产业。2010年我国大型海藻栽培产量154.13万吨（干重），占我国海水养殖总量10.4%，栽培面积12.02万公顷，占全国海水养殖面积5.78%，年产值近400亿元，在解决近100万人员就业问题的同时，对于保持近海养殖生态平衡等方面也发挥了重要的环境效益。栽培海藻种类一直以海带栽培规模最大、产量最高，占我国海藻总产量的60%以上。但近5年来，紫菜的栽培规模不断扩大，并超越海带，成为栽培面积最大的经济海藻种类，栽培面积占栽培海藻总面积的50%左右（图7－3，图7－4），但是海带的产量仍然占据整个海藻产业的一半以上。

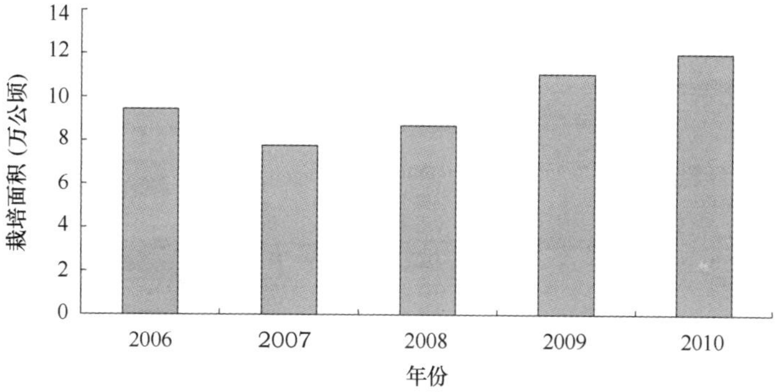

图 7－1　2006—2010 年中国海藻栽培规模（许璞等，2013）

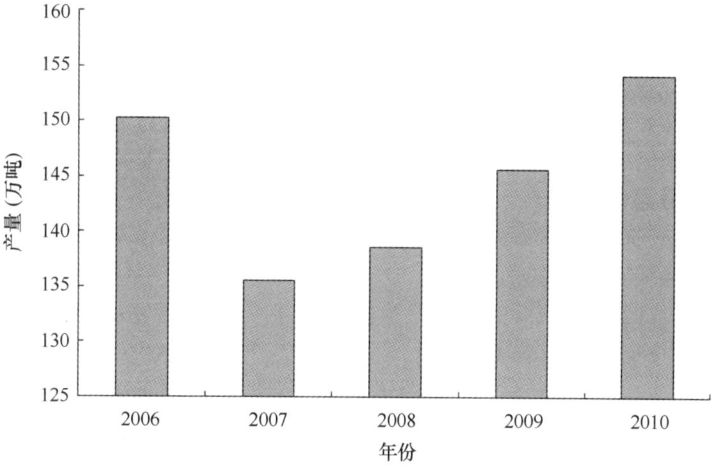

图 7－2　2006—2010 年中国海藻栽培产量（许璞等，2013）

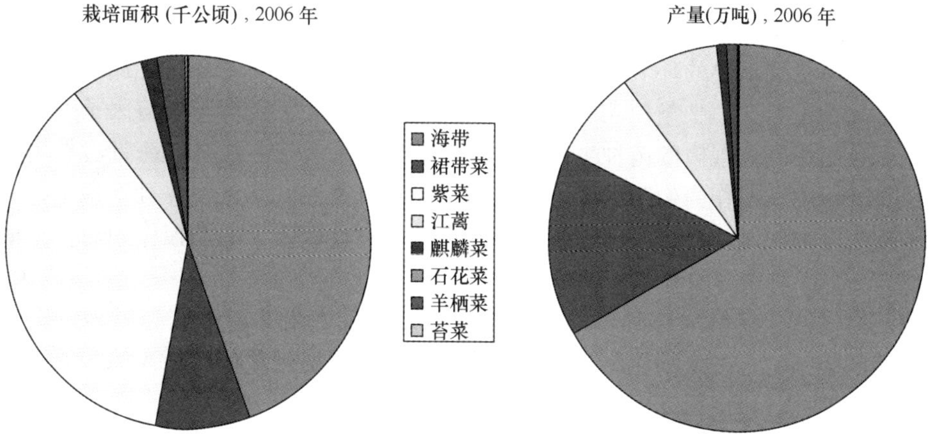

图 7－3　2006 年度中国主要经济海藻栽培面积与产量分布（许璞等，2013）

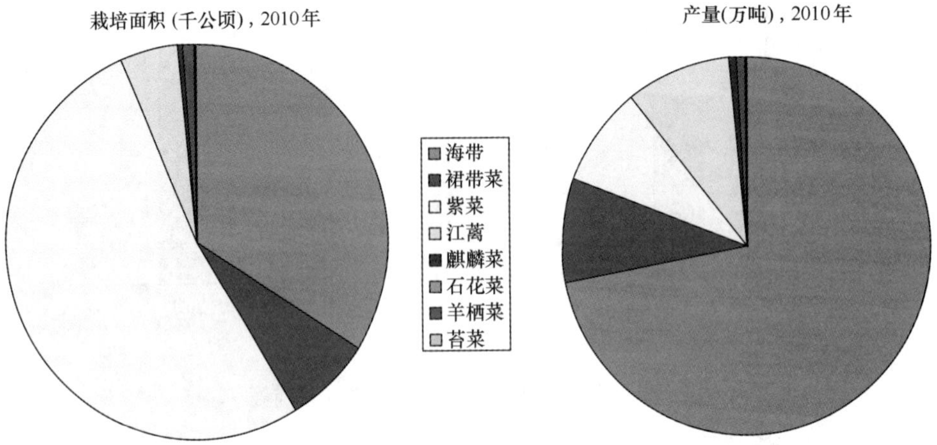

图7－4　2010年度中国主要经济海藻栽培面积与产量分布（许璞等，2013）

第二节　海藻栽培原理与栽培技术

人工育苗、筏式栽培技术的突破，南移栽培理念的渗入以及遗传育种工作的展开，是海藻栽培业不断发展的几个关键。

每一种海藻的栽培利用都是以充分掌握其生活史、繁殖和发育特征为基础的。如紫菜的丝状体阶段曾被认为是另一种海藻 *Conchocelis rosea*，直到1949年英国藻类学家Drew发现脐形紫菜 *P. umbilicalis* 的果孢子萌发钻入贝壳生长，首次将紫菜的叶状体与丝状体两个世代联系起来。随后，日本藻类学家黑木宗尚（1953）和我国藻类学家曾呈奎、张德瑞（1954）分别发表了以甘紫菜 *P. tenera* 为代表的紫菜生活史研究结果，证实了丝状体的存在以及丝状体发育成熟形成孢子囊，从中释放出另外一种孢子“壳孢子”（conchospore），这种孢子萌发长成紫菜的叶状体，也就是人们多年来寻找的紫菜“种子”。至此，紫菜属的生活史为人们所了解，紫菜的人工栽培业在此基础上建立和发展起来。

苗种供应是至关重要的环节。海藻的生长发育受环境因子（光强、光周期、温度、营养盐等）的影响非常大。要解决苗种问题，必须把握海藻生长发育与环境因子的关系，并能将人工调控运用到大规模的苗种生产中。如，早期海带栽培主要利用海带自然生长周期的特点，野外采集秋苗作为生产性苗种，其缺点在于：苗种供应量小并且不稳定，使得海带的栽培规模受到限制。在了解海带的繁殖发育过程中环境因子的调控作用后，采取自然光低温育苗技术，在夏季高温期采集种海带上的“种子”游孢子，在室内通过人工控温、控光手段培育幼苗，使海带苗种供应得到保障，是海带栽培业得以快速发展的关键。同理，在紫菜的栽培生产中，利用贝壳培育丝状体苗种阶段也是严格实施光照、温度、营养盐等的调控，使苗种供应得到保证。

在海藻的养成阶段，筏式栽培技术的形成是促使海藻栽培业发展的又一关键。浅海浮筏式栽培是由我国藻类学家在研究海带栽培技术时创造发明的，这种方法人工可控性强，能任意调节水深（光照），充分利用各种水域，不断扩大栽培生产面积。其后又在此基础上发展了紫菜的半浮动和全浮动筏式栽培、江蓠的浮筏式栽培。目前几乎所有的大型经济海藻主要采取此种栽培方式，这也是目前最先进的海藻栽培方法。除了筏式栽培方式外，最初是采用自然基质进行海藻增殖，如人工清礁泼孢子水法、采孢子投石法、绑苗或绑种藻投石法、珊瑚枝绑苗栽培法，基于生态修复以及海洋牧场建设的目的，此些方法仍然采用。

我国主要栽培经济海藻均自然分布于温带—暖温带海域，自然种群大部分不能耐受高温，生长盛季为秋冬春季，夏季则进入繁殖期，藻体腐烂衰退。以海带、条斑紫菜、龙须菜为例，这三种经济海藻原产地均在北方，海带始于大连，条斑紫菜和龙须菜则在山东青岛沿海繁盛。现今海带除在大连、山东等地有栽培外，在南方福建地区的栽培规模也非常大；而条斑紫菜的主要栽培产地南移至江苏沿海，龙须菜则在广东、福建等地进行大规模栽培。由于北方冬季海水温度低而且持续时间长，冬季南方的海水温度更适合海藻生长，因此，这些海藻南移后产量都有大幅提高。近年来，研究人员致力于品种优化和选育，耐高温性状一直是研究的热点，已培育出明显耐高温的品种“荣福”海带、“申福 1 号”坛紫菜、“黄官 1 号”海带、“981”龙须菜等，这些品种已在南方进行大规模的推广栽培。除了温度的影响外，营养盐、光照、底质等也都影响着海藻栽培，如江苏南通地区由于位于长江入海口，淡水河流较多，营养盐丰富，盐度适中，浅海为滩涂，潮差非常大，适宜紫菜半浮动筏式栽培，因此成为条斑紫菜的主产区。以下简单介绍几种我国最主要的大型经济海藻的栽培原理与栽培方法。

一、海带、裙带菜、羊栖菜栽培原理与一般方法

海带、裙带菜、羊栖菜的栽培原理主要是依靠浮筏增加受光面积和强度，使其固着器或柄部固定于养殖绳等基质上进行栽培，其基本栽培技术为筏式全人工栽培法。整个栽培过程包括幼苗暂养、分苗和养成。海带、裙带菜、羊栖菜栽培技术的差别主要集中在早期暂养时间及方式，分苗密度以及养成期对受光条件的调节措施等方面。

暂养。苗种下海暂养一般选择在风浪小，潮流畅通，水质肥沃，透明度 1 ~ 3 m，浮泥杂藻少的内湾近岸海区。海带、裙带菜苗种下海暂养一般在海区水温降到 19 ~ 20℃时，而羊栖菜苗种暂养始于水温 25℃左右。在暂养期间，主要根据海水透明度变化调节水层并及时清理浮泥、杂藻，为幼苗的快速生长提供条件。

分苗。当海带、裙带菜幼苗生长至 10 cm 以上、羊栖菜幼苗达到 3 cm 以上时，采用间大苗留小苗的方式逐批进行分苗养殖，将符合分苗规格的幼苗柄部夹在养殖绳中进行栽培。海带、羊栖菜一般采用单株夹苗的方式，而裙带菜通常采用“簇夹”的方式，将 5 ~ 10 株幼苗夹在养殖绳的同一部位。单夹和簇夹的间距一般在 5 ~ 10 cm。

养成。养成期的管理主要是根据降水、透明度变化调节养殖绳水层，同时加强养殖绳、浮球等器材上杂藻、藤壶等生物清理，并及时对夹苗密度过大或过小的小苗进行疏苗或补苗。褐藻栽培方式主要包括平养、垂养、垂平轮养、一条龙养育等。目前，我国海带、裙带菜、羊栖菜养成期栽培方式主要为平养。平养是平面利用水体的栽培方式，也是目前我国褐藻栽培的主要方法。该方法是将夹苗后的养殖苗绳通过吊绳平挂在相邻的两浮筏上，使养殖苗绳大体上呈平行状平挂于水面下。采用平养形式，浮筏应顺流设筏，这样

藻体的中部和梢部可均匀地被水流冲起，排列在同一水层中，有利于海藻的均匀生长。而横流设筏极易造成养殖绳间及海藻之间的相互缠绕。平养的最大特点是同一根养殖苗绳上的海藻排列在同一个水层，克服了垂养方法中上端海藻遮挡下端海藻受光的问题，每株海藻均能得到较充足的光照，生长快，产量高，特别适合于南方较混浊的海区。在北方透明度较大且水流较小的海区，刚分苗后的海藻，在平养情况下，海藻假根一般都暴露在海水表层，受到的光照偏强，较易受到强光的伤害，故在栽培初期水层的掌握上，一般宁深勿浅，中后期根据透明度情况再逐渐提升水层。养成的中后期，海藻重量明显增加，养殖苗绳中端的海藻下沉明显，受光明显不足，影响进一步的快速生长。此时，在每根平养苗绳中间绑一小塑料浮漂，使下沉的养殖苗绳中端有所上浮，改善受光条件，可取得较好的增产效果。

二、龙须菜栽培原理及一般方法

龙须菜为真红藻亚纲的典型种类，具三世代交替生活史，栽培生产上多利用营养繁殖方式育苗，其他真红藻（卡帕藻）的栽培原理和方式与龙须菜相似。

龙须菜栽培业的创建和发展依靠两个支柱，一是南移栽培的技术路线，二是耐高温新品种“981”龙须菜的成功选育。在不到10年的时间里，栽培海区从广东开始，扩展到福建、浙江、山东和辽宁，栽培面积20万亩（1.33万公顷），年产量15万吨（干品），成为我国继海带和紫菜之后的第三大海藻栽培产业，推动了我国海藻栽培业的结构调整和优化进步。此外，作为我国目前唯一大规模栽培的温水型海藻物种，对于缓解海区富营养化，有重要意义。龙须菜的栽培方式有以下三种。

撒苗栽培，即底播栽培。当龙须菜苗长达5~6 cm以上时，将浅滩加以适当的整理，清除杂藻，然后将龙须菜幼苗连同生长基整齐地撒放在浅滩上进行栽培。撒苗后的密度，以每个生长基之间的距离为30 cm左右为宜。在南方经过3个月的栽培，藻体长度一般可达1 m左右，而在北方要长6~7个月才能达到收获标准。这种栽培方法简单，亩产干品可达100千克以上。

插杆栽培。插杆栽培是1959年广东电白县树仔公社创造的一种栽培方法。竹竿长15 cm，宽0.5~0.7 cm，在杆的顶端1 cm处劈成沟形夹口，以夹幼苗。夹苗时，将长约10 cm幼苗从原生长基上拔下，整理后打开竹竿夹口，将幼苗夹上，退潮后按行距50 cm，株距20 cm的规格进行插植。一般每亩插6 000~7 000棵，经2~3个月的养成，藻体可达1 m以上。

网帘夹苗栽培，即浮筏式栽培。在潮间带浅滩上选择较为平坦而又稍有积水的场所，隔一定距离打入小木桩，用以固定网帘，每个网目夹一簇江蓠苗，进行江蓠养成。网帘的结构、装置和养成方式，类似紫菜支柱式和半浮动筏式栽培。

目前我国的龙须菜人工栽培主要采用浮筏式栽培，将作为苗种的龙须菜藻体夹在苗绳上横向悬于两根平行排列的缆绳间，进行营养增殖，待藻体长大后采收、晒干。

三、坛紫菜、条斑紫菜、红毛菜栽培原理及一般方法

坛紫菜、条斑紫菜和红毛菜的栽培原理和栽培方法是一样的。现代紫菜栽培技术是从

20 世纪 50 年代末至 60 年代初期建立起来的。首先是采用化学纤维材料编织的专用紫菜栽培网帘，替代竹枝、麻类织物等非规范的天然附着基质。其次是发展了下面三种栽培方式，东亚地区紫菜产业的大规模发展，与这些技术方法不断完善是分不开的。

全浮筏栽培方式。20 世纪 60 年代期间，日本紫菜栽培发生了重大的技术变革，其中之一是较早发展起来“浮流式养殖法”（全浮动筏式栽培）。日本式的“浮流式养殖法”是随潮汐变化的水平式浮筏栽培装置，主要采用由桩系或锚系固定、根据浮筏结构原理设计，规范了网帘、筏框（架）、锚（桩）、干出装置配置以及栽培海区的布置，适应了当地紫菜种类的生态习性以及栽培作业环境的要求，大幅度提高了紫菜栽培产量，形成了日本以及后来韩国的主要的紫菜栽培方法。

支柱式栽培方式。是全浮动筏式栽培改良而来。由长度高于栽培海域最高潮位的支柱（竹竿或工程塑料、玻璃钢管），按一定距离组成的水平筏，可以通过网帘系绳调控紫菜生长的干露时间，为此被称为支柱式栽培方式。目前是日本、韩国和中国海湾地区的主要的紫菜栽培方式。

半浮动筏栽培方式。20 世纪 60 年代初，我国福建省晋江县的紫菜栽培工作者吴铁民总结当地人们在潮间带进行的紫菜栽培法，改进创造出了由桩系和短支柱（退潮时可支撑网帘与海滩保持 50 cm 以上空间距离）组成的半浮动筏式栽培技术。这项技术巧妙地将浮筏与支架结合起来，形成浮筏—支架一体化的半浮动筏结构，这种结构的重要特点是既利用浮筏获得了紫菜生长的良好光照条件，又依托支架满足了适时干出的要求，特别适合于我国多滩涂、潮差大的栽培作业环境。半浮动筏式栽培最早在福建的坛紫菜生产中采用，取得了显著的增产效果。60 年代末又被应用于北方的条斑紫菜栽培试验，从而证实了半浮动筏式栽培技术广泛的适应性以及增产的效果。迄今，我国约 30 万亩的紫菜生产采用这一栽培方法。可以说，半浮动筏式栽培方法的产生，起到了推动我国紫菜生产发展的重要作用。

第三节　海带苗种繁育与栽培技术

海带是一种大型经济褐藻，是海水养殖重要种类之一。我国是海带栽培生产大国，其栽培产量和规模在世界海藻栽培中均列首位。

海带不仅味道鲜美，还具很高的营养价值。据分析，每百克海带干品含胡萝卜素 0. 57 μg，维生素 B1 0. 69 μg，维生素 B2 0. 36 μg，尼克酸 1. 6 μg，粗蛋白 8. 2 g，脂肪 0. 1 g，糖 57 g，粗纤维 9. 8 g，无机盐 12. 9 g，钙 2. 25 g，铁 0. 15 g，合计可转化为 1 096. 7 kJ 热量。海带除广泛食用外，还作为提取褐藻胶、甘露醇和碘的重要工业原料。海带中碘含量之高在海藻中罕见，一般在 0. 3% ~0. 5%。褐藻胶在纺织、医药、食品等工业方面用途很广，如作为活性染料的印花浆；制成人工代血浆、止血剂；食品中的稳定剂等。甘露醇在医学上有降低脑颅压的作用，在工业上还可作为化学调合剂使用。

我国海带栽培业的稳步发展是在海带自然光低温育苗和海带全人工筏式栽培技术的基础上实现的。20 世纪 50 年代后期发明的自然光培育海带夏苗法改变了海带生产依靠秋苗的历史，使海带分苗时间提前约 2 个月，单位产量大幅度提高。20 世纪 60—70 年代，海带遗传育种取得丰硕成果，先后培育出“59—1”、“海青 1 号”、“860”、“1170”等优质高产海带新品种。20 世纪 80—90 年代，食用海带的开发取得较大进展，海带结、海带丝等盐渍海带产品推向市场并出口东南亚地区。海带药用研究也取得了可喜成果，如从海带提取物研制的药物藻酸双酯钠、甘糖酯具明显的降血脂作用，对心脑血管病有明显的疗效。以海带粉作为蛋鸡添加饲料所生产的碘蛋对治疗原发性高血压有显著疗效。随着海藻配子体克隆繁育技术研究的深入，利用海带配子体克隆进行保种、新品种的培育和苗种生产取得了重大进展，这对中国海带栽培业的发展有极大的促进作用。

一、海带的生活史与发育特征

海带生活史为不等世代交替，由大型的二倍孢子体世代和微小的单倍配子体世代构成(图 7－5)。成熟的孢子体形成孢子囊群，放散游孢子，游孢子萌发为雌雄配子体，经过发育，雌配子体形成并排出卵，雄配子体形成并放散精子，精卵结合，经过有丝分裂形成二倍孢子体。野生海带的寿命为 2 年，跨 3 个年度：幼苗于秋冬季繁育，缓慢生长，至第二年夏季，藻体中上部腐烂脱落，仅固着器、柄部和少量的叶片基部留存；待秋季水温下降后，叶片基部生长点细胞分裂，重新长出叶片，快速生长，至第三年夏秋季，成熟形成孢子囊并放散孢子，然后整株藻体衰老死亡。人工栽培的海带生命周期为 1 年，跨 2 个年度，夏末秋初繁育幼苗至秋冬季下海养殖，快速生长，至第二年夏季叶片成熟衰老，一般在衰老前就收获了。

此外，海带还具有孤雌生殖和无配生殖类型，即不通过精卵结合，由雌配子体和雄配子体单独发育形成叶状体的生殖方式。在实验室条件下，海带雌性配子体可通过有丝分裂形成多细胞的丝状体，雌配子体克隆的每个细胞均可发育成卵囊，排出多个卵。在没有雄性配子体和精子的情况下，卵子通过有丝分裂发育成叶状体，其中绝大多数叶状体在幼苗期表现为畸形，仅有少量个体可长成形态正常的大型叶状体，仅个别叶状体可形成孢子囊，放散出正常的游孢子，游孢子全部发育成雌性配子体。在人为调控下，雄性配子体克隆的丝状体顶端细胞不发育成精子囊，而不断膨大直接发育成叶状体，其中绝大多数叶状体在幼苗期表现为畸形，仅有少量个体可长成形态正常的大型叶状体，但不能产生孢子囊。

二、海带的外部形态

海带孢子体分为固着器、柄和叶片三部分（图 7－6）。

海带的叶片为褐色、扁平、无分枝的带状，距两边边缘有两条纵贯于叶片的浅沟，两条浅沟中间部位称之为“中带部”（图 7－6）。边缘部的叶片薄而软，呈波褶状；“中带部”比边缘略厚，较为平整。野生海带，一年生的藻体纵沟较为明显，二年生海带纵沟不明显。海带叶片因受光条件不同导致生长速度差异而略显弧形，一面凹，一面凸，凹面称海带外面或向光面，凸面称里面或背光面。海带叶片的长度、宽度、厚度不仅是分类鉴定的主要依据，也是生产中衡量经济性状的主要指标，在栽培生产中与环境条件、栽培技术以及栽培品种均有关。为了提高产量和利用率，现代培育出的海带栽培新品种“中带部”

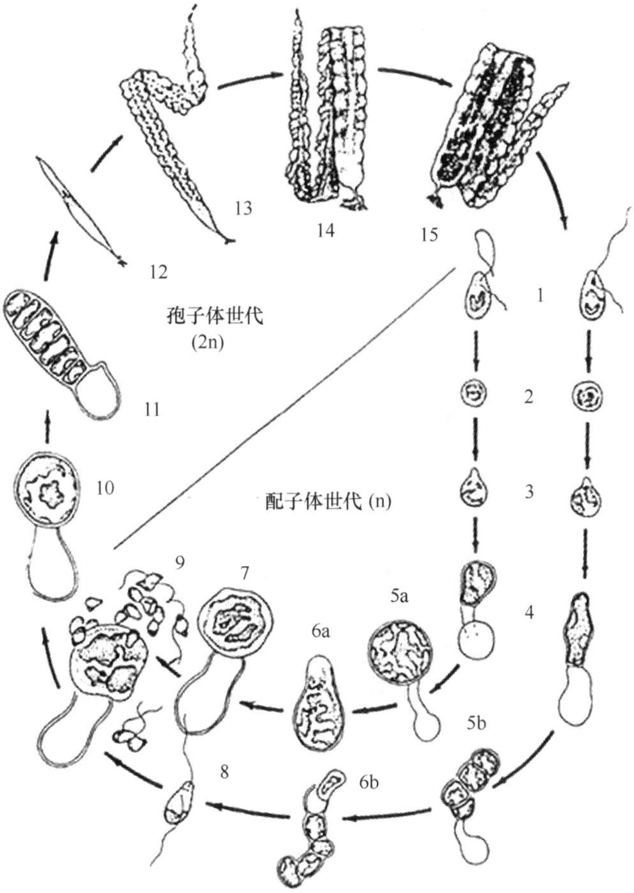

图 7－5　海带的生活史

1. 游孢子；2. 胚孢子；3；胚孢子萌发；4. 雌雄配子体；5a. 雌配子体；5b. 雄配子体；6a. 雌配子体开始排卵；6b. 雄配子体开始排精；7. 卵；8. 精子；9. 受精；10. 合子；11. 细胞的小孢子体；12. 幼龄期；13. 凹凸期；14. 脆嫩期；15. 成熟期

越来越宽，边缘部缩小而不明显。

海带柄呈圆柱状或扁圆柱状，为连接海带叶片与固着器的结构（图 7－6）。成体海带的柄呈深褐色，长 3～6 cm。海带柄部的长度与栽培密度以及光照密切相关，在光照较弱或栽培密度较大的情况下，柄部一般较长。

固着器，又称假根，是藻体固着生活的重要器官。固着器由许多自柄基部生出的多次双分枝的圆柱形假根组成（图 7－6），假根末端有吸盘，附着在岩石或养殖绳上，以固定整个藻体。幼苗期海带，固着器只有 1 个吸盘，随着藻体的长大，在原有假根的上方逐渐自柄的基部长出很多新的假根，以增加藻体的附着能力。一般来说，栽培海带比自然繁殖海带的固着器发达。

海带孢子体不同生长发育阶段，个体大小和外部形态上均有很大差别，通常分为六个时期，分别为幼龄期、凹凸期、脆嫩期、厚成期、成熟期和衰老期。

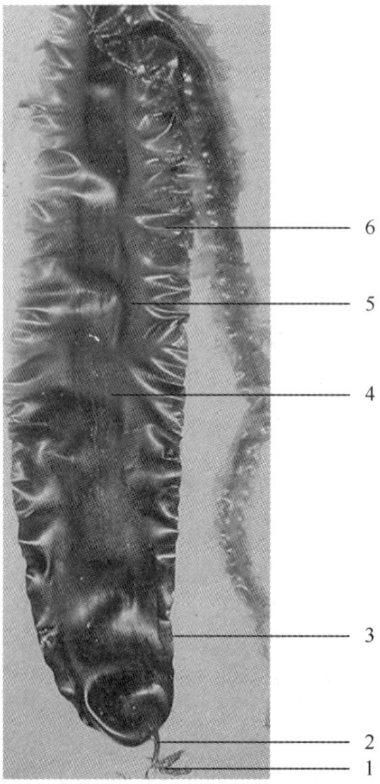

图7-6 海带孢子体的外部形态

1. 固着器；2. 柄；3. 叶片；4. 中带部；5. 纵沟；6. 边缘部

幼龄期一般指从孢子体形成到5~10 cm小苗的时期。幼龄期藻体叶片薄而平滑、无凹凸、无纵沟、颜色稍浅（黄褐色）。当小孢子体长至5~10 cm时，叶片基部出现凹凸，故称凹凸期。凹凸分两排纵列于“中带部”，由“中带部”表层分生细胞分列不均匀所致。凹凸期的长短与光照和营养盐有关，光照过强、水质贫瘠时，凹凸期长；光照适宜、水质肥沃时，藻体快速生长进入脆嫩期。脆嫩期叶片含水量多，质地脆而嫩，极易折断，生长部不宜接受强光照射。随着水温的升高，生长速度下降，物质积累增加，叶片色浓褐，厚而老成，有韧性，开始出现孢子囊群。厚成期的后期进入成熟期，或度夏后，藻体叶片表面普遍产生孢子囊群，藻体不再生长，开始大量放散游孢子，也称为繁殖期。海带孢子囊群大量放散游孢子后，进入衰老期，叶片逐渐腐烂，最后全部死亡。

三、海带生长发育对环境条件的要求

1. 海带的分布

据Wikipedia记载，海带属（最新分为两个属 *Saccharina*，*Laminaria*）共51个种，主要自然分布于北大西洋、北太平洋以及北冰洋海域，大部分属冷温性种类。一般生长在低潮线下2~5 m的岩礁上，生长盛期为冬春季。海带 *Saccharina japonica*（也即 *Laminaria japonica*）生活于北太平洋，原种群主要分布于日本北海道、室兰、渡岛及青森、岩手等海域，还有韩国和俄罗斯海域。据称海带并非我国原产种。目前，我国海带自然群体主要分布于辽宁大连、山东烟台、威海、青岛一线（许璞等，2013）。

海带栽培产业主要集中于中国、日本和韩国，主要栽培种为海带。在欧洲也有小规模的栽培应用，栽培种为糖海带 *Saccharina latissima*。我国海带栽培产业主要分布于辽宁至广东沿海，集中于辽宁大连，山东烟台、威海，福建福鼎、连江等地。经过人工培育，海带由北方自然产地向南方大规模移植成功。

2. 海带生长发育与环境条件的关系

环境中多种物理、化学以及生物因子的变化都直接或间接影响着海带的生长与发育。非生物环境因子中，以光照、温度、营养盐以及水流最为重要。

海带分孢子体和配子体两个生活史阶段，不同发育阶段对环境因子的要求不同，配子体培育和孢子体幼苗培育阶段在室内进行，在人为调控下，处在相对稳定的环境条件。其适宜的环境因子如表 7－1 所示。

表 7－1 海带不同发育阶段对环境因子的需求

发育阶段	光强（lx）	温度（℃）	N（mg/L）	P（mg/L）	Fe（mg/L）
游孢子	500～1 000	8～12			
配子体	500～2 000	8～10	3	0.20～0.30	
幼孢子体（<0.1 cm）	1 000～2 000	6～8	3	0.20～0.30	0.04
幼孢子体（0.5～1 cm）	2 000～3 000	6～9	4	0.30～0.40	0.04
幼孢子体（1～1.5 cm）	3 000～4 000	6～10	4	0.40	0.40
幼孢子体（1.5～2 cm）	3 000～5 000	8－12	4	0.40	0.40

海带孢子体阶段根据生长发育状态又可分为幼龄期、凹凸期、脆嫩期、厚成期、成熟期和衰老期几个时期。在不同的时期，藻体大小、形态、生长速度、对环境因子的需求都不相同。

（1）光照

幼孢子体阶段（几十个细胞）能耐受较强的光照，随着幼孢子体的长大，强光抑制其生长。一般在自然光育苗期间，光照控制在 2 500 lx 左右，育苗后期为了适应自然海区的光照，将光强逐渐提高到 4 000～5 000 lx。凹凸期和薄嫩期为快速生长期，生长点部位快速分裂，强光可对其造成伤害，因此要适当调节水层保持适宜的光强，以获取最大的长度和宽度生长。厚成期海带的长度生长基本停止，主要进行厚度的增长和有机物质的积累，因此，需要较强的光照以保证旺盛的光合作用，促进碳水化合物的合成。成熟期，海带的生长基本停止，主要进行有机物质的积累和孢子囊群的形成。较强的光照能够促进光合作用以及孢子囊群的形成。总之，海带孢子体生长发育不同时期对光照的需求不同，在人工栽培中合理利用光线，根据不同生长发育时期，因地制宜调节水层，是保证高产优质的关键之一。

（2）温度

由于海带自然分布于较冷的水域，一般认为 20℃ 即为海带孢子体生长的最高耐受温度。温度对海带孢子体的影响也因孢子体的生长发育而异。幼龄期孢子体较耐受高温，1 m 左右的藻体在 18 ~ 19℃时可继续生长，而大型藻体则在 15℃时生长速度急剧下降并逐渐停止生长。而海带生长对低温的耐受性很强，据称在 0℃以下，仍能维持较高的生长速度。因此在生产中，加强海带低温期的栽培管理，即适当调节水层、施肥，使海带获得最大限度的生长，是提高海带产量的关键。而适度高温可促进藻体成熟、孢子囊群的发育。一般 15 ~ 20℃较为适宜，温度过高或过低都不利于海带的成熟。海带不同品种的温度耐受性不同，尤其在一系列耐高温品种培育出来后，海带的生长适宜温度范围扩大，生长周期延长，产量得到大幅增加。

（3）营养盐

自然海区中氮、磷不足将严重影响海带的生长发育，进而影响海带产量和品质，其中又以氮元素影响最大。海带只有在含氮丰富的肥沃海区生长正常，色泽浓褐，叶片平直厚实，个体大，产量和质量优。反之，生长缓慢，色淡黄无光泽，个体矮小，叶片薄而凹凸不平，不但产量低且质量差。海带生长对磷的需求量是氮的 1/5 ~ 1/10，通常在 0.4 mg/L 以上可满足需求。因此，在栽培生产中，应选择水质肥沃的海区。

（4）水流

无论是室内育苗期还是海区栽培期，水流都是影响海带生长发育的一个关键要素。幼苗期，水流大且交换勤的情况，幼苗生长健壮、附着力强、脱苗率低、病烂少；反之，易发生病烂脱落。暂养期间，尤其海水透明度较大时，海带在水流缓慢的海区易发生卷曲或点状白烂。水流畅通利于海带生长的主要原因在于：水体交换快，增加营养的提供和代谢物的排出，使海带维持旺盛的生理代谢活动；流水使海带叶片浮动，改善海带的受光状况，受光均匀，增强了光合作用；流水冲刷掉海带表面附着的浮泥、杂藻，保证受光和营养吸收。

四、海带人工栽培

海带人工栽培主要包括苗种培育、幼苗暂养和养成三个阶段，成菜收获后与采苗期间有一段时间差，这个期间涉及种菜的海上培育。

1. 种菜培育

选取性状优良、健康、成熟良好的藻体作为亲本。北方采用海水流畅、温度较低的海区作为种菜的培养区，挑选的种菜经过去梢和边缘部，绑缚在养殖绳上进行种菜培育。南方（福建）除同上述进行种菜培育外，7 月初将种菜转移到室内进行低温（8 ~ 13℃）、流水、控光条件下的种菜培育，直至 9 月份采苗。一般北方在每年的 7 月中旬至 8 月上旬，南方在 9 月下旬，开始采苗。将挑选的种海带进行短时的阴干刺激，放入池中进行游孢子放散，将孢子水（游孢子密度在 15 个/100 ×）注入采苗池中，一个池子中通常放 6 层苗帘。孢子附着密度控制在 50 个（100 ×）左右。采游孢子时水温控制在 8 ~ 12℃，6 h 左右，当孢子附着牢固后，将苗帘转移到培育池中培养。育苗期间水温通常控制在 5 ~ 9℃，添加氮、磷营养盐，其浓度分别在 2 ~ 4 mg/L 和 0.2 ~ 0.4 mg/L，配子体时期光强较弱，一般在 800 ~ 2 000 lx；孢子体时期通常控制在 1 500 ~ 3 500 lx；幼苗出库下海前，光强可适当调高。出库时间根据海上水温而定，在北方待海上水温降至19.5℃以下，幼苗长至1 cm以上即可。

育苗期间的管理很关键，水须干净无污染，光线不能过强或过弱，过强会引起白烂或脱落，过弱会导致绿烂。幼苗出现不健康征兆时，可适当降低培育水温，加大换水量。

2. 幼苗培育（暂养）

一般在海水温度降至19.5℃以下，幼苗要及时出库、下海暂养。采用干运方式，将幼苗运至透明度适中、水质肥沃、流水通畅的海区进行暂养。北方通常将苗帘剪成50 cm长的绳段进行垂养，绳的下端系一坠石，上端通过帘绳绑缚在浮绠上，间距25 cm左右。培养期间通常采用挂袋施肥法。也有少数进行平养。南方通常采用平养。苗种下海后，暂养20～30 d后开始分苗。

暂养前期，每天洗刷1～2次，当幼苗长至3 cm以上时每星期洗刷2次，当幼苗长至5 cm以上时不再洗刷。当幼苗长至15 cm开始分苗。通常剔取大苗进行分苗，保留小苗进行生长。一般苗绳上的幼苗可剔2～3茬。

幼苗期间通过洗刷去掉浮泥和杂藻，可有效防止病害发生。如果出现白烂或卷曲可适当降低暂养水层。如果出现绿烂，可适当提升暂养水层。

3. 海带的养成

（1）养殖海区条件

底质：以平坦的泥底或泥沙底为好，便于打桩下橛。如岩礁底质只能下石砣代橛。

水深：大干潮线下3～5 m。

风浪和水流：风浪较小，潮流畅通的海区为宜。养殖区朝向以南或东南向为好。

透明度：适中，过清过混都不好。

水质：以肥水区为好。但切忌在被工农业废水污染的水域中养殖海带。

（2）养殖设施

以直径3 cm或更粗的聚乙烯或聚丙烯绳等作为浮绠，通常50～60 m长，相邻浮绠间距在5 m左右（山东）或8 m（大连）或3～4 m（福建），其上绑缚塑料球或其他漂浮物。浮绠两端通过橛缆与海底的木橛相连。

（3）养成方式

通常采用平养方式，极少数采用垂养，在流急浪大的外海区可采用一条龙养殖方式。本书着重介绍平养方式。

（4）分苗

把经过暂养后附着在育苗器上的密集小苗剔下来，分散夹到养成的苗绳上称分苗。分苗能改善海带的生长环境，促进海带的快速生长。①分苗规格和时间：出库幼苗经20 d左右下海暂养后一般体长达到15 cm以上时即可开始分苗。分苗早虽有利于海带的生长，但过早分苗由于幼苗规格小，柄部太短，夹苗操作不方便，不但脱苗率高，而且容易夹在幼苗的生长部而影响分苗后海带的生长。②夹苗方式：有单夹和簇夹两种。单夹操作方便，即在苗绳上每相隔3～4 cm夹1棵海带苗；簇夹以2～3棵苗为一簇、每隔5～6 cm夹一簇，簇夹虽有利于海带生长部间相互遮阴促长，但操作不易，脱苗率高。生产上多采用单夹。③提高分苗质量措施：关键是不损伤小苗，减少幼苗干露时间，当天剔下的小苗要当天夹，当天下海养殖，海带假根要夹在苗绳中心部位，防止苗脱落和夹住生长部；苗在采挂运输过程中，要避免日晒，保持湿润。

（5）养成期的管理工作

①调节水层：光照强弱直接影响海带的生长和病害发生，因此，随时调节养殖水层是整个养成期的中心工作。一般刚夹苗分养的海带应挂得深一些，随着小苗的复原，生长养殖水层要逐步往上提；凹凸期海带对光照要求比脆嫩期低，养殖水层应深一些；厚成期海带光照要求最强，养殖水层应浅一些；持续阴雨天养殖水层应浅一些，但港湾区养殖海带应适当挂得深一些，以免由于淡水大量注入，比重骤降而引起海带泡烂病的发生。

②安全检查：安全检查是养成期另一日常管理工作，要经常检查浮绠、桩绠是否有磨损，养殖架是否牢固、海带是否有缠绕等。

4. 病害防治

（1）点状白烂病

主要发生在凹凸期和脆嫩期海带。①症状：先从叶片中部叶缘或梢部出现一些不规则的小白点，逐渐增加扩大使叶片腐烂成白色的圆孔，严重时会使整个叶片烂掉。②病因：主要是光照突然增强使海带叶片上局部活力弱的细胞适应不了而出现局部坏死。点状白烂病多发生在浅水缓流养殖区。③防治措施：从调节光照入手，在连续晴天温度上升时，适当降低养殖水层，同时，改善养殖环境，保证海流畅通。

（2）绿烂病

整个养殖期都会发生，但主要发生在暂养期的幼苗和刚分苗放养的海带。①症状：先从叶片梢部边缘变绿、变软，或出现绿色斑点，逐步蔓延至整个叶片并发生腐烂。②病因：主要是海带放养密度过高，或长期阴雨多雾、或水层挂得过深，光照不足引起。③防治措施：调节养殖水层、扩大苗绳间距、或切尖间收以增加光照，提高藻体生活力。

（3）白烂病

主要发生在养殖中后期，以厚成期海带为多。①症状：开始时藻体尖梢部出现由褐变黄的现象，并由尖梢部向叶片基部、由叶缘向中部蔓延，最后整个藻体发白、腐烂、脱落。②病因：由于光照过强和长期缺肥所致。③防治措施：应以防为生，注意养殖海区的合理布局，保持水流畅通和适时调节光照。对已发生白烂病的海带要采取间收疏养，追施肥料和切尖洗刷等措施。

（4）泡烂病

主要发生在漂浮干露的海带遭雨淋后，或雨季有大量淡水注入的港湾区海带。①症状：叶片上出现许多水泡，继后变绿腐烂，形成孔洞。②病因：由于淡水注入，藻体因渗透压急剧变化出现水泡，招致细菌感染而发绿腐烂。③防治措施：不要让海带漂浮露空遭雨淋，在大雨期要降低养殖水层。

5. 收割和加工

（1）收割时间

海带收割时间要恰当，过早收割海带薄嫩水分大、鲜干比高，产量低，质量差；过迟收割又会造成海带在海中大量腐烂和遭台风袭击。北方海带通常在6月份开始收获，但作为食品菜加工可在4月下旬至5月份开始收获。福建海带通常只作为食品菜用，通常4月中旬开始收获。不同海带品种的收获时间有所差别。

（2）收割方式

一种是整批一次性收割，就是哪一片先养先熟先收；另一种是间收，就是每一养殖架中先收割一部分苗绳。间收虽费时费工，但有利于提高海带的产量和质量。

（3）加工

有淡干和咸干两种加工方法。

淡干加工法：将收上来的鲜海带直接在阳光下摊晒或挂晒。淡干加工的海带质量好，省工省盐，但受气候制约大。淡干加工一般要经2次日晒，第一次曝晒4～6 h，待鲜海带呈基本干燥状，含水量降到25%左右时即收齐堆放在仓库里，经1～2 d藻体内部返水后，再在日光下晒1～2 h，或在阴冷处风干数小时，待藻体含水量在15%左右时，即可切根、分级、打包、入库、保藏、待售。

盐干加工法：加工咸干海带一般用盐标准是鲜海带量的10%～15%，加工时要一层海带撒一层盐，盐腌3～4 d即可出晒。干燥后切根、分级、入库、待售。咸干加工的优点是不受天气制约，但其成品受盐渍后营养成分损失大，质量不如淡干品，且用盐量大，成本较高。

五、海带种质保存

丝状配子体是海带异型世代交替中的有性世代，分雌雄配子体，同样培养条件下，雌性较粗，雄性较细。雌雄配子体分开培养时，培养条件合适时以无性生殖方式无限繁衍，称之为配子体克隆，可长期保存。当两者混合后，给予适当的条件，又可发育进行有性繁殖，产生孢子体后代。配子体克隆成为海带种质保存的主要形式。栽培的海带种类都是经过长期人工选育从野生种群中培育出来的，其生物学性状优良，生长速度快，生物量大。采用生物技术对野生海带进行定向选择或者进行远源杂交离不开可以长期保存的配子体种质。同陆地作物不同的是海带类的配子体可以长期保存并进行无性增殖。这就增加了海带种质资源的利用价值。另外，从保护基因资源和物种多样性角度而言，海带配子体种质的长期保存也具有重要意义。

六、海带配子体克隆育苗和育种技术

传统的海带育苗技术使用的是自由放散的游动孢子来完成采苗。随着配子体培养技术的完善，在20世纪90年代，直接利用大量培养的配子体克隆进行采苗取得了进展。由于配子体的培养可以在生物反应器内进行，因而，采苗可以不受时间限制，同时缩短了育苗周期。这种技术主要用于杂种优势利用上。

第四节　裙带菜的苗种繁育与栽培技术

裙带菜 *Undaria pinnatifida* 隶属于褐藻门 Phaeophyta、褐子纲 Phaeophyceae、海带目

Laminariales、翅藻科 Alariaceae、裙带菜属 *Undaria*。裙带菜含有丰富的营养物质，包括多种氨基酸和维生素，还含有人体必需的不饱和脂肪酸，是一种保健功能食品。在日本被称作 Wakame，是一种被广泛食用的海藻种类，消费量很大。裙带菜富含褐藻糖和碘，可用来降血脂和预防甲状腺肿。同时，裙带菜也是提取褐藻胶的重要原料。裙带菜是我国继海带之后，最重要的栽培经济褐藻。

一、裙带菜的生活史与发育特征

裙带菜的生活史和海带相似，由大型的孢子体世代（2n）和微型的配子体（n）世代交替构成。孢子体就是平常所食用的裙带菜。孢子体长大后，柄的两侧生出孢子叶，成熟时孢子叶上产生孢子囊群，孢子囊母细胞经减数分裂后产生游孢子。游孢子侧生两根不等鞭毛，释放后分别形成雌雄配子体。雄配子体发育成熟后，产生精子囊，释放出侧生两条鞭毛的游动精子。雌配子体成熟后，形成卵囊，产生的卵子仍然依附于雌配子体上。卵子受精后，产生二倍的孢子体。自然生的裙带菜生活周期一般为跨 2 个年度的一年期。黄渤海产的裙带菜幼苗见于 10 月下旬至 11 月初，生长至次年 1 月可达 40 ~ 50 cm，5 月间藻体一般可超过 1 m，大部分成熟放散游孢子，7 月以后，藻体逐渐衰败腐烂。

二、裙带菜的外部形态

裙带菜的孢子体黄褐色，外形很像残破的芭蕉叶扇，成体长 1 ~ 2 m，宽 50 ~ 100 mm，明显地分化为固着器、柄及叶片三部分。固着器为叉状分枝的假根组成，假根的末端略粗大，以固着在岩礁上，柄稍长，扁圆形，中间略隆起，叶片的中部有明显的中肋，两侧形成羽状裂片。叶面上有许多黑色小斑点，为黏液腺细胞向表层处的开口。内部构造与海带很相似，在成长的孢子体柄部两侧，形成木耳状重叠褶皱的孢子叶，成熟时，在孢子叶上形成孢子囊。

孢子体不同生长发育时期会出现明显的形态分化，可分为：着囊期、幼苗期、裂叶期、成熟期和衰老期。着囊期为精卵结合后，合子经过 3 次横分裂，形成 7 ~ 8 个细胞的孢子体。幼苗期的形态特征为柄圆形、叶片呈椭圆形或披针形，柔软和光滑。随着幼苗的生长，柄由圆柱形变为扁圆形、扁状，叶片上产生中肋，中肋的两侧产生翼状缺刻，后期形成羽状裂叶，生长进入裂叶期。成熟期即繁殖期，柄扁平，下端靠近假根部位两侧生出深褐色木耳状重叠褶皱，肉厚并富黏质，称之为孢子叶。孢子叶成熟发生减数分裂形成游孢子囊。成熟期的后期进入衰老期，顶端叶片逐渐变白衰退，孢子体出现块状白斑。

三、裙带菜生长发育对环境条件的要求

1. 生态分布

裙带菜为温带性一年生大型褐藻，是北太平洋西部的特有属，自然分布于日本、朝鲜，在我国自然生长于东海的浙江省嵊泗列岛。我国辽宁的旅顺、大连、金州，山东青岛、烟台、威海等沿岸生长的裙带菜是从日本和朝鲜移植而来的。裙带菜适宜在风浪不太大，水质肥沃的海湾内，在大干潮线下 1 ~ 5 m 的海底岩礁上自然生长。

除自然繁殖，裙带菜已开始人工栽培。目前的辽东半岛大连地区，形成了裙带菜栽培、加工和贸易一体的局面，也逐步成为我国裙带菜人工栽培的主要区域，生产了我国90%以上的人工栽培的裙带菜，年产量稳定在 30×10^4 t 左右（鲜重），其中绝大多数叶片和孢子叶的加工产品出口日本。

2. 裙带菜生长发育与环境条件的关系

（1）光照

光照影响裙带菜配子体和孢子体形成。光照过弱，配子体生长缓慢，且发生绿烂。较强的光照有利于配子体有性繁殖，生产孢子体。一般在7月中旬采苗，由于裙带菜孢子体不耐高温，因此采苗前期1个月将光线控制在500～800 lx，使其维持配子体生长，后期光照逐渐升至1 000～1 500 lx，以促进配子体向孢子体发育。

光照200～2 000 lx幼孢子体均可生长，在这个范围内，光照越强，生长速度越快。幼孢子体形成时，光照1 500～2 000 lx；肉眼见苗后，光照略提升至2 500 lx以上。裙带菜幼孢子体出库后，也与海带一样存在一个中间暂养时期。这个时期的光照也很关键，主要通过调节水层来控制。裙带菜一般适宜生长在较浅水层。

光照不仅影响裙带菜的生长速度，还影响其体形。养殖水层深、养殖密度大的裙带菜，柄部细长、裂叶较浅、藻体薄小而狭长；反之，养成的藻体柄部粗短、叶片分裂较深、藻体叶片肥厚。此外，裙带菜孢子囊的形成也是依赖光照的。光照充足时，孢子囊成熟快。人工栽培的裙带菜由于水层浅，4月份即可成熟，而海底自然生长的裙带菜要6月份才能放散游孢子。

（2）温度

温度是影响裙带菜生长发育的重要因素。裙带菜不同生长发育时期对温度的适应性是不同的。通常，藻体幼嫩期对高温的适应性强，高温下生长较快；而大藻体对低温的适应性较强，低温下生长更快，这也符合裙带菜的自然生命周期。裙带菜重量增长以10～15℃最快，5～10℃次之，一般认为5～15℃为适宜温度范围。裙带菜孢子囊群的发育在很宽的温度范围内可发生，7～20℃均可，但在10～15℃孢子囊群发育比例最高。孢子囊群的出现不仅与温度有关，与藻体的大小和孢子叶的发育有关。分苗早，藻体大，孢子叶发育早的裙带菜，在较低温度即成熟。

（3）营养盐与水流

裙带菜的生长发育对营养盐的需求较大，肥沃海区生产的裙带菜藻体肥大、色泽浓褐、孢子囊形成早、高产优质；贫瘠海区生长的裙带菜则藻体瘦小、色泽浅、孢子囊形成晚。同样水流通畅也是裙带菜生长发育的有利条件。

四、裙带菜的人工栽培

我国裙带菜栽培历史不长，开始主要是采用移植天然苗和投石采苗进行栽培。20世纪60年代室内常温培育裙带菜苗成功后，大大推动了我国裙带菜栽培业的迅速发展。大规模人工栽培始于20世纪80年代，目前，裙带菜栽培主要在辽宁、山东两省，其中辽宁的裙带菜养殖已成为全省主导品种之一，并且已经形成了一定的品牌。

裙带菜的人工栽培与海带相似，也可分为苗种培育、中间暂养和养成三个阶段。

1. 苗种培育

裙带菜的育苗技术与海带非常类似。传统的育苗方法也是通过游孢子采苗，可分为半人工采苗和全人工采苗两种方式。半人工育苗又称人工采孢子海区育苗，该方式适用于夏季水温较低，高水温时间较短的北方沿海。在每年的6—7月份，裙带菜的繁殖季节，选择肉质较厚，叶大而柔软，色泽浓褐或黑褐色，孢子叶有显著的隆起并富有黏液的亲本。采用阴干法采苗，即将海上暂养的种菜取回后，采集种菜的孢子囊叶，用过滤海水冲洗干净，再把孢子囊叶悬挂于通气的室内，或平放在干净的草席上，使其阴干。然后将阴干孢子囊叶浸没于室内育苗池内的海水中，使之大量放散游孢子，游孢子附着到铺设于池底的棕绳上。然后直接将苗绳挂到海区浮筏上进行育苗，待幼苗长至肉眼可见时再分苗。这一育苗方法充分利用了游孢子游动性强和附着时间短的特点，优点是程序简单，劳动量小，成本低。其不足之处包括育苗期间易受杂藻、浮泥及贻贝、藤壶等生物的大量附着和海上风暴的影响，幼苗密度难以掌控，出苗不稳定，从而使成菜质量得不到有效保证。

全人工育苗，又称全人工室温度夏育苗法，采孢子和幼苗培育都在室内完成。此方法与海带夏苗法相似，所不同的是裙带菜采用常温育苗，比海带简便、节能。自6月开始采苗，9月底幼苗出库，持续约3个月的时间。这种方法避免了海上风暴的袭击，并且在一定程度上解决了附着物的问题。同时这种方法还具有育苗密度大、出苗稳定等优点，因此较半人工法可靠，提高了栽培裙带菜的产量和质量，是裙带菜最普遍的育苗方法。

裙带菜育苗期间应保证营养盐的供应，须施氮、磷肥，配子体和孢子体前期，育苗水体中氮磷的含量应达到 NO_3-N 4 mg/L、PO_4-P 0.3 mg/L。8月中旬以后孢子体形成阶段，氮磷的浓度适当提高到 NO_3-N 5 mg/L、PO_4-P 0.4 mg/L。施肥通常在换水后进行，一般将肥料配成5%溶液均匀喷洒。

2. 幼苗暂养

幼苗出库应掌握在最小的孢子体1 mm以上，大的1 cm左右，此时暂养海区的水温已低于20℃，以风浪较小、水流通畅、水质较肥、杂藻和其他有害生物较少的海区为宜。

暂养期间的管理主要包括水层调节、施肥与洗刷苗帘。刚下海的裙带菜幼苗养殖水层宜在可见度1/6~1/3处，水层过深，光照不足，生长滞后。幼苗下海后，最好每天施肥，营养盐不足时幼苗的叶片和柄很快由茶褐色变为黄色，同时叶片基部变硬，尖端白化，甚至出现白烂脱落。还要每天勤洗刷网帘，去除浮泥和杂藻。

3. 养成

（1）分苗

裙带菜幼苗在海上经1个多月暂养，一般体长可达8~12 cm，大的则可达到15 cm，此时应及时分苗，苗距控制在8~10 cm。

（2）施肥

应视养殖海区肥瘦情况，对裙带菜进行施肥，肥料主要为氮、磷肥，一般用尿素较多。

4. 收获与加工

裙带菜收获可视其生长情况，采用整收割或间隔收割：一绳比较整齐的裙带菜采取一次采收，而大小不一，又有继续挂养条件的可收大留小。此外对于色泽不好的裙带菜，应实行专门培育后再采收。专门培育可施肥或改变养殖方式，以使其达到采收要求。

裙带菜收获期一般在3—4月间，观察其基部两侧生长出一定大小的孢子叶时，即可进行收割。过早收，虽藻体鲜嫩，但藻体小，鲜干比大。过晚收，虽鲜干比小，产量高，但藻体老化，不符合出口标准。因此，在生产中把握适宜收获期非常重要。

裙带菜加工方法有多种，可直接加工成淡干品，也有冷冻加工，还可以加工成盐渍品。

五、裙带菜的种质保存

裙带菜与海带的生活史相似，游孢子放散后分别萌发为雌雄配子体，雌雄配子体分离培养，可进行无性繁殖，形成配子体克隆。配子体克隆可长期保存，成为裙带菜种质保存的主要形式。

第五节　羊栖菜的栽培技术

羊栖菜为马尾藻科 Sargassaceae 中重要的代表物种，俗你“海麦子”。羊栖菜营养丰富、口感好、味道鲜美，富含褐藻酸、甘露醇等物质，含有多种人体必需的氨基酸以及多种抗肿瘤和改善人体免疫力的活性成分，为海藻中的上等营养佳品，素有“海上人参”之称，同时还可作为优良的海藻化工原料和海珍品饵料，具有巨大的市场潜力。羊栖菜作为一种食用和药用海藻在中国有悠久的历史。

一、羊栖菜的生活史和发育特征

羊栖菜生活史为具有核相交替而无世代交替的类型，即具有有性生殖却仅有孢子体阶段。羊栖菜为雌雄异体。羊栖菜在春末夏初进行有性生殖，藻体性成熟时，在孢子体的叶腋处形成雌性或雄性生殖托，生殖托上长生殖窝，内产生精或卵囊母细胞，进一步发育成精子或卵子，精子和卵成熟后被排出体外，受精发育成幼孢子体，俗称“春苗”，一般数量较少。成熟藻体叶片由下向上逐渐脱落，至盛夏时枝叶部分烂掉，只残留假根度夏，待到同年秋季，新的枝叶自假根处萌发再生，称之“秋苗”，数量大、生命力强（图7-7）。

二、羊栖菜的外部形态

羊栖菜藻体黄褐色，肉质肥厚，藻体分假根、茎、叶和气囊几个主要部分（图7-8）。假根由圆柱状的分枝组成，固着在潮间带礁石上生活。藻体高一般为15～60 cm，最长可达2 m。藻体具一圆柱形直立枝为主枝，两侧等距离长出分枝，再从分枝的叶腋中长出次生分枝，次生分枝较分枝短。种群及其密度影响藻体分枝密度。叶细匙形、线形、卵形或棍棒形，以棍棒形为主，无叶柄，互生或轮生。细匙形叶的两缘常有锯齿或波状缺刻，长

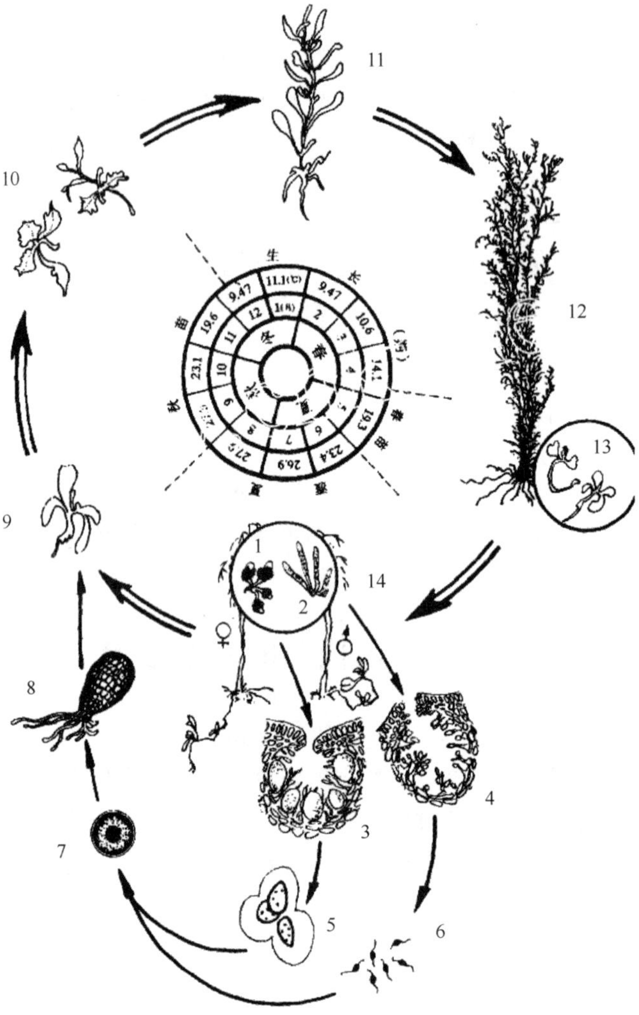

图 7－7 羊栖菜生活史（孙建璋和方家仲，1997）

1. 雌性生殖托；2. 雄性生殖托；3. 雌性生殖窝；4. 雄性生殖窝；5. 卵；6；精子；
7. 受精卵；8. 幼孢子体；9～10. 秋苗；11. 幼藻；12. 成藻；13. 春苗；14. 成熟衰老植株

约 3～5 cm，宽 2～3 cm，在放大镜下可见叶面有毛窝，叶内部实心。叶腋间有气囊，气囊球形、梨形或纺锤形，长达 15 mm，直径达 4 mm，囊柄长短不一，长的可达 2 cm。幼期气囊实心，随着藻体的生长，逐渐变成空心气囊。羊栖菜的直立孢子体在有性繁殖完成后的 1 个月以内，迅速衰败腐烂，仅以假根附着在礁石上度过夏季高温期。假根为多年生，其顶端在水温低于 24℃，光照较强条件下，可再生出带分叶的小苗。

三、羊栖菜的生态分布

羊栖菜是一种多年生的褐藻，为暖温性种类，为北太平洋西部特有种类。羊栖菜在我国分布很广，北起辽东半岛，经庙岛群岛、山东半岛东南岸、浙江、福建以及广东雷州半

图 7－8　羊栖菜外部形态

岛东岸，特别在气候温暖、水质肥沃的南方海区，如浙江沿海尤为繁盛。除我国外，还分布于日本北海道南岸、本州至九州以及朝鲜沿岸。

羊栖菜自然生于潮下带的岩石上或潮间带的石沼中，分布的水深较浅，落潮时不露出水面或短期露出水面，具有较强的耐干出的能力。位于较高潮位的藻体比不露出水面的短小而色浓。生长于流急浪大处的羊栖菜藻体比风浪小的大，同时固着器发达。羊栖菜对盐度适应范围较广，一般较高盐度下生长更好。羊栖菜对营养盐似乎没有过高的要求，某些水质较瘦的海区，羊栖菜也能正常生长甚至相当繁盛。一般水质清澈、水流通畅、东或南向受光充足的岩礁上，羊栖菜自然生长最为繁茂。海水温度 14～20℃时为快速增长期。夏季水温过高时，藻体腐烂衰退，仅余假根度夏。

羊栖菜的人工栽培集中于日本、中国和韩国。中国主要分布在浙江省洞头县，栽培面积 2 000 hm^2 左右，年产量 6 000 t 左右（干重）。羊栖菜是一种出口导向型海藻，其产品主要销往日本和韩国。

四、羊栖菜的人工栽培

1. 种苗来源

羊栖菜栽培的苗源有三种：野生种群，假根再生苗以及人工利用有性生殖繁育的苗种。羊栖菜人工栽培在我国始于 20 世纪 80 年代，到 90 年代形成规模化栽培产业。期间由于羊栖菜的全人工育苗技术没有取得突破，苗种来源主要依赖自然种群，养殖户高价收购野生种菜作为种苗，造成我国沿海羊栖菜自然种群遭到严重破坏，很多地区的自然种群已经濒临绝迹。假根再生苗是利用羊栖菜假根可以进行营养繁殖的特性培育的幼苗，假根再生苗效率比利用整颗野生菜的产出率稍高，仍然无法满足规模日益增长的栽培产业的需求，因此，对自然种群的破坏仍然很大。在对其有性生殖规律掌握的基础上，建立了羊栖菜的人工育苗，育苗效率大大提高且得以保证，同时对野生种群的需求大大减少。利用有性繁殖培育种苗，其关键在于：①通过调控羊栖菜发育的环境因子（温度、光照、盐度、光周期等）促使雌雄生殖托的同步发育和精卵的同步排放。②受精卵附到基质后 24 h 内会形成假根，在受精卵还没有形成假根之前，要及时将受精卵均匀地洒到苗帘上，以提高幼苗的附着率。

2. 养成

（1）海区选择

最好选择潮流畅通，水质清澈，没有工业污染的海区。

（2）筏架设置

①定位打桩：浮筏要顺流，江湾海区为泥沙底质，选用大约直径 16 cm、长 3 m 以上毛竹为桩，在毛竹末端打通竹节，长度约占全长的 1/3，且在顶端钻孔系桩绳。

②下筏：下筏前，锚缆绳要与桩绳连接好，浮绠绳上还需每隔 50 ~ 60 cm 处绑好吊绳、浮子，横绳与锚缆绳连接好，再将松紧不齐的筏子整理好，筏架的松紧度要以最高潮也能保持松弛为适度。

（3）栽培管理

①水层调节：栽培羊栖菜水层的调节，实际上是调节羊栖菜接受光照的状况。羊栖菜是好光性海藻，过弱光照对其生长不利，但过强的光照对其生长也有抑制作用，甚至色素会被阳光分解而褪色变黄，且若不及时调整会变白脱落。

②调整筏架：除适当增减浮力外，应及时补上被弄断的绳子，经常检查筏架的牢固程度，每台筏子的松紧要一致，以保证羊栖菜接受光照均匀。

3. 病害与防治

①在临近收获的季节出现麦秆虫附生在羊栖菜藻体上，麦秆虫以藻类为食，是端足目的种类，以三对长的后胸足钩悬于海藻上附着生活，对产量有一定影响。且在羊栖菜收获晒干处理时，因麦秆虫混杂其中不易去除，大大影响干品质量。为了解决这个问题，我们在晒干羊栖菜时，进行多次抖动，能使大部分麦秆虫自动脱落。

②沙蚕栖息在羊栖菜藻体上，以羊栖菜为食物，从而影响羊栖菜养殖产量。多毛类沙蚕主要营底栖生活，多栖息于潮间带、近海岸线海域，呈斑块状密集分布。对沙蚕的预防最主要是海区的选择，羊栖菜栽培海区应尽可能避开沙蚕密集分布区。此外，在进行苗种放养前要尽可能挑出苗种上的沙蚕以避免其繁殖，从而减少危害可能。

第六节　紫菜的人工栽培

紫菜含有丰富的蛋白质和氨基酸，其中呈味氨基酸的比例很高，另外还有种类繁多的芳香类次生代谢物，这些物质构成紫菜的鲜香。脂肪酸组成中，大部分为不饱和脂肪酸，其中二十碳五烯酸（EPA）约占 50%；无机元素异常丰富，富含维生素，被称为“维生素的宝库”。紫菜的营养价值居大型栽培海藻的首位，也是最受欢迎的海藻食品，我国食用紫菜历史已有千年之久。除了东亚有食用紫菜的传统习惯，目前紫菜产品在欧美人群中也越来越受欢迎，紫菜被公认为世界性健康食品，紫菜的消费市场已遍及五大洲 60 多个国家和地区。

紫菜属约有 100 多种，我国据记载约有 20 多种，紫菜的生殖方式和生活史具有多样性。目前在我国的主流栽培种为条斑紫菜和坛紫菜，本书着重介绍条斑紫菜和坛紫菜的基本生物学特性。

一、紫菜的生活史与发育特征

紫菜生活史为异形世代交替，由单倍体的大型叶状体和二倍体的微型丝状体两个世代构成。自然生紫菜藻体在秋天发生，幼苗阶段条斑紫菜藻体前端的营养细胞不断形成并放散单孢子（archeospore），单孢子萌发又可形成紫菜幼苗（图7－9），以前认为坛紫菜不能形成单孢子，现发现幼嫩紫菜在高温期也可放散单孢子。进入冬季低温期，紫菜快速生长；到第二年的初春，叶状体生长成熟，部分营养细胞转化成雌雄生殖器官，即果胞和精子囊母细胞，果胞受精分裂形成果孢子囊，成熟的果孢子囊释放出果孢子。随着果孢子的不断释放，水温的上升，紫菜的叶状体也日渐衰老消亡。释放的果孢子钻入含钙质的基质（贝壳等）萌发成丝状体。夏季钻入贝壳的丝状体经丝状藻丝发育至孢子囊枝，至秋季发育形成壳孢子囊，并放散出壳孢子，壳孢子再萌发成叶状体幼苗。

条斑紫菜和坛紫菜之间的不同之处在于：①染色体数目，条斑紫菜为 $n=3/2n=6$，坛紫菜为 $n=5/2n=10$。②生殖器官的分化，条斑紫菜为雌雄同株且生殖细胞混生，坛紫菜多数雌雄异株，少数雌雄同株藻体上雌雄生殖器的分布有明显的区间界限。

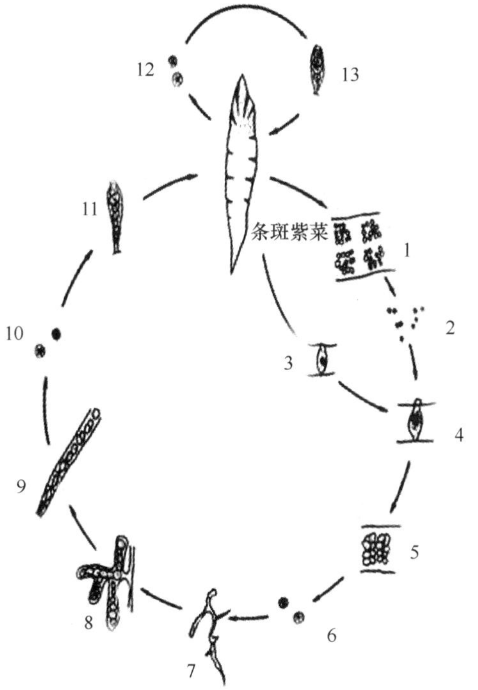

图7－9　条斑紫菜生活史（张学成等，2005）

1. 精子囊器；2. 精子；3. 果胞；4. 受精卵；5. 果孢子囊；6. 果孢子；7. 初期丝状藻丝；8. 壳孢子囊枝；9. 壳孢子形成与放散；10. 壳孢子；11. 壳孢子萌发幼体；12. 单孢子；13. 单孢子萌发幼体

二、紫菜的外部形态

紫菜叶状体为薄膜状，由叶片、柄和固着器3个部分组成。藻体形态一般可分为拟圆形、椭圆形、卵形、肾脏形、拟线形、披针形及漏斗形等，叶缘平整或呈皱褶，但也可形成裂片状及分叉状。基部多为楔形、脐形、心脏形及圆形。一般狭长形藻体，基部多呈楔形或长椭圆形；披针形藻体，基部多为圆形、心脏形；卵形、肾脏形藻体，基部一般呈心脏形或脐形等。藻体呈紫红、紫褐或略显蓝绿色。边缘平滑或有齿状突起。总之，紫菜藻体的外部形态、颜色等与物种及生长环境都有关。

条斑紫菜叶片薄膜状，多为卵形或长卵形，由单层细胞构成，厚度30~50 μm，栽培藻体多在25~30 μm（图7-10）。藻体边缘较薄，有皱褶，细胞排列紧密平整，中间较厚，基部更厚。基部楔形或心脏形。藻体靠近基部的细胞多为倒卵形或椭圆形，基部细胞向下伸出假根丝，集结而成固着器，末端呈圆盘状，固着在基质上。叶片基部与固着器之间的部位称为柄，由根丝细胞构成。藻体长10~30 cm，人工栽培的藻体趋向大型化，有时可达1 m以上。藻体呈紫黑或紫褐色，幼小叶体色泽鲜艳，随着个体的生长色泽逐渐变深，衰老期的叶体色泽暗淡；生长环境的变化也是影响叶体颜色的原因之一，生长在肥沃海区的条斑紫菜颜色浓紫，具有光泽，而贫瘠海区的藻体呈现黄褐色，色暗淡无光泽。

图7-10 条斑紫菜

坛紫菜藻体披针形或长卵形，基部较宽，呈心脏形，少数圆形或楔形。藻体一般平整或稍有皱褶，边缘具有由1~3个细胞组成的锯齿状突起，靠近藻体基部边缘更加明显。藻体颜色暗绿紫而带褐色或红褐色。坛紫菜藻体由单层细胞构成，但外被较厚胶质层，藻体厚度较大。自然生坛紫菜藻体一般个体较小（12~18 cm），而人工栽培的藻体可达0.5~1 m，最高纪录为4.44 m。藻体基部细胞向下延伸，色素体消失，形成管状分枝的假根丝。假根丝汇集成圆盘状固着器（图7-11）。

图 7－11　坛紫菜

三、紫菜生长发育对环境条件的要求

1. 紫菜的生态分布

紫菜属是世界性种类，从南半球到北半球，从寒带到热带，都有分布。目前世界上已知的紫菜种类 130 多种。我国北起辽宁省，南至海南省沿海都有紫菜分布，根据资料，我国记录定名的紫菜物种或变种有 22 种，包括冷温带和暖温带的特征种类。其中条斑紫菜和坛紫菜是我国两个主要栽培物种。条斑紫菜是北太平洋西部特有紫菜种类，在我国自然分布于浙江舟山群岛以北的东海、黄海和渤海沿岸。除我国外，还分布于朝鲜半岛和日本沿海。在自然界里，条斑紫菜多生长在中低潮带的岩礁上，生长期为 11 月至次年 6 月。坛紫菜为我国特有种，自然分布于我国东南沿海，多生长在中高潮带的岩礁上。

条斑紫菜是世界主流栽培物种，主要集中在日本、韩国和中国。坛紫菜栽培为中国特色物种。目前，据中国渔业统计年鉴记录，我国紫菜栽培面积占大型经济海藻的 50% 以上，其中条斑紫菜占整个紫菜栽培面积的 2/3，从产量和产值来说，条斑紫菜和坛紫菜约各占一半。我国条斑紫菜栽培区域集中在江苏省，另外在山东省也有少量栽培，坛紫菜栽培主要分布在福建、浙江和广东沿海。

2. 紫菜的生长发育对环境条件的要求

由于紫菜分布于潮间带，基于潮汐的涨落，生活环境变化比较剧烈，因此，紫菜的生长发育除光照、温度、营养盐和水流等一般性限制因子外，还与海水密度和潮位密切相关。

（1）光照

紫菜对光照的适应范围较广，可耐受强光辐射，一般在光照达到5 000 lx时，光合作用快速增强，到8 000 lx基本达到饱和，随后光合作用虽然不在提高，但仍维持正常代谢活动。紫菜的光补偿点较低，为300～500 lx，因此可适应弱光环境。

（2）温度

紫菜叶状体对温度的要求因物种以及藻体生长发育阶段不同而有很大的差异。实验证实，条斑紫菜壳孢子萌发至10个细胞以下幼苗的生长适温为20℃或稍高于20℃，100个细胞以内幼苗的生长适温亦可高于20℃，说明幼苗能够忍耐较高的温度。1 cm左右的幼苗的生长适温为12～17℃，以16℃为最适温度。就是说，在光照、二氧化碳、氧、营养盐等紫菜生长所必需的因素都得到充分满足的情况下，光合作用和呼吸作用进行得最旺盛的水温是16℃。但必须注意，这是条斑紫菜生理上的适温，而不是支配产量的适温。因为水温在16℃左右时，条斑紫菜的生理作用最旺盛，其生长水域中的必要成分（营养盐、二氧化碳、氧等）被急剧消耗，如果外部补给跟不上，就会引起营养失调；而且，16℃左右也是大量病菌滋生的适温，所以这样的水温持续时间长了并非完全有利。因而，从生产角度来看，着眼于产量的适温，应该更低些，一般以8～10℃为好。大藻体相对高温的适应力差，藻体越大，高温限制越明显。条斑紫菜单孢子苗也表现为20℃时生长速度快于15℃；同样的温度条件下，单孢子苗生长要快于壳孢子苗（李世英等，1980）。

坛紫菜则不同，其栽培海区没有低温极限，采苗后的整个栽培期间都能生长。壳孢子萌发至肉眼见苗以前，适温为26～29℃左右；幼苗5 cm左右，适温约为23～25℃；5 cm以上藻体，适温范围12～16℃。在满足其他必要生长因子时（如营养盐），水温越低生长越快。

温度除了对营养生长的影响，对发育和生殖的影响也很明显。高温促进壳孢子苗放散单孢子以及成体性成熟。

（3）营养盐

1 g紫菜干品中约含有400 mg碳，70 mg氮，7 mg磷。在自然条件下，肥沃海区生长的紫菜，其生长速度快、叶片大、色浓紫、有光泽；贫瘠海区生长的紫菜，生长缓慢，叶片呈黄绿色、无光泽，细胞液泡大，严重时紫菜变为淡黄色。

（4）水流

紫菜叶状体的生长与海水流动状况有很大关系。水流畅通的海区，紫菜生长期长、质量好、产量高；反之，生长期短、品质差、易发生病害。

（5）海水比重

紫菜对海水比重的适应范围较广，适宜范围1.015～1.025，超出范围时，紫菜亦可生活。海水比重影响叶状体放散果孢子，以 1.020 ~ 1.025 最为适宜，比重超过这个范围时，果孢子放散量明显减少。

（6）潮位

自然生长在潮间带岩礁上的紫菜叶状体，每天随潮汐涨落，经历 1 ~ 2 次干露，最长时间可达 7 ~ 8 h。在生产中，出苗期间中低潮位的出苗快，幼苗生长也快，但杂藻污染也严重；高潮位出苗晚、生长慢，但杂藻繁衍也受到抑制。在后期，高潮位的藻体生长更加健康、快速、衰老慢，因此适当的干露对紫菜栽培有好处。

四、紫菜人工栽培

1. 养殖海区的选择

（1）底质

底质不是影响紫菜生长的因素，但和浮筏设置有关。半浮动筏只能在适合打桩、下砣及不易损坏这些器材的底质上进行，如沙质、泥沙质，甚至泥质海底和砾石质海底。但底质太软有两个缺点，一是在低潮干出时活动不便，另外泥质底涨潮后水质混浊，网上附泥多、杂藻繁生，对出苗有一定影响。在选择海区时以泥沙底质较为合适，岩礁底质不易打桩和设置筏子器材，目前尚未被利用于人工栽培。全浮动筏式可在与海带栽培相同的海区进行。

（2）潮位

条斑紫菜和坛紫菜在自然条件下都是生长在潮间带的海藻，潮位不同，其出苗、生长以及产量都有明显差异。因此设置筏架时，潮位高低是一个重要的参数。根据条斑紫菜与坛紫菜的自然分布情况，比较合适的潮位是大潮时干露 2 h 30 min 到 4 h 30 min 之间的潮区为最好。理论上条斑紫菜养殖的潮位比坛紫菜要低，因其耐干性差，但实践证明，可以养坛紫菜的中潮区均可以养殖条斑紫菜，若选择潮位太低，反而易在网帘上附生杂藻和附着淤泥，影响紫菜的生长和产量。

（3）海水的流动

海水流动情况良好，紫菜生长快，生长期长，产量高，硅藻不易附着，紫菜质量好；海水流动不畅，紫菜叶状体易被硅藻附着，藻体提早老化以致影响产量和质量，一般认为流速为 10 ~ 30 cm/min 为宜。条斑紫菜生长适宜的流速为 20 cm/min，朝东、北海区由于其风浪较大，水体交换快，一般比朝南海区和内港海区要好。

（4）营养盐

在南方海区现在海水普遍富营养化，虽然营养盐指标已不是紫菜养殖的重要参考要素，但根据众多的实践证明，有适量淡水汇入的海区紫菜生长较好。对于那些紫菜养殖密集的海区，在紫菜生长旺盛的季节，仍有缺肥的可能性。

2. 养殖设施布局

养殖设施主要包括网帘和浮动筏架两个部分，网帘采用维尼龙绳或维尼龙和少量聚乙烯混合绳，一般绳粗细程度在 45 ~ 120 股间，网帘规格现在有两种，一种为国内广泛采用的 5 m^2 左右的方网，网眼规格 10 cm × 10 cm 至 15 cm × 15 cm 不等；另一种为 18 m × 1.6

m 的日本网，网眼规格 15 cm × 15 cm。半浮动筏架一般由浮筏、桩缆、脚架和浮竹四部分组成，全浮动则没有脚架，只有浮筏。养殖海区中筏架的设置方向应于潮流方向一致或基本一致，这样有利于水体交换和提高筏架的抗浪能力。

3. 苗种

（1）来源

由于突破了紫菜全人工育苗、采苗难题，苗种在各养殖地均能自给。

（2）苗网的运输

从育苗厂到养殖海区的运输中，注意不能长时间受太阳直晒和被雨淋，特别是对于路途运输时间较长的，在运输过程中可适当洒些海水，苗网不能太多重叠。

（3）苗网中间暂养

也即全苗网的形成，正规的紫菜养殖在网帘采好苗出池后都经过具干露条件的海上出苗装置暂养，使苗萌发成 2 ~ 5 cm 小紫菜（也即形成全苗网）后再放养到养殖海区，对于全浮动筏式养殖条斑紫菜必须使用全苗网；而大面积潮间带半浮动筏式养殖条斑紫菜一般采用 2 ~ 5 张网重叠放置，等形成一定的苗量后再分开养殖，坛紫菜养殖不需苗网中间暂养。

4. 出苗期的管理

从网帘下海到出现肉眼可见大小的幼苗为止，这一期间称为紫菜的出苗期，用半浮动筏式栽培的条斑紫菜 10 ~ 20 d 见苗，苗帘上采苗密度越高，见苗时间越短，反之则越长。坛紫菜见苗时间较短，一般 10 d 左右能见苗，由壳孢子长到 1 ~ 3 cm 的苗，条斑紫菜需 30 ~ 45 d，而坛紫菜最多需 20 d，这段时间应加强管理，力争做到早出苗，出壮苗，出全苗，主要的管理工作如下。

（1）掌握合适的潮位

潮位不同，出苗的情况也不同。如潮位在大潮时干出 4.5 h 是适于紫菜出苗的潮位。

（2）苗网的管理

苗网下海后的管理工作主要是清除浮泥与杂藻，必要时可用人工泼水或机械方法去除网帘上的浮泥，促进紫菜苗的生长和条斑紫菜单孢子的放散，对于网帘上的硅藻、青苔等杂藻，目前普遍采用的办法是晒网半天左右再阴干一天，然后重新放回海区，晒网选择多云、北风天气。

（3）及时补苗

网帘下海后 20 d（坛紫菜为 15 d）仍不见苗或苗数量很少，则要及时请技术人员镜检，若发现属于苗网上本身苗已不够，则要及时补采，采单孢子苗；或干脆重新清洗晒干，重新到苗厂采苗，以免延误养殖季节。

5. 成体的栽培与管理

紫菜从见苗以后就进入栽培阶段，这一时期管理得好，产量可以增加；如果管理不当，会使产量受到影响，主要的管理工作概括有疏散网帘、移网栽培、不同潮位网帘的对调、施肥。

（1）疏散网帘

网帘下海后，大多数采用数网重叠进行培育，见苗以后，藻体逐渐长大，如不及时疏散网帘，幼苗互相摩擦、互相遮光、互相争肥，这样不但影响幼苗生长，且会掉苗，这时首先应把网帘进行疏散，单网张挂。坛紫菜不存在疏散网帘这一步，因目前一般采用单网张挂见苗。

（2）栽培方式

条斑紫菜的网帘下海后的张挂方式采取半浮动筏、全浮动筏以及先半浮动筏，出苗后再移到全浮动筏去栽培三种方式，后种方式为移网栽培。条斑紫菜用三种方式都可获得可观的单产，说明三种方式都可以栽培。全浮动方式平均产量与半浮动方式很接近。但以移网栽培产量最高，说明在出苗时采用半浮动式，栽培成菜时放到全浮动筏上生产的效果最好。坛紫菜一般不采用此法，但也有个别单位采用。

（3）不同潮位网帘的对调

对于不同生长期的紫菜对温度、干露时间及抗杂藻能力有所不同，在生产上先把采好壳孢子的网帘挂到大潮水有 5 ~ 8 d 干露，每天干出时间 2 ~ 3 h 的低、中潮位培养，其见苗时间早，出苗齐，当紫菜生长到 3 ~ 6 cm 时，日生长速度快，下海后经 50 ~ 60 d 栽培就可进行第一次剪收紫菜（坛紫菜 35 ~ 40 d）。这时低潮位的产量往往比高潮位的产量多，经剪收 1 ~ 2 次后，低潮位的网帘由于干露不够，藻体上易生杂藻使藻体老化，以后以中潮位的最好，高潮位次之。为了提高低潮位网帘的产量，最好把低潮位的网帘与高潮位的互相对调，或把一些低潮位网帘移到高潮位的新架子上。

（4）施肥

南方海水含氮量比较高，水质比较肥沃，一般不施肥可以进行生产。但实践证明施肥可以减轻病变的发生，可以促进紫菜的生产，增加光泽，提高质量。在生产上以施氮肥为主，主要使用尿素、硫酸铵、氯化铵，可选择在紫菜快速生长期用 0.5% ~ 1% 左右的肥液，人工均匀喷洒到栽培海区中，为减少肥料流失，尽可能把肥料海水直接喷洒到紫菜网帘上。

6. 防治病害、敌害

采苗、养成期间，常见的敌害有：硅藻、浒苔、野鸭、鱼类、油污等。

（1）硅藻

采苗期间，帘上有直链硅藻、弯杆硅藻等附着，群众称为“油泥”。它直接影响壳孢子的附着和萌发，适当的干露或每隔 4 ~ 5 d 冲洗一次帘子，能减轻硅藻的危害。如附着过多，可把帘子抬上岸晒一天。紫菜生长后期，有舟形硅藻大量繁殖，附生在紫菜藻体上，加工后菜饼成灰白色，影响质量。适当提高养殖潮位，可以减轻危害。

（2）浒苔

浒苔俗名青菜或青苔，是紫菜养殖的主要敌害。浒苔在 9 月下旬出现，11 月到翌年 2 月是生长旺季，低潮位的比高潮位的附着多，浒苔苗比紫菜苗生长快，使网帘沉积大量污泥，造成紫菜幼苗色素转淡，生长缓慢。防治方法现在普遍采用晒帘，选择晴朗北风天气，小苗时晒半天到 1 天，苗 1 cm 以上的可以晒 2 天，南风天湿度大，晚上有露水，会造成紫菜苗死亡，不宜晒帘除害。

（3）鱼类

在晴朗天气，鲷科和鲻科鱼类能大量吞食紫菜，对紫菜幼苗的危害更加严重，鱼类较多的海区养殖紫菜，应加强监视，特别在采苗后 10 d 左右，可在养殖区周围装置网片，减少鱼群进入，也可组织捕捞除之。

（4）油污

渔区常有大量机帆船停泊和行驶，使帘架受到油污污染。采苗期造成采苗失败，养成期影响紫菜生长，降低产品质量。应发动群众做好废柴油、废机油、机舱污水处理工作，已污染的帘子，如 2 ~ 3 d 内有大风浪，可利用风浪冲走油污。风平浪静天气则利用退潮海水冲洗帘子。

（5）病害

紫菜的病害主要是紫菜的病烂问题，近几年每年紫菜养殖区都有大面积的发生和蔓延，特别是 10 月、11 月秋天“小阳春”期，气温恒定不降，紫菜病烂情况更加严重，症状为：藻体变软，失去弹性，色泽变浊，由原来的褐色变为绿色至淡白色，以后逐渐断落，随水流走，紫菜大面积病烂原因较为复杂，据分析，与采壳孢子时间过早、采苗方法不对（不应用染布法）、气候异常、养殖密度过高（每厘米苗绳上含苗数不要大于 20 株）、种菜退化等有很大关系。另外，还与养殖区域潮流畅通情况、水质等相关。

紫菜发生大面积病烂后，防治比较困难，目前尚无有效的治疗手段和措施，所以要实行以防为主的方针，而进一步的防治措施有待以后继续摸索和研究，目前主要是采苗关和养殖关，养殖关的预防手段如下。

①晒网：把已发病网帘运上岸晒太阳 1 d，再室内阴干 1 d，挂回海区；

②冲帘：海区浮泥附着于藻体上，若时间过长，也会造成烂菜，可每隔几天冲洒网帘，把帘上过多浮泥冲去，对防病有一定的效果；

③施药、施肥：杀毒矾 $1\,200 \times 10^{-6}$溶液，在潮水退后喷洒紫菜网帘，尿素 0.3% 溶液喷洒网帘；

④合理布局疏散养殖密度：紫菜养殖区密度过高，破坏了海区本身的生态平衡也是造成烂菜的因子，对有条件的海区，适当疏散网帘，可防止病烂的蔓延，对一些紫菜密集区，建议疏散部分网帘到较高潮区养殖，可增加干露机会，增强抗病力；

⑤应用冷藏网：在秋季“小阳春”紫菜发病高峰期把紫菜网帘放入冷库内保存，避过高温期后再放回海区放养。

7. 紫菜的采收与加工

（1）采收

①采收的时间：条斑紫菜第一次采收时间，正常情况下约在采壳孢子后 50 ~ 60 d 左右，即 12 月上旬，紫菜长度为 20 cm，坛紫菜在采苗后经 40 ~ 50 d，一般 10 月底至 11 月初，可进行第一次收割，以后每隔 20 d 左右可进行第二、三次采收，一般早上采收较为合适；

②采收的方法：根据条斑紫菜不断放散单孢子，紫菜数量不断增加的特点，应采取拔收方法，拔大留小，有利于增加产量。坛紫菜目前也一般采用拔收方法，有条件可采用机器收割。

（2）加工

目前条斑紫菜加工普遍采用全自动紫菜加工机加工，极大地提高了紫菜加工质量。产品销往日本、中国台湾等地。产品规格为 19 cm×21 cm，每张重 3 g。而坛紫菜采用的办法是晒制成菜饼出卖。

五、紫菜的种质保存

紫菜二倍体丝状体为微观世代，可经营养繁殖，扩大数量，长期保存，这是紫菜种质保存的主要形式。经过多年的研究和实践，国内外藻类学家都发现，将紫菜生活史中的微观世代，即紫菜丝状体用来作为种质保存是十分合适的。紫菜丝状体是二倍体，属雌雄配子接合的产物，但从保种性质来看，只有同配接合产生的丝状体，即只有纯系丝状体才是有意义的。从研究进展看，已有实际应用意义的种质技术方法有三种：一是对选育对象做连续多代的自交纯化，得到性状较为稳定的良种种质，例如日本的奈良轮条斑紫菜和大叶甘紫菜（Miura A. 1975；1976）、我国早年的长叶型条斑紫菜品系（张佑基等，1987）。二是选取育种目标的叶片组织块，经自交或亲缘交配，直接制备获取性状较为稳定的良种种质（曾呈奎等，1999）；或由选定的单孢子发生植株，切取组织块自交产生同型接合的纯系种质。三是对选择对象的叶片组织做微小切块，在控制条件下培养，使这些切块细胞经类似于愈伤组织的途径直接转化成丝状体，这一方法对获取坛紫菜、半叶紫菜这类雌雄分生型种类的纯系种质有重要意义。后两种方法是国内近年发展起来的种质操作技术，对紫菜种质库的建立以及遗传育种研究等起到了推动作用。而近年来我国条斑紫菜已有 1/3 生产面积应用了良种或改良种质，也与这些种质技术的建立直接相关。

第七节　龙须菜的栽培

龙须菜 *Gracilaria lemaneaformis* 属于红藻门、杉藻目、江蓠科、江蓠属海藻。它富含海藻多糖、维生素及碘、铁、钙等多种矿物质和有特殊功效的生理活性物质。长期食用龙须菜能降血压、降血脂、平衡血液酸碱度、预防动脉硬化。龙须菜能促进消化和排泄体内积聚之废物，排毒养颜，是一种新兴的海洋蔬菜，是新一代海洋绿色食品。除了直接作为人类的食品，龙须菜含胶量高，且琼胶质量好，是琼胶的主要来源之一。琼胶在食品、医药、化学制品和现代生物技术中具有广泛用途，随着社会的进步，国内外市场对琼胶的需求迅速增长。近年来，国际琼胶价位不断攀升。琼胶不能人工合成，只能从产琼胶藻（agarophyte）中提取，主要是石花菜属 *Gelidium* 和江蓠属海藻。龙须菜生长迅速，而且它的琼胶含量和质量在江蓠属中是最好的，经碱变性后琼胶的凝胶强度可以与石花菜媲美。另外，龙须菜还是海珍品的极佳饵料，目前国内栽培的龙须菜，一半以上作为鲍鱼饲料。规模化栽培龙须菜还能有效地改善海区水质，缓解水体富营养化。

一、龙须菜的生活史

其为三世代型生活史，由孢子体（2n）、果孢子体（2n）和配子体（n）3 个世代组成。孢子体成熟、经减数分裂产生并放散单倍的四分孢子；四分孢子萌发成为雌、雄配子体；配子体成熟，雄配子体产生的精子与雌配子体产生的果胞结合，发育成寄生在雌配子体上的果孢子体。果孢子体放散果孢子，发育成四分孢子体（图7-12）。

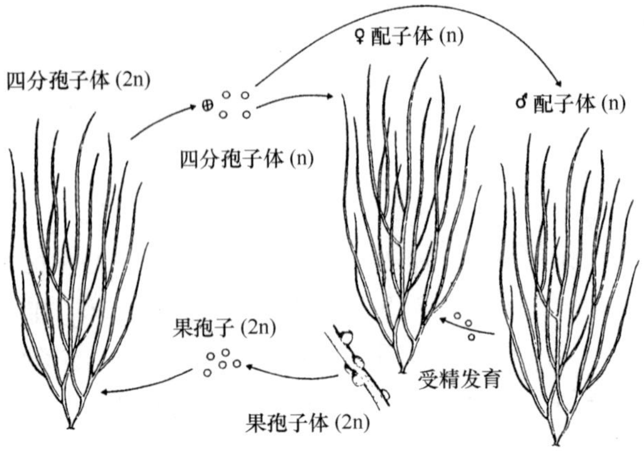

图7-12 龙须菜的生活史（Kain and Destombe，1995）

二、龙须菜的外部形态

龙须菜四分孢子体、雌配子体和雄配子体形态相似。藻体呈褐色到紫红色，直立，线形分枝，分枝互生或偏生。藻枝呈圆柱形，基部略粗，枝端逐渐尖细，枝径0.5~2.0 mm，主枝较分枝粗；株高10~50 cm，高的可达1 m，人工栽培的更高。藻体基部为小盘状固着器（图7-13）。在繁殖期，雌配子体藻枝上可见突起囊状的囊果；而四分孢子体表面可见色素较深的斑点，即四分孢子囊群。

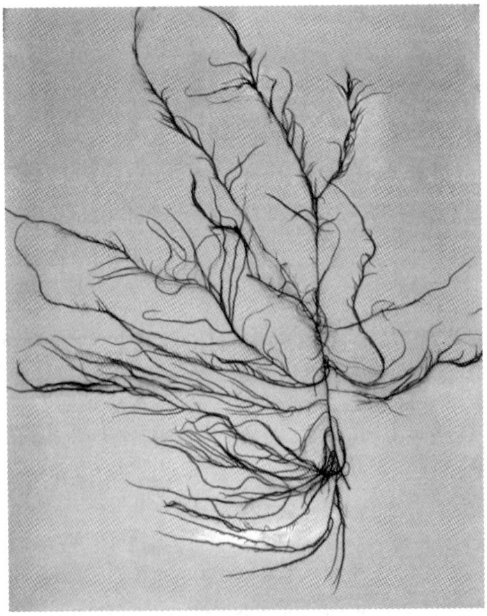

图7-13 龙须菜外形

三、龙须菜的生态分布

其喜生长在有淡水流入和水质肥沃的内湾中，龙须菜为温带性海藻，尤其在风浪较平静、水流畅通、地势平坦、水质较清的港湾中，生长较为旺盛，主要分布于中国、日本、美国、加拿大和南非等国家沿海。在我国产于山东半岛沿海，生长在向阳、海水洁净、底质为沙质的低潮带。龙须菜栽培产业集中在中国南部沿海一带，主要在福建省，其次在广东省和山东省。

其适温范围为11～23℃，通过耐高温品种的培育，某些耐高温品种的高温耐受性可超出此范围。

四、龙须菜的人工栽培

由于龙须菜在原产地出现两个分隔的生长季节，不能有效积累生物量，因此最初实现龙须菜大规模栽培的目标是以异地栽培的方式进行的，将龙须菜南移至广东、福建海区进行栽培，可进行从10月到翌年5月的连续生产。因此提高其耐热性对于龙须菜栽培的推广非常关键。目前所使用的优良栽培品种“981”龙须菜具有耐高温（比野生型藻体提高了3℃）、分枝多、生长迅速、性成熟晚等优良特性，在我国广东、福建等地得到推广。

1. 栽培模式

龙须菜的栽培方式主要分为底播和浮筏两种，目前我国的龙须菜人工栽培主要采用浮筏式栽培，将作为苗种的龙须菜藻体夹在苗绳上横向悬于两根平行排列的缆绳间，进行营养增殖，待藻体长大后进行采收、晒干。栽培模式可分为以下三种。

（1）筏式单养龙须菜

这是主要的栽培形式，其中大多数是在秋、冬、春三季连续栽培龙须菜3茬，少数是全年筏架不上岸，连续栽培4茬。

（2）龙须菜与海带筏式轮养

9—12月栽培龙须菜，12月至翌年4月栽培海带，4—7月栽培龙须菜；少数是7—9月也栽培龙须菜。

（3）龙须菜与牡蛎筏式轮养

在夏、秋、冬三季吊养褶牡蛎，在冬、春季牡蛎收获后栽培龙须菜1～2茬。

2. 栽培

（1）海区选择

①底质：除了凹凸不平的岩礁底质外均可。

②水深：冬季大干潮线下2.0 m以上水深。

③风浪与水流：目前，由于养殖器材坚固，抗风浪能力强，可以到潮流较急的海区养殖，风浪较小的海区要求潮流畅通。

④水质：南方海区水质一般较肥沃，只要养殖季节海区海水比重在1.018以上、没有工业废水严重污染均可。

（2）筏架设置

①定位打桩。由于龙须菜在南方生产要避开高温季节的台风期，因此，考虑筏向的主要因素是潮流，筏向要尽可能做到顺流。筏子的位置方向确定后，要确定筏长和桩间距离。筏身长度为 50～65 m，锚缆绳的纯长度为满潮时水深的 2～3 倍。一台筏子的 2 个桩间的水平距离为筏身长度加上锚缆绳与水深构成的直角三角形的另一边长度的 2 倍。两筏之间的距离就是相邻桩间的桩距，不同的养殖模式则距离不同，有的 2.5～3.0 m，有的 4.5～5.5 m，这样即可确定桩位。桩基材料视海区底质不同而异。沙泥质底的海区应选用大约直径 13 cm、长 2 m 的松木为桩；泥沙底的海区选用大约直径 16 cm、长 3 m 以上毛竹为桩；软泥质底的海区应抛 50～100 kg 的铁锚。注意毛竹末端要打通竹节，长度约占全长的 1/3。除铁锚外，各桩均要在顶端钻孔以便系桩绳。

②下筏。下筏前，锚缆绳要与桩绳连接好，浮埂绳上还需每隔 50～60 cm 处绑好吊绳和相应的浮子后下海，每小区台架的两侧还需加固横绳，浮埂绳、横绳与锚缆绳连接好，再将松紧不齐的筏子整理好，使间距一致，即构成单式筏架。筏架的松紧度要以最高潮也保持松弛为最适宜。

③每小区（约 0.2 hm^2）的用料。除了桩基外，还有 2 160～2 800 丝的聚乙烯浮埂绳、横绳、180 丝的聚乙烯吊绳和 2 800～3 600 丝的聚乙烯桩绳、锚缆绳以及浮子等。

（3）取苗、夹苗、挂苗

①时间。在水温下降至 27℃时，约在每年 9 月下旬至 10 月上旬。

②苗种来源。龙须菜"KF981"品系是采用生物技术培育的，目前采用营养繁殖方式进行育苗。由于龙须菜不能在南方海区自然度夏，每年夏季种苗需要在室内控温条件（温度为 20～25℃）下人工培育进行度夏，在适温时通过下海扩大培育，为生产提供大量优质种苗。

③苗种下海扩大培育时间。每年秋季当海水水温下降到 25℃以下时，可以将在室内控温度夏培育的龙须菜移至海区进行扩大培育。

④龙须菜海区围网培育。由于龙须菜栽培的敌害鱼类（如篮子鱼等）会侵食龙须菜，在水温为 16℃以上敌害鱼群没有消退以前，龙须菜在海区的栽培需要用防渔网围网才能进行扩大培育。具体方法是在退大潮时用木桩将直径为 6 cm 的长竹竿固定在海底，竹竿的长度以高潮位时能露出海面 50 cm 为宜，竹竿间距为 3 m，排列成一定面积的长方形，再用孔径为 1 cm 的聚乙烯网片围在竹竿外面，网片上边悬挂在竹竿上，下边紧贴固定在海底，形成龙须菜的围网育苗区。用 120 纱以上的聚乙烯绳作为夹苗用的苗绳，苗绳长度为 25 m，按每米苗绳夹龙须菜 15 g 的密度进行夹苗，每簇龙须菜的长度为 6～8 cm，簇与簇间距为 8～10 cm，每 40 条苗绳为 1 亩。夹苗后把 10 根苗绳平行排列，苗绳间距 25 cm，两端绑紧在长度为 2.5 m 的竹竿上，中间加上 2 根竹竿和 2 个泡沫塑料块作为浮子，构成长方形的养殖筏架。筏架用木桩和埂绳固定在海上，保持漂浮在水面而不干露出水面。每台筏架之间用聚乙烯绳连接，并留出一定距离的工作沟，方便竹筏进出。

⑤苗种的采收。一般经过 1 个月时间的培育，龙须菜的重量能够增长 60 倍，每亩的产量达到 1 000 kg，可以将龙须菜采收作为栽培的种苗。

⑥苗绳。180～360 丝聚乙烯绳，有 3 股 3 花、3 股 6 花两种形式，苗绳的捻度必须适

宜，太松易掉苗，太紧易伤苗。分苗前几天要把苗绳处理一下，即新苗绳用水浸泡 1 d，旧苗绳用 200×10^{-6}漂白粉消毒、洗净。

⑦夹苗。应采用簇夹法。夹苗量为每米苗绳 50 g 龙须菜，把剔除杂藻（浒苔等）后当种苗的龙须菜按 5 g 左右为一小簇穿过苗绳，每隔 5 ~ 10 cm 左右夹一簇苗，应夹在苗中部，两端露出 5 ~ 6 cm。夹苗时，防止阳光曝晒和藻体干燥，以防藻体脱水和超过温度上限。

⑧挂苗。把夹好的苗绳两端和浮埂上的吊绳连结好。

（4）栽培管理

①水层调节。调节栽培水层，实际上是调节龙须菜的受光。龙须菜是好光性海藻，过弱的光照生长慢，但过强的光照对其生长有抑制作用，甚至色素被阳光分解而造成褪色变黄，如不及时调整会变白脱落。

②调整筏架。除适当增减浮力外，应及时补上被弄断的绳子；要经常注意检查筏架的牢固程度，每台筏子的松紧要一致，要求齐正划一，以保证生产安全和龙须菜受光均匀。

③施肥。南方海区水质肥沃，一般不施肥；但在个别季节，局部海区营养盐不足时应考虑挂袋施肥。

3. 收获晒干

经过 2 ~ 3 个月的生长，龙须菜增重超过 100 倍，这时藻体较粗，颜色紫黑，当每米苗绳达到 3 kg 时即可收获。除非病虫害严重而抢收，否则不宜过早收获，因为过早收获的龙须菜含胶量较低。收获应连苗绳一起上岸，不宜采取割收法而留住基部。要选择晴天早晨进行，以确保龙须菜能及时曝晒而不变质。如果第一天没晒干，翌日一定要晒干，以便装袋保存。

4. 存在问题及对策

（1）虫害严重

发生虫害的原因是龙须菜的栽培给害虫提供了一个良好的栖息环境，特别是在夏季，海上还保留着龙须菜养殖筏架甚至龙须菜，造成浪飘水蚤全年均有适宜的栖息环境和适口的饵料生物。龙须菜栽培生产中常见的敌害生物有篮子鱼类、藻钩虾、团水虱和麦秆虫等，杂藻有浒苔、仙菜、水云等。敌害生物以龙须菜为食，会造成减产歉收，杂藻与龙须菜竞争营养盐和空间，影响龙须菜的正常生长。敌害生物及杂藻的防除技术：在对龙须菜的敌害生物及其发生的季节规律进行调查的基础上，在避开篮子鱼的地点和季节进行龙须菜栽培，对于藻钩虾、团水虱、麦秆虫等敌害生物的侵害，可以采用淡水浸泡 3 ~ 5 min 或喷洒敌百虫的方法进行防除；对于浒苔、仙菜、水云等杂藻的侵害可以用淡水浸泡苗绳 5 min，或通过调节龙须菜养殖水层的深浅来控制光照强度，抑制杂藻的生长，达到防除杂藻的效果。

（2）局部病烂

发生病烂的原因是多方面因素引起，但主要因素有：①种质退化。龙须菜是一种无性繁殖的海藻，在南方海区经过多茬养殖（特别是夏季高温），影响其生理代谢，抗逆能力下降，一旦环境不适宜就容易造成病烂。②光照变化。冬季向春季过渡期间，光照强度经常突变，如果没有及时调节水层，就会引起其生理性病变。③密度过大。由于前几茬龙须菜生长效益良好，导致海区养殖密度过量、水流不畅、局部营养盐不足等不利条件，影响了龙须菜正常生长，降低了抗病能力。④夹苗不科学。目前，大多数养殖户认为增加苗量可以增加单位产量，每米苗绳用苗量是技术规程的几倍，致使苗种夹得成团过密，甚至有的养殖户不是单簇夹苗而是连簇夹苗，造成每簇龙须菜里外受光差别过大，容易病烂。要减少龙须菜病烂发生，必须做到：①改良种质。每年从北方引进龙须菜，建立扩种基地，于第二茬生产时全面改用不经南方度夏的龙须菜，以保持龙须菜原有的种质，同时，每隔几年应再人工选育龙须菜原种 1 次。②合理布局。养殖布局较合理的兴化湾内，其病烂状况轻，虫害也少。③科学管理。不但夹苗要规范，而且要经常调节水层，特别是天气突变时，龙须菜宁可距离水面多些，长得慢些，也不宜被强光长时间照射。同时，局部海区营养盐不足时，可施用氨肥，氨肥对害虫有一定的驱除作用。

第八章　海藻生物实验技术

一、海藻标本的采集和制作

【实验目的】

掌握大型海藻标本采集和制作的基本技能。

【实验材料与用具】

（1）采集工具：采集桶、采集瓶、采集刀、镊子、铁锤、温度计、采集耙、捞网、放大镜。

（2）制作用品：标本盘、吸水纸、纱布、标本纸、台纸、标本夹、报纸、福尔马林、酒精。

【实验方法】

1. 标本的采选

（1）标本完整。

（2）藻体要干净，没有附着生物。

（3）藻体色泽好。

2. 标本处理

（1）个体大，不易腐烂的藻体，直接放入采集桶内。

（2）容易腐烂的海藻，应现场装入瓶、管中即行固定。

（3）避免阳光照晒。

3. 采集记录

记录标本采集的产地、水温、气温、种名、俗名、体质、颜色、习性等。

4. 蜡叶标本的制作

选 3 ~ 5 株藻体完整的标本放在盛有清水的容器内，用毛笔轻轻刷去附在藻体上的泥沙和杂物，而后移入盛有半碱水的瓷盘内。一般用重磅道林纸置于水中，套在标本下面，用镊子或毛笔把标本按其自然状态展开在标本纸上，然后慢慢地将标本纸从水中托起，贴于斜立的木板或玻璃板上，流去多余水分后，再放在吸水纸上，在标本上盖上一层纱布和三四张吸小纸，待标本做完，叠好后，顶面加上木压板或用标本夹夹紧，并放上重物外加适当的压力，以便加快干燥。每天换干吸水纸1~2次，大约6~7 d可完全干燥。

5. 液浸标本的固定

挑选藻体完整，生殖器官好的标本来泡制。固定液为容体的1/2~2/3，标本完全浸入固定液中。

6. 标本保存

（1）蜡叶标本入柜后，应把柜门关好，以防潮气侵入，并放少量樟脑丸以防霉蛀。

（2）液浸标本在入柜前，可换一次保存液，标本瓶、管应用石蜡封口，广口瓶则在瓶口上涂上凡士林，以防止溶液的蒸发。

二、江蓠的常见种及其形态构造

【实验目的】

（1）学会识别江蓠常见种。
（2）掌握江蓠的形态结构特点。
（3）学习徒手切片法。

【实验材料与用具】

（1）实验材料：江蓠、脆江蓠、粗江蓠、细基江蓠、绳江蓠、节江蓠。
（2）实验用具：放大镜、生物显微镜、载玻片、盖玻片、剪刀、解剖刀。

【实验方法】

1. 江篱属常见种的识别和藻体的外部形态观察

藻体数回分枝，分枝不规则或近于双分枝，枝圆柱形或扁平。枝顶有一顶端细胞。常见的种有江蓠、脆江蓠、粗江蓠、细基江蓠等，其形态特征见表8-1。

表8-1

名称	体色	形状	分枝
江蓠	多呈紫褐色，有的略带绿色或黄色	圆柱状，丛生或单生	互生或偏生，分枝基部缢缩，枝端尖细，没有分叉
脆江蓠	透明的紫红色	直立丛生，圆柱状或线形	互生，偏生或二叉式分枝，分枝基部不缢缩
粗江蓠	茶褐色，棕色，有的呈紫红色	圆柱状，单生或丛生	互生或偏生，上部分枝有分叉，分枝基部不缢缩或略缢缩，枝端变细
细基江蓠	黄褐色或肉红色	线形，圆柱状单生或丛生	互生，偏生及二叉式分枝，基部不缩，或渐变细

续表

名称	体　色	形　状	分　枝
绳江蓠	紫红色	线形，多丝生	枝多互生或偏生，有叉状分枝，枝端变细，枝顶端有时簇生几个细小分枝
节江蓠	棕褐色或带微红色	圆柱状，丛生或单生	互生，偏生或不规则，二叉式分枝，分枝基部渐细，常一次或分次缢缩，节间常形成弧弯曲，顶端纯圆

江篱藻体有三种形态：四分孢子体、雌配子体和雄配子体。四分孢子体和配子体的幼体在形态上十分相似，性成熟后可根据性器官区分世代及性别：四分孢子体可见四分孢子，四分孢子囊互相分离，埋生于藻体表面之下；雌配子体有明显的米粒般的囊果；雄配子体藻枝外缘细胞密集反光很强的精子囊，呈白色，精子囊群生于藻体表面下或生在下陷于表面类似生殖窝的凹陷内。

2. 江蓠的内部构造观察

（1）利用徒手切片法将江蓠藻体制成薄片，在显微镜下观察江蓠藻体的纵切面和横切面。

（2）用徒手切片的方法，取一小块四分孢子体进行横切片，在显微镜下观察，其皮层部分长有四分孢子囊。

（2）用徒手切片的方法，取一小块雌配子体进行横切片，在显微镜下观察，雌配子体表面有囊果。

（3）用徒手切片的方法，取一小块雄配子体进行横切片，在显微镜下观察，雄配子体藻体表面有精子囊。

徒手切片前，应先准备好 1 个盛有清水的培养皿。在切片时，用左手的拇指与食指、中指夹住实验材料，大拇指应低于食指 2 ~ 3 mm，以免被刀片割破。材料要伸出食指外约 2 ~ 3 mm，左手拿材料要松紧适度，右手平稳地拿住刀片并与材料成垂直。将刀口向内对着材料，并使刀片与材料切口基本上保持平行，再用右手的臂力（不要用手的腕力）向自身方向拉切。此时，左手的食指一侧应抵住刀片的下面，使刀片始终平整。连续地切下数片后，将刀片放在培养皿的水中稍一晃动，切片即漂浮于水中。当切到一定数量后，可在培养皿内挑选透明的薄片用低倍镜观察检查。好的切片应该是薄且比较透明、组织结构完整，否则要重新进行切片。

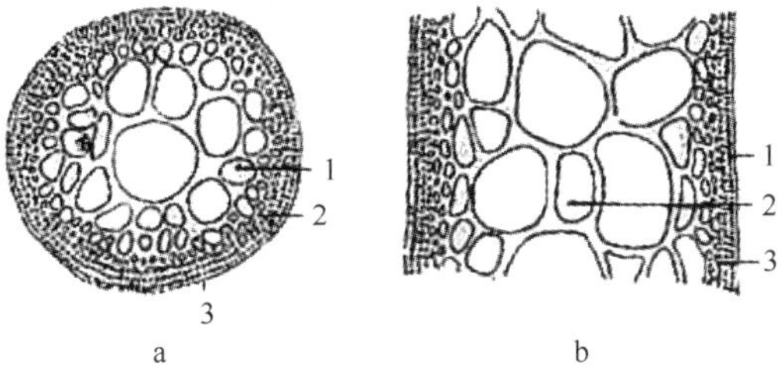

图 8－1　江篱藻体的内部构造

a. 藻体横切面观；b. 藻体纵切面观

1. 表皮；2. 表皮细胞；3. 髓部细胞

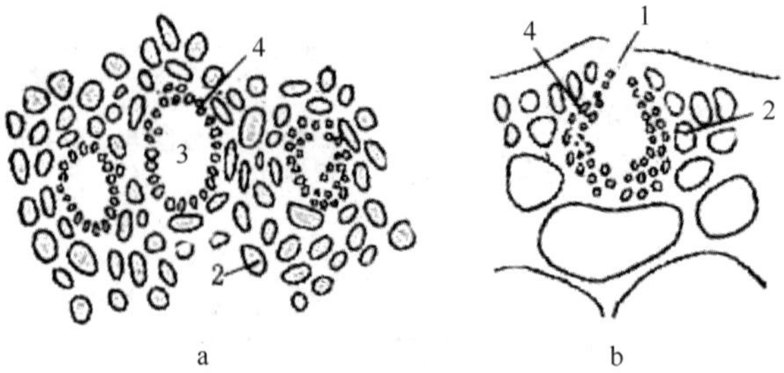

图8－2　缢江蓠的精子囊裹

a. 表面观；b. 横切面观

1. 精子囊孔；2. 表皮细胞；3. 精子囊裹；4. 精子囊

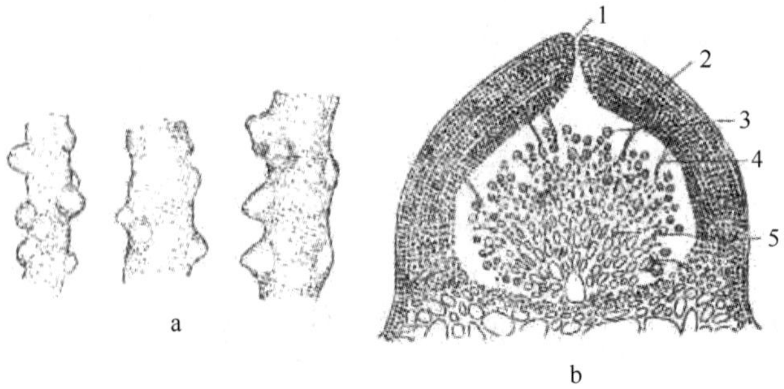

图8－3　江蓠的囊果横切面观与囊果外观

a. 囊果外观；b. 囊果横切面观

1. 囊果孔；2. 囊果被；3. 果孢子；4. 滋养丝；5. 产胞丝

三、麒麟菜的种类及其形态构造

【实验目的】

（1）了解麒麟菜的养殖品种。

（2）了解麒麟菜的形态构造。

【实验材料与用品】

（1）实验材料：琼枝、珍珠麒麟菜、麒麟菜。

（2）实验工具：镊子、解剖盘、剪刀、解剖刀、体视显微镜、生物显微镜、载玻片、盖玻片。

【实验方法】

1. 养殖品种的识别

（1）琼枝：藻体表面黄绿色或紫红色，腹面红色，枝扁压平卧重叠或上部斜立，不规则羽状或叉状分枝。

（2）珍珠麒麟菜：藻体背面黄紫绿色，腹面暗红色，匍匐平卧，主枝圆柱或扁形。叉状分枝，分枝较粗短，互相重叠或愈接成团块状。

（3）麒麟菜：藻体圆柱形，紫红色，对生、偏生、互生或叉状分枝。

2. 麒麟菜的形态构造观察

仔细观察麒麟菜藻体外部形态。利用徒手切片法将麒麟菜藻体制成薄片，在显微镜下观察麒麟菜的纵切面、横切面和孢子囊。

藻体直立，圆柱状或扁压，不规则互生、对生或叉状。藻体两侧或周围有刺状、疣状或圆锥形的突起。中央髓部由比较小的细胞组成，皮层细胞为圆形或多角形。表层细胞小，含色素体，四分孢子囊带形分裂，果孢枝由 3 细胞组成。

四、褐藻常见种类的观察

【实验目的】

（1）了解褐藻的常见种类。
（2）了解海带的形态构造。

【实验材料及用具】

（1）实验材料：网地藻、团扇藻、水云、海带、裙带菜、鹅肠藻。
（2）实验工具：刀片、剪刀、解剖盘、显微镜、放大镜、载玻片、盖玻片。

【实验方法】

1. 常见种的辨认

（1）网地藻：藻体褐色，扁平叶状，直立丛生，为双叉形重复分枝，无中肋，由分枝假枝或盘状固着器附着于基层，为顶端生长，在分枝的顶端各有 1 个透镜形大的分生细胞。

（2）团扇藻：藻体扁平扇状，无中肋，单条或为扇状裂片，下部有短柄及固着器。

（3）水云：藻体分上下两部分，下部匍匐部，细胞单列，不规则的假根状附生在其他物体上。直立部丝体，具有繁茂的分枝，分枝一般为对生、互生、偏生或不规则，枝末端尖细，常延伸成无色毛。直立分枝体除顶端细胞外，大部分为圆柱形。

（4）鹅肠菜：藻体暗褐色，幼时颜色较淡，丛生扁平叶片状，一般体高 10 ~ 30 cm，最高可达 50 cm，宽 2 ~ 4 cm，叶体中、上部略宽大，顶端圆钝，基部呈楔形，柄部短小，下连一小盘状的固着器。

（5）海带：海带孢子体，一般长 2 ~ 4 m，最长可达 5 ~ 6 m，宽 20 ~ 30 cm，最宽可达 50 cm。褐色。假根分枝，牢固地固着于基层上，假根向上，伸出 1 条粗短圆柱形或扁圆形的柄部。柄上部为宽大的长带状的叶片，小海带期，叶片出现凹凸现象，大海带期叶面则平直宽厚。

（6）裙带菜：高 1 ~2 m，宽 50 ~ 100 cm，明显地分化为固着器、柄及叶片。固着器为叉状分枝的假根组成，假根的末端略粗大，以固着在岩礁上，柄稍长、扁平、中间略隆起。

2. 形态的观察

（1）褐藻的形态

①异丝体：由匍匐部和直立部组成。

②假膜体：藻丝胶黏在一起。

单轴假膜体：由一中轴分枝的藻丝组成。

多轴假膜体：由多轴分枝组成。

③膜状体：已有类似根、茎、叶或气囊等部分的分化。

（2）海带的外部形态

藻体明显分为固着器、柄部和叶片，在叶片中央有两条平行纵走的浅沟，孢子体幼龄期叶面平滑，小海带期叶片出现凹凸现象，大海带期叶面则平直宽厚。

（3）海带的内部构造

①用徒手切片的方法，取一小块孢子体进行横切片，在显微镜下观察：孢子体的柄和叶均分为表层、皮层和髓部。

②同样取一小块孢子体进行纵切片，在显微镜下观察：表皮层由 1 ~2 层排列紧密的小细胞组成，外皮层细胞间分布 1 ~2 层黏液腔，其腔内有分泌细胞，髓丝细胞一端膨大为喇叭花，分生细胞位于叶片与柄之间。

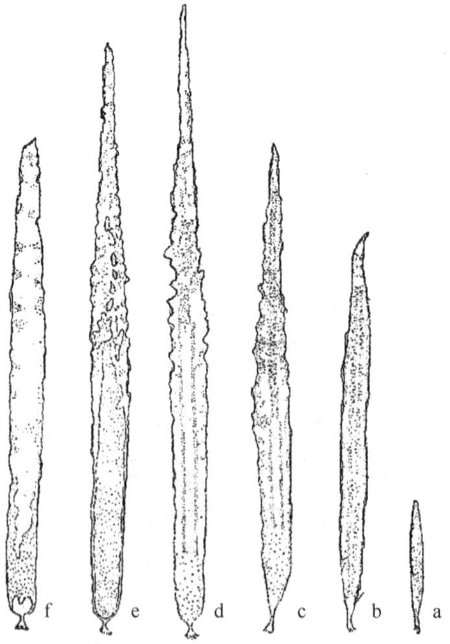

图 8 - 4　海带不同生长发育时期外部形态的变化

a. 幼龄期；b. 凹凸期；c. 脆嫩期；d. 厚成期；e. 成熟期；f. 衰老期

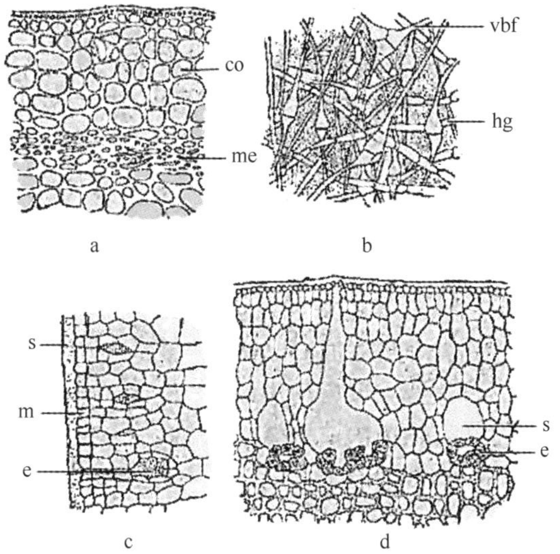

图 8－5　海带构造

a. 海带孢子体横切面；b. 髓部；c. 示喇叭丝（皮层部分横切面，示黏液腔道形成的时期）；d. 成体横切面（示黏液腔道）co：皮层；e. 分泌细胞；hg. 藻丝；me. 髓部；m. 表面分生细胞；s. 分泌腔；v，b，f. 结合的喇叭丝

【思考题】

（1）褐藻的主要特征有哪些？

（2）比较海带、江蓠、麒麟菜的内部构造异同，试从进化角度进行分析。

五、微藻培养

【实验目的】

（1）掌握单细胞微藻的实验室培养方法。

（2）了解单细胞藻类生长特点。

【实验材料及用具】

（1）实验材料：小球藻、等鞭金藻、角毛藻。

（2）实验仪器：电炉、灭菌锅、pH 计、可见分光光度计、血球计数板。

（3）实验器材：试剂瓶（500 mL）、玻璃棒、烧杯（500 mL）、容量瓶（50 mL）、锥形瓶（250 mL）、牛皮纸、细绵绳。

（4）试剂：蒸馏水、海水、各种试剂（见培养基配方）。

【实验方法】

1. 培养基配制

藻类的培养液必须具备藻类生长繁殖所需要的各种营养元素，并且营养盐的比例应该符合藻类生长繁殖的需要。可根据培养藻类对营养的要求，选用合适的配方，在消毒水中按配方加入各种营养物质配成。本实验选用海洋微藻通用配方“F/2 培养基”，配制方法如下。

（1）A 液：称取 $NaNO_3$ 37. 5 g，NaH_2PO_4 2. 5 g，溶于 500 mL 去离子水中。

（2）B 液：称取 Fe－EDTA 2. 5 g（$FeCl_3$ 1. 6 g ＋ EDTA 0. 9 g），溶于 500 mL 去离子水中。

（3）C 液：称取 $Na_2SiO_3 \cdot 9H_2O$ 10 g，溶于 500 mL 去离子水中。

（4）D 液：称取① 盐酸硫铵素（VB1）5 mg（试剂 50 mg/mL，取 100 μL）；② Biotin VH 0. 025 mg（试剂 0. 1 mg/mL，取 250 μL）；③VB12　0. 025 mg（试剂 0. 25 mg/mL，取 100 μL）。

先将维生素分别用纯水溶解，然后混合，用稀 HCl 将 pH 值调到 4. 5 ~ 5. 0，最后用纯水稀释至 1 L。膜过滤后冰冻保存。

（5）E 液：称取以下试剂，逐一溶于 500 mL 去离子水中。

$CuSO_4 \cdot 5H_2O$	0. 009 8 mg
$ZnSO_4 \cdot 7H2O$	0. 022 mg
$CaCl_2 \cdot 6H_2O$	0. 01 mg
$MgCl_2 \cdot 4H2O$	0. 180 mg
$Na_2MoO_4 \cdot 2H2O$	0. 006 3 mg

取 1 000 mL 过滤灭菌海水，分别加入 1 mL A 液、B 液、C 液、D 液和 E 液，配成 1L 工作液。

2. 接种

培养液配好后应立即进行接种培养。取 250 mL 锥形瓶，倒入 200 mL 左右配好的工作液，把选为藻种的藻液以 1/5 比例接入新配好的培养液中。接种过程应注意藻种的质量、接种藻液的数量和接种的时间等问题。

3. 培养

将接入藻种的锥形瓶置于室内进行单藻种静止培养。培养温度 25℃ 左右，光照为 50 ~ 80 μmol/（$m^2 \cdot s$），光暗比为 14 h∶10 h，每天摇瓶 2 ~ 3 次。

计数：分光光度计测定吸光值。利用细胞计数板计数。

4. 微藻生长测定

每天测定一次培养液中的细胞密度，绘制微藻生长曲线。

养液中的细胞密度测定采用如下方法。

（1）血球计数板计数法：测定单位体积藻液的细胞数目。

（2）可见分光光度计法：以藻细胞培养在 500 nm 处的光密度值代表细胞密度，测定单位体积藻液的相对细胞数目。

【作业与思考】

（1）培养基配制时，营养盐为何需要逐一加入？

（2）绘制单细胞藻类生长曲线，分析微藻生长有何特点？

（3）计算每瓶藻的生长速率，公式如下：

$$K = (\ln N_2 - \ln N_1) / (t_2 - t_1) \quad (1)$$

$$T = 0.693\ 1/K \quad (2)$$

式中，K 为相对生长速率；t_1、t_2 为对应的培养时间；N_1 和 N_2 分别为 t_1、t_2 时的细胞密度；T 为细胞的平均倍增时间。

六、微藻细胞密度测定

【实验目的】

（1）理解单细胞藻类几种定量方法的原理。

（2）掌握血球计数板计数单细胞藻类的方法。

（3）掌握使用分光光度计进行单细胞藻类计数的原理、方法。

【实验材料及用具】

（1）实验器材：分光光度计、显微镜、电子天平、恒温干燥箱、血球计数板、计数器、25 mL 或 50 mL 比色管、胶头滴管、擦镜纸、10 mL 移液管、试剂瓶（50 mL）。

（2）实验试剂：鲁哥氏液或甲醛。

（3）实验材料：单胞藻液、消毒海水 500 mL、蒸馏水。

【实验方法】

（1）制作工作曲线。

①取一定量的单细胞藻液，稀释成 5 个密度梯度。

②用分光光度计测定藻液吸光度值：用培养液作为参比，分别测定相应的 5 个浓度梯度藻液的吸光度值。绿色的藻类一般选择的波长为 500 nm；金藻门藻类、硅藻门藻类一般选择的波长为 420 nm。

③用血球计数板测定相应藻液的藻细胞个体密度：把血球计数板及盖玻片擦洗清洁、平放在桌上、并盖好盖玻片。摇匀工作曲线用的藻液，用 1 支干净的平口微吸管吸取藻液，迅速把吸管放在计数板上的盖玻片边缘处，轻压橡皮头，使藻液流入计数板内（如果样品是有运动能力的种类，则应加入碘液杀死，才能取样计数）。稍停 1 min 后，在低倍镜下（细胞太小需用 40 × 10 倍）计数中央大格（400 个小格）和东北、西北、西南、东南 4 个大格（16 个中格），每个样品重复计数 2 次，然后取其平均值。得：

1 mL 水体的藻类细胞数目 = 计数平均值 × 稀释倍数 × 10 000 个（简记：万个/mL）

④绘制工作曲线：藻细胞密度与吸光值的大小成正比关系，根据各组数据绘出吸光

度—藻细胞密度的相关曲线，即工作曲线。

（2）测定被测藻液的吸光度值。

（3）根据工作曲线查出藻液相应吸光度的藻细胞密度。

【注意事项】

（1）血球计数板计数时，藻液不能溢出盖玻片上方，若有溢出，需冲洗干净，重新取样，注意控制藻液流入量，不能过多，也不能过少，应充满计数板部分，不能有气泡。

（2）应注意摇匀后，再取样进行测定或计数。

（3）如果藻细胞浓度太大，应稀释后才计数，计数结果应乘以稀释倍数。

（4）运动的藻类应杀死后才能计数（建议：稀释液中含有固定液）。

鲁哥氏液（Lugol’s Solution）又称碘液，常用的配方是：将6 g的碘化钾溶于20 mL水中，待完全溶解后加入4 g碘，摇荡，待碘完全溶解后，加入80 mL蒸馏水，贮存在棕色试剂瓶内。

【作业与思考】

（1）绘制工作曲线。

（2）计算出测定的单细胞藻的细胞密度。

（3）如何减少计数所造成的误差？

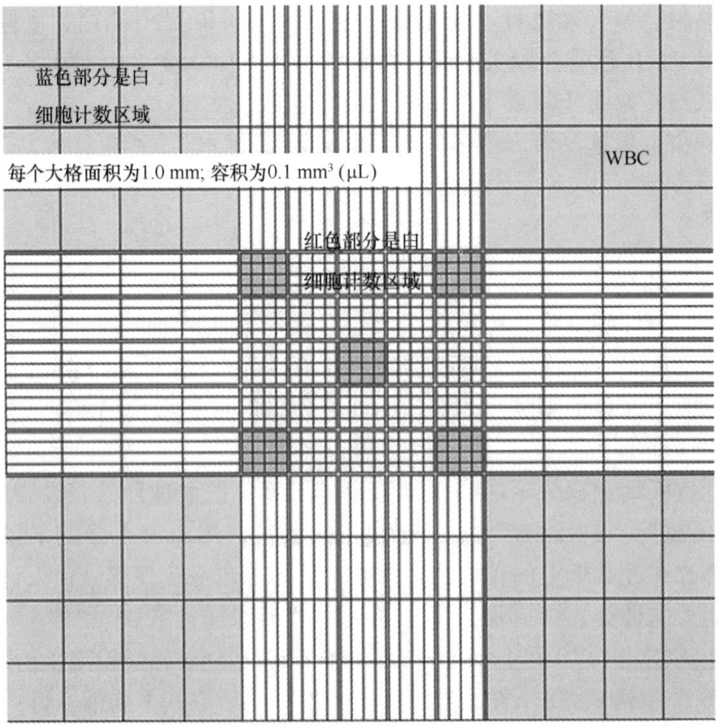

血球计数板

附：微藻的生长定量方法及测定原理

通过对微藻生长速度的测定，可以掌握微藻的生长状况，为施肥、接种、除害及收获等决策提供依据。常用单细胞微藻生长定量方法如下。

1. 干重法

干重法对淡水微藻的生长量的测量较为精确。因海水微藻的藻液中有盐分，需要用蒸馏水反复洗涤藻细胞，这样就会使细胞内有些成分流失，引起测量误差。将藻液用离心机离心或用滤膜抽滤的办法，去除培养液，经过洗涤后，将浓缩藻泥放在60℃下烘干，最后在150℃烘箱内连续烘4 h达到恒重。干重法的优点是比较精确。缺点是手续繁杂，样品用量多，花费时间长。

2. 湿重法

把一定水体积的藻细胞沉淀过滤后，称其重量。日本水产界采用一种“浓缩细胞体积”的计数方法，即将微藻藻液样品装入有刻度的离心管中，在离心力为1 500 g下，离心30 min，测出浓缩后的微藻体积，其计数单位为mL/L。

3. 水滴计数法

选择管口圆而平滑，大小适宜的吸管，吸取1 mL水（尽量准确），然后把管垂直，轻轻地挤压橡皮头，使水一滴一滴地滴出，记录滴数（需反复数次，直到准确为止）。最好是1 mL等于20滴左右，如果太多或太少（水滴过大或过小），在计数时均不理想，此时可另换一支吸管。经这样测定，知道了某一吸管吸取1 mL水，滴出是多少滴。反过来就可以计算出该吸管滴出的每一滴水的容积。经准确测定后的吸管称定量吸管，需做标志并保存好，管口不能损坏。

由于藻类细胞在培养液中分布是不均匀的，尤其是有运动能力的藻类更明显。所以在取样前必须进行搅拌，搅拌后，立即取样。如果藻类细胞是有运动能力的，必须加碘液杀死，才能计数。如果藻类细胞的浓度太大，计数困难，则必须把水样稀释到适宜的程度。以上两种处理可以同时进行。譬如我们需要把水样的藻类细胞杀死并稀释3倍，可用吸量管吸取藻液5 mL，放入一个容量为30 mL的小试剂瓶中，再吸取已经加入碘液（鲁哥氏液）的过滤海水10 mL，放入瓶中，在计数前轻轻地左右摇荡200次，使藻类细胞分布均匀，然后迅速把瓶塞打开，用定量吸管在瓶中央吸取水样。如果藻类细胞无运动能力或运动能力极弱，而又不需稀释的藻类细胞定量，可直接在培养容器中，经搅拌后，用定量吸管吸取。

用定量吸管吸取水样后，迅速把管垂直，滴一滴水样在载玻片上。动作要快，不要让藻类细胞在定量吸管内沉淀。然后，盖上盖玻片，在显微镜下计数全片的藻类细胞数目。每一水样需要各计数2片，然后将2次所得的数值平均。如2次计算结果差异大，则需再计1~2次，再将各数值平均。

计数取得平均值后，可依下列公式求出每毫升水体中所含藻类细胞的数目。

1 mL水体中含藻类细胞数 = 计数平均值 × 定量吸管每毫升的滴数 × 稀释倍数

4. 细胞计数法

血球计数板是一块比普通载玻片厚的载玻片特制而成。国内常用的是 BX－K－25 型血球计数板，每片计数板有上下 2 个计数池。板的中部有一部分比两边低 0.1 mm，两边有沟，在此部的中央画线为一具准确面积的大小方格，在其中可以分为 9 个大方格，每一大方格的面积是 1 mm^2。在四角及中央的大格又分为 16 个中格。在中央的大格每一中格又分为 25 个小格，共 400 个格（也有一种计数板是 25 中格 ×16 小格的，总数也是 400 格）。每个大方格的面积都是 1 mm^2，加盖玻片后，深度为 0.1 mm。每大格即成一个体积为 0.1 mm^3 的空间。所以在这 1 大格中计数到 1 个藻细胞，即表示 1 mL 水体中含有 10 000 个藻细胞。

由于藻类细胞在培养液中分布不均匀，所以在取样前必须进行充分搅拌，搅拌后立即取样。运动细胞须加碘液（鲁哥氏液）杀死后才能计数。如细胞浓度过大，计数困难，须把水样稀释到适宜的程度。

把血球计数板及盖玻片洗净，擦干，平放在桌上，盖好盖玻片。将藻液充分摇匀，用 1 支干的微吸管吸取藻液，迅速把吸管口放到计数板旁的盖玻片边缘处，轻压橡皮头使藻液流入计数板内。注意控制藻液流入量，不能过多，过多的藻液会流到沟内，也不能过少，应充满计数板部分，还应注意不能有气泡，如果不合格应重新做。然后，稍停 1 min，待藻液细胞沉降到玻片表面后，在低倍镜下计数。可计数任何对角两大格，然后取其平均值。每个样品需重复计数 2 次。则：

1 mL 水体藻细胞 = 计算平均值 ×10 000 × 藻稀释倍数

本方法的优点是所用的样品少，简便快速，并且可观察到细胞的形态变化，缺点是取样做片、计数都有一定误差。

5. 光密度法

实验室中常用分光光度计测定微藻培养液的吸光度值，以此对藻液进行定量分析。分光光度计是理化分析中最常用的仪器，它的基本原理是建立在光与物质相互作用的基础上的，当光子和某一溶液中吸收辐射的物质分子相碰撞时，就发生吸收，测量其吸光度值的大小可反映某种物质存在的量的多少。

测定前，先用血球计数板测定单位体积浓藻液的细胞数，然后稀释为一系列不同浓度的藻液，用分光光度计测量不同波长下其吸光度（OD）以及血球计数板测定单位体积细胞数，根据各组数据绘制“某波长下的吸光度（OD）—藻细胞数”的相关曲线，进行相关分析，求出最适合的测量波长，浓度测量范围，并求回归方程。根据分析结果，即可求出任一吸光度值的藻液的细胞数目了。此法测定藻细胞的数量比较简便、快速。但是要注意：①光密度法测定的 OD 值随微藻藻种、生长状况等不同而有差异，所以用光密度法定量时，要根据不同藻种，不同的培养条件而制订相应的工作曲线，建立相应的回归方程。②分光光度计法测定细胞数目是建立在著名的比尔定律，即“光的吸收程度与浓度有一定的比例关系”基础上的。为了使该定律具有良好的线性，对测量浓度有一定的范围要求。一般吸光度值控制在 0.2～0.8，如果藻液浓度过大，应加培养基稀释在线性范围内。③因为藻细胞在培养液中分布不均匀，取样测定前一定要充分摇匀。

不同的研究者选用的波长不同。刘志媛等（2008）测定了不同波长下小球藻和球等鞭金藻的光密度值，并用血球计数板测定了相应藻液的细胞密度。结果表明，每毫升培养基中小球藻的细胞数目与藻液在 500 nm 处的光密度值 OD_{500}存在线性相关，通过数据分析得回归方程：$y = 2 \times 10^7 x$，$R^2 = 0.993$（y 为每毫升藻液细胞数；x 为 500 nm 处的光密度值）；通过血球计数板计数获得的细胞数目与分光光度计（UV757CRT）测得的球等鞭金藻活体吸收光谱 500 nm 处的光密度值存在线性相关，通过数据分析得回归方程：$y = 10.89 \times 10^6 x$，$R^2 = 0.980$（y 为每毫升藻液细胞数；x 为 500 nm 处的光密度值）。也有藻类工作者用 750 nm 作为单细胞微藻的测量波长，还有用 560 nm 作为蓝藻类细胞密度的测量波长，665 nm、450 nm、420 nm、440 nm 分别作为绿藻类、海水硅藻类、淡水硅藻、金藻类细胞密度的测量波长。因而在实际工作中要通过多次实验确定最佳的波长。

6. 底栖硅藻的计数法

底栖硅藻的计数有两种方法。一种是取一定面积的附着基，将上面附着的藻细胞全部洗刷下来，放入一定体积的海水中，充分搅匀分散后，用血球计数板计出单位体积中的细胞数，再换算成单位面积附着基上的藻细胞数。另一种方法是将附着基，特别是透明的玻片，聚乙烯板或薄膜，直接在显微镜下测定出附着基的面积和上面附着的硅藻细胞数。底栖硅藻定量时的常用计量单位是个 $cell/mm^2$。

七、微藻的分离

【实验目的】

掌握利用毛细管法从自然环境中分离单细胞微藻或丝状体的方法。

【实验材料及用具】

（1）实验材料：从池塘或潮间带等环境中取含有微藻较丰富的水样。

（2）实验器材：显微镜、胶头滴管、载玻片、玻璃培养皿、玻璃试管、高压灭菌锅、酒精喷灯、普通酒精灯。

（3）试剂：f/2 培养基（适用于海水藻类）。

三、实验步骤

1. 准备

（1）将配好的 f/2 培养基或 BBM 培养基各 1 L 倒入三角烧瓶，塞上棉塞，牛皮纸包扎，连同包好的胶头滴管（胶头部分取下）、玻璃试管（1/2 盛有液体培养基）和玻璃培养皿进行高温灭菌（121℃，10 min）。

（2）取 1 根灭菌的胶头滴管，点燃酒精喷灯，两手分别捏住胶头滴管的两头，加热胶头滴管的细管部分，在其变软过程中缓缓拉动两头（不可用力过猛），直到中间形成毛细管并断开，折断毛细管的尖头（尽量在其因重力自然下垂的地方），装上胶头备用。

2. 分离

可按照下面两种方法的任意一种进行。

（1）在酒精灯上烧灼载玻片30 s，将载玻片放入玻璃培养皿中，在载玻片上滴加6～8滴液体培养基，重复4次以获得4组培养皿，盖上培养皿盖直到使用前打开。在其中一组培养皿的载玻片上滴加2～3滴水样与培养基混合（若微藻含量较高应进一步加培养基稀释）。在显微镜（10倍物镜）下观察定位载玻片上的微藻细胞或丝状体，将毛细管的尖头对准微藻所在位置的正上方（勿插入水中），缓缓将毛细管尖头插入水中，微藻和周围的液体就会被吸入毛细管的尖头，如不成功可取出后按压胶头将水排出再重复进行。将吸入微藻的尖头转移到另一个培养皿的培养基中，轻轻按压胶头直到产生一个气泡将微藻吹出，在显微镜下仔细观察微藻是否为单一个体。若为单一个体，将微藻转移到下一个培养皿的培养基中以进行清洗，重复2次，最后将微藻液滴转移到盛有液体培养基的试管中。

注意观察所分离的微藻是否为单一细胞或丝状体，如不是单一个体须重复进行上述步骤直到获得单一个体（如无倒置显微镜，可用正置显微镜分离，用解剖镜观察是否为单一个体）。

（2）将1个塑料培养皿倒置，在其正中间滴10～15滴水样，围绕着水样在其周围的6个位置分别滴6～8滴液体培养基（不能和中间水样接触），在显微镜（10倍物镜）下用毛细管的尖头从自然水样中吸取单一微藻个体，水平转移至其中1个培养基小液滴，按压胶头吹出微藻，接着以同样的方法沿着顺时针方向依次转移微藻个体至剩余的5个培养基小液滴，观察最后液滴中的微藻是否为单一个体，若为单一个体则吸取到试管中继续培养。

3. 培养

将盛有微藻的试管置于室温和自然光（勿直射）条件下，观察记录微藻生长的过程。

【作业与思考】

（1）绘制微藻形态图：选取所分离到的微藻个体2个，在40倍物镜下仔细观察其形态，并绘制出其形态图。

（2）观察微藻的生长过程：记录藻落出现或培养基颜色变化的时间。

八、藻类细胞叶绿体色素含量测定

【实验原理】

藻类叶绿体色素溶于有机试剂，可利用90%丙酮提取叶绿体色素。叶绿素a、叶绿素b、叶绿素c和类胡萝卜素在体外的最大吸收峰的波长分别是663 nm、645 nm、634～635 nm和470 nm。

【实验目的】

叶绿素含量是衡量海藻生长状态的重要指标之一，也是估量水域初级生产力的重要指标。通过本实验：

（1）掌握分光光度法对海藻叶绿体色素提取液中叶绿素 a、叶绿素 b 或叶绿素 c 和类胡萝卜素浓度测定与计算方法。

（2）了解绿藻门、褐藻门和红藻门类的海藻叶绿素吸收光谱的异同。

【实验材料及用具】

（1）实验材料：海带、江篱、小球藻。

（2）实验器材：研钵、容量瓶（25 mL）、剪刀、分光光度计、天平、台式离心机、胶头滴管、玻璃试管（10 mL）、10 mL 注射器、0.44 μm 玻璃纤维滤膜、过滤器。

（3）试剂：90% 丙酮（分析纯）、$MgCO_3$。

【实验方法】

（1）取样。

①大型海藻取样：清洗海带和江篱，剪取藻体 0.2 g 左右（记录准确的重量）。

②微型海藻取样：测定藻液 500 nm 吸光度值，用注射器准确吸取 10 mL 藻液，滤膜过滤获得微藻细胞，或用减压过滤法获得微藻细胞。注意避免高温、强光及压力过高，水滤完后，应继续抽气数分钟，以尽量吸尽滤膜上的水分。

（2）研磨和提取。加入 2～3 mL 的 90% 丙酮和 1 小匙 $CaCO_3$，研磨，在弱光下研磨 1～2 min，再用 10 mL 的 90% 丙酮把杵上和研磨管内的东西分次洗入 15 mL 的有螺旋盖的试管内，静置于暗处 10 min，使色素充分被提取。将匀浆滤至 25 mL 容量瓶中，用 90% 丙酮多次冲洗，定容至 25 mL。

（3）测定。在分光光度计上，用 1 cm 的比色皿分别读取 750 nm、663 nm、645 nm、630 nm、470 nm 波长的吸光度，并以 90% 的丙酮做校正吸光度测定。

（4）计算。分别从 663 nm、645 nm、630 nm 时的光密度值，减去 750 nm 时的光密度值，再除以液槽光程（cm），即为 D663、D645、D630、D470 的值。下式计算叶绿素在 90% 丙酮中的含量：

$$Chla\ (mg/L) = 11.64 \times D663 - 2.16 \times D645 + 0.1 \times D630$$

$$Chlb\ (mg/L) = -3.94 \times D663 + 20.97 \times D645 - 3.66 \times D630$$

$$Chlc\ (mg/L) = -5.53 \times D663 - 14.81 \times D645 + 54.22 \times D630$$

$$\text{类胡萝卜素}\ (mg/L) = (1000 \times D470 - 3.27 \times Chla - 104 \times Chlb)/229$$

（5）再按下式计算藻类组织中单位鲜重各色素的含量（mg/g）：

叶绿体色素含量 =（色素质量浓度 × 提取液体积 × 稀释倍数）/样品鲜重（g）

（6）叶绿素吸收光谱的测定：将提取的叶绿素放于（石英）比色皿中，用紫外分光光度计测定 400～750 nm 波段的吸收光谱。

【作业与思考】

（1）叶绿素提取过程中为何要避光？为何加 $CaCO_3$？

（2）叶绿素 a 和叶绿素 b 在红光区和蓝光区都有吸收峰，可否在蓝光区的吸收峰波长下进行叶绿素 a 和叶绿素 b 的定量分析？

（3）为何分光光度计法测定叶绿素含量时需首先标定仪器波长的精确度？

九、自由水和束缚水含量的测定

【实验原理】

植物组织中的水分是由被胶粒所固着的束缚水及不被胶粒所固着的自由水两部分所组成的。束缚水不易蒸发和结冰，不能作为溶剂，也不易被溶质夺取，所以当植物组织被浸入较浓的糖溶液中脱水，一定时间后仍未被夺取的水分作为束缚水，而被夺取的水分作为自由水。自由水的量可根据所加糖液浓度的降低量来计算。再由植物组织的总含水量减去自由水量，即可求得束缚水量。

植物体内自由水和束缚水含量及其比值常与植物的生长及抗性有密切关系。自由水较多时，代谢活动常较强，生长速度也较快，但抗性往往降低；而束缚水含量多时，则情况相反。所以自由水与束缚水含量是植物抗性生理的一个指标。

【实验目的】

（1）了解植物组织自由水和束缚水含量及其比值的生理意义。

（2）掌握海藻自由水和束缚水含量的测定方法。

【实验材料及用具】

（1）仪器：（阿贝氏）折射仪、分析天平、直径 5 mm 钻孔器、干燥器、滤纸、称量瓶、吸滤管、移液管。

（2）药品：60%（W/V）蔗糖溶液。

（3）材料：海带孢子体。

【实验方法】

（1）取称量瓶 2 个，洗净、烘干、称重后备用。

（2）选定待测藻体，选取在生理状态较一致的藻体，用吸收纸吸干表面水分。

（3）用直径 5 mm 钻孔器，在藻体的半边钻下小圆片，放入 1 号称量瓶中，共 30 个圆叶片，盖紧。然后在叶子的另半边的对称位置上同样钻下同数量小圆片，放入 2 号称量瓶中，盖紧。

（4）1 号称量瓶于 105℃ 烘箱中烘干至恒重，以计算含水量%。

（5）2 号称量瓶在分析天平上称重，求得样品鲜重 W_f。

（6）用移液管（或枪）吸取 5 mL 60% 蔗糖溶液，加到 2 号称量瓶中，加盖后再在分析天平上称重，求得所加蔗糖溶液的重量 B。小心摇动瓶中溶液，使与样品混合均匀，放在阴凉处 4～5 h，其间经常摇动。

（7）将折射仪与超级恒温水浴相连，水浴温度调节到 20℃。

（8）用吸滤管吸取 2 号瓶中上层透明的溶液少许，滴一滴在折射仪棱镜的毛玻璃上，旋紧棱镜，测定浸出液的含糖百分数 B_2。棱镜用蒸馏水清洗后，再用同样方法测得原来蔗糖溶液的含糖百分数 B_1。

（9）计算。按下式计算植物样品中自由水含量（%）：

$$\beta = \frac{B(B_1 - B_2)}{B_2 \times W_f} \qquad (1)$$

式中：β 为自由水含量（%）；

B 为加入样品中蔗糖溶液的重量；

B_1 为原蔗糖溶液浓度百分数；

B_2 为加样后糖溶液的浓度百分数；

W_f 为选取藻体鲜重。

$$\text{束缚水含量\%} = \text{组织含水量\%} - \text{组织中自由水\%}$$

【作业与思考】

（1）计算束缚水和自由水含量。

（2）植物组织中的自由水与束缚水的生理作用有何不同？

十、植物组织水势的测定（小液流法）

【实验原理】

水势表示每偏摩尔体积水的化学势（即自由能），是植物水分能量状况的基本度量单位。在渗透系统中，水分总是由水势高处向水势低处流动。植物活细胞是一个渗透系统，当植物细胞或组织放入外界溶液中时，水分将以水势差为动力在两者间流动，最终达到动态平衡。

由于水势的绝对值不易测得，一般以同样温度和大气压下纯水的水势作为零点，其他溶液与纯水相比而测得其相对水势。植物组织的水势决定着其与外界环境之间水分交换，若植物组织的水势低于外液的渗透势（溶质势，即溶液的水势），组织吸水从而使得外液的浓度变大，比重增加；反之，若植物组织的水势高于外液的渗透势，即组织失水使得外液浓度变小，比重降低；若两者相等，则水分交换保持动态平衡，外液浓度、比重保持不变。因此，要测定植物组织的水势，可将植物组织分别放在一系列浓度递增的溶液中，若找到某一浓度的溶液在放入植物组织前后的比重不变，则可认为其与植物组织之间水分保持动态平衡，该溶液的渗透势等于植物组织的水势。因溶液的浓度是已知的，可根据公式算出其渗透压，取其负值即为溶液的渗透势（$\psi\pi$），代表植物的水势（ψw）。

$$\psi w = \psi\pi = -P = -CRT$$

【实验目的】

（1）掌握植物组织水势的测定方法。

（2）了解渗透系统中水势大小是水分移动方向的决定因素。

（3）比较海洋植物与陆生植物水势。

【实验材料及用具】

（1）材料：小白菜叶片或红树（如红茄）叶片。

（2）仪器设备：带塞青霉素小瓶 18 个、带针头的注射器、镊子、打孔器、记号笔、培养皿。

（3）试剂。

①蔗糖系列标准溶液：称取预先在 60 ~ 80℃下烘干的蔗糖 34.2 g，溶于 70 mL 蒸馏水中，容量瓶定容至 100 mL，得到 1 mol/L 标准蔗糖溶液。然后用 1 mol/L 标准蔗糖溶液分别稀释成为 0.10 mol/L、0.20 mol/L、0.30 mol/L、0.40 mol/L、0.50 mol/L、0.60 mol/L、0.70 mol/L、0.80 mol/L、0.90 mol/L 蔗糖溶液。

②甲烯蓝粉末。

【实验方法】

（1）取干燥洁净的青霉素瓶 9 个为甲组，各瓶中分别加入 0.10 ~ 0.60 mol/L 蔗糖溶液约 4 mL（约为青霉素小瓶的 2/3 处），另取 9 个干燥洁净的青霉素瓶为乙组，各瓶中分别加入 0.10 ~ 0.60 mol/L 蔗糖溶液 4 mL 和微量甲烯蓝粉末着色，上述各瓶用记号笔注明浓度。

（2）取待测样品的功能叶数片，用打孔器打取小圆片约 50 片，放至培养皿中，混合均匀。用镊子分别夹入 5 ~ 8 个小圆片到盛有不同浓度的甲烯蓝蔗糖溶液的青霉素瓶中（乙组）。盖上瓶塞，并使叶圆片全部浸没于溶液中。放置约 40 min，为加速水分平衡，应经常摇动小瓶。

（3）经一定时间后，用注射器针头吸取乙组各瓶蓝色糖液少许，将针头插入对应浓度甲组青霉素瓶溶液中部，小心地放出少量流液，观察蓝色液流的升降方向（每次测定均要用待测浓度的甲烯蓝蔗糖溶液清洗几次注射针头）。如此方法检查各瓶中液流的升降动向。若液流上升，说明浸过小圆片的蔗糖溶液浓度变小（即植物组织失水），表明叶片组织的水势高于该浓度溶液的渗透势；如果蓝色液流下降，则说明叶片组织的水势低于该浓度的渗透势；若蓝色液流静止不动，则说明叶片组织的水势等于该浓度溶液的渗透势；如果在前一浓度溶液中下降，而在后一浓度溶液中上升，则叶片组织的水势即为两种浓度溶液的渗透势的平均值。

（4）计算结果。

根据下列公式计算叶片组织的水势：

$$\psi_w = \psi\pi = -CRTi \text{（MPa）}$$

式中：ψ_w 为植物组织的水势（MPa）；$\psi\pi$ 为溶液的渗透势（MPa）；R 为气体常数，0.008 314L · Pa/（mol · K）；T 为绝对温度，（273 + t℃）K；i 为解离系数（蔗糖为 1，$CaCl_2$ 为 2.60）

（5）注意如下问题。

①小瓶要及时加盖，防止叶片或小瓶中水分蒸发影响实验结果。

②叶片大小、数目要相等，否则易产生小液流移动方向在不同浓度下波动的结果，以至无法确定植物组织水势。

③甲烯蓝不宜加得过多（溶液呈稍深的蓝色即可），否则将使实验组各管中溶液的比重均加大。

④如果溶液的浓度范围不够，可以在本系列前后递增几个蔗糖溶液。

【作业与思考】

（1）如果小液滴在各对照溶液中全部上升或下降，说明什么问题？如何改进？

（2）用小液流法测定植物水势是否能真实反映植物体的水分状况？它与质壁分离法测定的植物组织渗透势有何不同？

十一、红藻琼脂的提取

【实验原理】

江蓠、石花菜、沙菜等红藻中藻胶含量较高，可从中提取琼脂。琼脂不易溶于冷水，可溶于热水，水温 80℃以上才溶解。提取前浸泡 1 ~ 2 d，加热煮沸前加适量酸破坏红藻细胞壁和髓细胞，有利于琼胶提取，在 28 ~ 31℃形成凝胶。

【实验目的】

（1）了解琼胶的用途。

（2）熟悉从红藻类藻胶中提炼出琼胶的生产工艺和方法。

【实验材料及用具】

（1）实验材料：江篱。

（2）实验工具：天平、水浴锅（共放置 10 个 1 L 烧杯）、量筒、1 L 烧杯（每组 1 个）、玻璃棒（每组 1 支）、铁盘或其他可放胶的容器（每组 1 个）、纱布或 80 ~ 100 目粗尼龙袋、食品袋。

（3）试剂：NaOH、HCl。

【实验方法】

琼胶制造工艺流程如下：

原料预处理→煮胶提取→过滤→凝固→炼结→融解→干燥→成品→包装→质量标准（国家标准 GB－1975－80）检验→出厂

1. 采集原料

采集鲜江篱，清水反复冲洗干净，然后置于阳光下暴晒多天，每天泼 3～4 遍淡水，利用其在强烈日光照射下、水分蒸发过程中产生具有漂白作用的 H_2O_2 进行漂白。时常翻动红藻促进藻体褪色。褪色后，浸于淡水，漂洗后摊晒，成为工业收购原料。

2. 原料预处理

（1）处理前，将原料用清水洗至水清，放入水中，浸泡 1 d 备用。

（2）取江蓠 50 g，用水洗至清，放入 1 000 mL 烧杯中，加入 200 mL 5% NaOH，在沸水水浴中煮 50 min。

（3）冷却后用约 200 mL 5% HCl 中和至 pH 值为 7。

（4）把水倒掉后用约 50 mL 次氯酸钠漂白（可省略这一步骤）。

（5）用大量水冲洗至中性。

注：胶前预处理方法很多，不同的处理方法对成品胶的颜色、凝胶强度、出胶难易和出胶率均有很大影响。因此，预处理方法是影响琼胶产品质量的重要环节。

3. 煮胶、提取、过滤

（1）将上述处理的红藻，移入烧杯中，加水 200 mL，在水浴锅中煮 1 h。

（2）趁热倒入 80～100 目粗尼龙袋（3 层纱布）中过滤。

（3）滤液盛于铁盘中。置室温下自然冷却凝固。

（4）完全凝固后，用刀将胶块切成条状。贮于－20℃冰箱中。

十二、微藻总脂肪酸含量和脂肪酸组分的测定方法

【实验目的】

学会利用气相色谱测定微藻总脂肪酸含量和脂肪酸组成的方法；了解微藻脂肪酸组成的特点。

【实验材料及用具】

（1）实验材料：微藻培养液 5 L，小球藻、三角褐指藻、扁藻或其他微藻均可。

（2）实验仪器：气相色谱仪、恒温振荡水浴锅、涡旋混匀器、移液器。

（3）实验器材：100 mL 试剂瓶、抽滤装置、玻璃棒、100 mL 烧杯、微量进样瓶、螺口试管（12 cm×1.5 cm，螺帽内带四氟乙烯垫片）

（4）试剂：蒸馏水、甲苯（99.9%）、正己烷（99.9%）、无水甲醇（99.9%）；
6%碳酸钾溶液：6 g 碳酸钾溶于 100 mL 水中；
0.5 N 甲醇氢氧化钠：2 g 氢氧化钠溶于 100 mL 无水甲醇中；
甲醇盐酸（10%）：将 10 mL 乙酰氯缓慢加入 100 mL 无水甲醇中，现用现配。**注意，会产生大量热！**
十七烷酸甘油三酯 C17 - TAG（内标）：0.2 mg/mL，溶于甲苯；
37 种脂肪酸甲酯标准品（外标）。

三、实验步骤

1. 微藻样品准备

离心收集（4 000 rpm，10 min）等体积的藻液 6 份（湿重约 0.1 g 藻细胞），3 份按照实验方法测定干重，另外 3 份样品直接用于测定脂肪酸。

2. 脂肪酸的抽提

准确称取适量样品（100 mg）于 12 cm×1.5 cm 的带螺帽（带四氟乙烯垫片）的螺口试管中，缓慢加入 500 μL 含有内标（0.1 mg C17 - TAG）的甲苯和 1 mL 甲醇氢氧化钠，涡旋混匀 1 min，然后 80℃水浴中恒温振荡 20 min。冷却 5 min 至室温，加入 1 mL 甲醇盐酸溶液，重复上面的温育和振荡操作。冷却 5 min 至室温，加入 1 mL 6%的 K_2CO_3 和 500 μL 正己烷，漩涡混匀，抽取上清液，4 000 rpm 离心 1 min，再取上层的正己烷—甲苯层进行气相色谱检测。

3. 气相色谱测定

取 200 μL 的 37 种脂肪酸甲酯标准品（外标）于气相色谱自动进样器的样品瓶中，进样 2 μL，气相色谱仪载气为高纯氮（99.99%），流速 3.1 mL/min，进样口温度 260℃，检测器温度 260℃，分流进样。分流比为 35∶1；升温程序：140℃保持 7.5 min，然后以 4℃/min 升至 250℃，保持 5min。

取上述微藻脂肪酸样品 200 μL，按照同上的程序测定脂肪酸组成。

4. 脂肪酸组分分析与定量公式

将微藻脂肪酸峰图与外标的脂肪酸峰图进行保留时间的比对，鉴定各个峰的成分。

按照下列定量公式计算总脂肪酸含量：

总脂肪酸含量（mg/g 干重）=（总峰面积 - 内标的峰面积）/内标的峰面积×内标含量（mg）/样品干重（g）

【作业与思考】

（1）绘制微藻脂肪酸组分表。
（2）微藻的饱和脂肪酸、单不饱和脂肪酸、多不饱和脂肪酸主要有哪些？

十三、江篱细胞的诱变育种

【实验目的】

学习化学诱变育种方法。

【实验材料及用具】

（1）实验材料：江篱。
（2）实验工具：刀片、剪刀、解剖镜、载玻片、酒精灯、培养皿。
（3）试剂：甲基磺酸乙酯（EMS）或 N－甲基－N－硝基－N－亚硝基胍（MNNG）。

【实验方法】

（1）单藻培养：将采集的江篱藻体用消毒水洗净，切取 2～3 cm 长的藻枝培养于海水培养基中，经常洗涮并切去藻枝基部，经过 1 个月培养可实现单藻培养，3～4 个月完成生活周史。

（2）诱变处理：用 1.0% 甲基磺酸乙酯（EMS）处理幼配子体 50～80 min，或用 330～50 mg/L 的 N－甲基－N－硝基－N－亚硝基胍（MNNG）处理幼配子体 30～50 min。

（3）挑选突变体：将诱变剂处理的幼配子体培养 30 d 后，解剖镜下挑选突变体，如色素突变体的绿色突变体、淡绿色突变体、黄色突变体、淡红色突变体及不稳定突变体等。

【作业与思考】

比较两种诱变剂对江篱细胞的诱变效果，记录江篱突变体的性状和突变率。

十四、微藻基因组 DNA 的提取和质量检测

【实验目的】

提取高质量的 DNA 是进行海洋微藻种质鉴定及其他分子操作的前提和基础，通过本实验将使学生熟练掌握海产微藻基因组 DNA 的提取和质量检测的操作方法。

【实验材料及用具】

（1）实验材料：海洋常见微型藻类，如中肋骨条藻、小新月菱形藻。

（2）实验器材：50 mL 和 1.5 mL 离心管、微量移液器、枪头、高速冷冻离心机、紫外分光光度计、电泳仪、凝胶成像系统。

（3）试剂：抽提缓冲液（Tris－Cl，50 mmol/L；NaCl，100 mmol/L；EDTA，100 mmol/L；

pH 值 8.0）、蛋白酶 - K（20 mg/mL）、乙酸钠（3 mol/L，pH 值 5.2）、RNase（20 ng/mL）、酚、氯仿、异戊醇、乙醇、70% 乙醇、高盐缓冲液（NaCl，2 mol/L；Tris - HCl，10 mM；pH 值 8）、TE 缓冲液（Tris - HCl，10 mmol/L；EDTA，0.05 mmol/L；pH 值 7.6）EB（10 mg/mL）、TAE 电泳缓冲液（0.04 mol/L Tris - 乙酸，0.001 mmol/L EDTA）、DNA marker。

【实验方法】

（1）取指数生长期的中肋骨条藻培养液，用 50 mL 的离心管，4 000 rpm，4℃，离心 2 min，弃去上清液，用灭菌 ddH_2O 离心洗涤藻细胞，离心条件同上。

（2）按 10 mL/g 鲜重藻细胞，加入抽提缓冲液重悬细胞，同时加入 SDS 和蛋白酶 - K 使其终浓度分别为 1.5% 和 300 μg/mL，在水浴锅中 50 ~ 55℃温育 1 ~ 2 h，直至液体透明。

（3）将细胞裂解液分装转入 1.5 mL 离心管，总核酸依次用等体积的酚、酚/氯仿/异戊醇（25∶24∶1，v/v/v）和氯仿/异戊醇（24∶1，v/v）进行抽提，离心条件为：12 000 rpm，4℃，5 min。

（4）取抽提后的上清液加入 1.5 mL Eppendorf 离心管，加入 1/10 体积的乙酸钠和 2 倍体积的乙醇对核酸进行沉淀浓缩，并用 1 mL 70% 乙醇离心洗涤 2 次，核酸的沉淀浓缩和离心条件同步骤（3）。核酸沉淀室温放置或置于通风口使酒精挥发至无味。

（5）为减少 RNA 和多糖的污染，将获得的 DNA 用 RNase 进行消化，随后将消化液用高盐缓冲液重悬，12 000 rpm，4℃，离心 10 min。

（6）取上述离心上清液转入 1.5 mL Eppendorf 心管，重复步骤（3）和（4）的操作，提取的核酸用适量的 TE 缓冲液溶解，存放于 4℃或 - 16℃冰箱。

（7）电泳检测：取 1 μg 基因组 DNA 用 0.8% 琼脂糖凝胶上电泳，通过凝胶成像系统进行分析，确定 DNA 的完整性，电泳结束后在点样孔附近应有单一的高分子量条带。

（8）DNA 定量：将提取的 DNA 用 TE 缓冲液进行适当稀释，通过紫外分光光度计测定其 OD_{230}、OD_{260} 和 OD_{280}。DNA 在 260 nm 处有最大的吸收峰，蛋白质在 280 nm 处有最大的吸收峰，盐和小分子则集中在 230 nm 处。因此，可以用 260 nm 波长进行分光测定 DNA 浓度，OD 值为 1 相当于大约 50 μg/mL 双链 DNA。如用 1 cm 光径，用 H_2O 稀释 DNA 样品 n 倍并以 H_2O 为空白对照，根据此时读出的 OD_{260} 值即可计算出样品稀释前的浓度：DNA（mg/mL）= 50 × OD_{260} 读数 × 稀释倍数/1 000。DNA 纯品的 OD_{260}/OD_{280} 为 1.8，故根据 OD_{260}/OD_{280} 的值可以估计 DNA 的纯度。若比值较高说明含有 RNA，比值较低说明有残余蛋白质存在。OD_{230}/OD_{260} 的比值应在 0.4 ~ 0.5，若比值较高说明有残余的盐存在。

【作业与思考】

（1）计算几种藻类 DNA 的产量，分析其纯度。

（2）在藻细胞 DNA 的提取过程中，加入 SDS 和蛋白酶 K 的目的分别是什么？

（3）在 DNA 的抽提过程中，加入酚、氯仿和异戊醇的目的是什么？

（4）在测 DNA 的吸光值时，一般需要对 DNA 进行稀释，稀释剂如果不用 TE 缓冲液而用水，对实验结果有无影响?

十五、微藻转录内间隔区的 PCR 扩增、克隆和分子系统进化分析

【实验目的】

海洋微藻具有多样性，对其进行正确鉴定是进行微藻生物学和其他相关研究的基础。基于形态学的光镜和电镜技术仍是当前微藻鉴定的主要方法，但形态较小且多变的微藻，如果没有分类专业知识，一些微藻很难进行正确鉴定。因此，分子生物学技术是微藻鉴定的重要辅助手段。本实验的目的就是要求学生掌握海洋微藻的转录内间隔区（Internal transcribed spacers，ITS）的 PCR 扩增、克隆和序列分析方法；掌握分子系统进化树的构建方法；掌握海洋微藻的分子鉴定方法。

【实验材料及用具】

（1）实验材料：海洋常见微型藻类，如中肋骨条藻、小新月菱形藻培养物。

（2）实验器材：50 mL 和 1.5 mL 离心管、微量移液器、枪头、高速冷冻离心机、紫外分光光度计、电泳仪、凝胶成像系统、PCR 仪、无菌操作台。

（3）试剂：抽提缓冲液（Tris－Cl，50 mmol/L；NaCl，100 mmol/L；EDTA，100 mmol/L；pH 值 8.0）、蛋白酶－K（20 mg/mL）、乙酸钠（3 mol/L，pH 值 5.2）、RNase（20 ng/mL）、酚、氯仿、异戊醇、乙醇、70% 乙醇、高盐缓冲液（NaCl，2 mol/L；Tris－Cl，10 mM；pH 值 8）、TE 缓冲液（Tris－Cl，10 mmol/L；EDTA，0.05 mmol/L；pH 值 7.6）EB（10 mg/mL）、TAE 电泳缓冲液（0.04 mol/L Tris－乙酸，0.001 mmol/L EDTA）、DNA marker、PCR 相关试剂［10 × buffer，dNTP，通过扩增引物（ITS_f：5’－GGGATCCGTTTCCGTAGGTGAACCTGC－3’；ITS_r：5’－GGGATCCATATGCTTAAGTTCAGCGGGT－3’），Taq DNA 聚合酶］、PCR 产物回收试剂盒、T－A 克隆试剂盒、感受态大肠杆菌细胞、LB 培养基。

【实验方法】

（1）藻种基因组 DNA 的提取（方法参见实验十三）。

（2）ITS 序列（包括 ITS1、5.8S rDNA 和 ITS2）的 PCR 扩增。扩增反应 20 μL PCR 体系含：基因组 DNA，5～10 ng；1 × PCR buffer；$MgCl_2$，2.5 mmol；dATP、dTTP、dCTP 和 dGTP（Promega），各 50 μmol；引物，各 0.2 μmol；Taq DNA 聚合酶（Tarkara），0.5 U（5U/μL）。PCR 条件为：DNA 变性，94℃ 4 min；94℃变性 1 min，50℃或 55℃退火 50 s，72℃延伸 50 s，29 个循环；1 个末循环，72℃ 7 min。每次 PCR 均设空白对照。PCR 产物的质量和分子量大小通过凝胶电泳参照标准分子量进行评估。

（3）产物回收：收集 ITS 的 PCR 产物，用商业化 DNA 回收试剂盒进行回收纯化，并通过紫外分光光度法对 DNA 浓度进行测定。

（4）T－A 克隆：将纯化 PCR 产物与商业化 T 载体按照说明以一定的比例进行连接，转化感受态大肠杆菌细胞。

（5）阳性克隆鉴定：将转化平板置于 4℃冰箱使蓝白斑充分显色，用菌落 PCR 对转化子进行阳性克隆鉴定，鉴定后的菌株送到生物公司完成测序。

（6）序列初步分析：登陆 NCBI 网站（http：//www. ncbi. nih. gov），将测得的序列在去除引物后（下面的分析均为去除引物的序列）用 BLASTn 进行同源搜索，确认获得的序列为 ITS 序列。

（7）系统进化树构建：从 GenBank 数据库中下载相关微藻的 ITS 序列，并同本实验得到的相应序列，用 BioEdit 进行比对分析。分别从 GenBank 数据库中下载同属和近缘属物种的 ITS 序列，并同测序列获得的 ITS 序列，以 FASTA 格式输入保存到一个文本文件 A。在 BioEdit 中打开文件 A，在“Accessory Application”菜单中运行“ClustalW Multiple aligement”运算程序，得到多序列比对结果以默认格式保存于一个文件 B。用 Mega2. 1 打开文件 B，执行“File”菜单中的“Convert to MEGA format”命令将其转换为 MEGA 格式，转换的文件再次打开后执行“Distances”菜单中的“Compute Pairwise…”命令来计算遗传距离，并在“Tests－Bootstrap Test of Phylogeny”菜单中选择“Neighbor－Joining Tree”，系统发生树的构建采用 Kumar 二参数模型（Kimura et al. ，2001），节点支持（Nodal support）通过 Bootstrap 分析来估计，Bootstrap 分析的重复次数为 1 000。

【作业与思考】

（1）构建微藻的系统发育树，对藻种进行鉴定。
（2）ITS 序列的 PCR 产物直接测序与克隆后测序的差别是什么？
（3）在进行系统发育树构建时，选择相关物种的序列时应注意事项是什么？
（4）构建的系统发育树分枝上的数值是什么意思？

十六、微藻的全细胞荧光原位杂交鉴定

【实验目的】

海洋微藻的正确鉴定是进行微藻生物学和其他相关研究的基础。当前的光镜技术是进行微藻鉴定的主要方法，但其专业技术要求高，鉴定时间较长，耗时费力。荧光原位杂交（Fluorescence *in situ* hybridization）是一种可用于微藻快速鉴定的技术，其通过荧光素标记的探针和靶细胞质内的大量 rRNA 分子进行杂交，标记的靶细胞能在荧光显微镜下进行直接观察。本实验的目的就是要求学生掌握分子探针的设计方法及海洋微藻的荧光原位杂交方法。

【实验材料及用具】

（1）实验材料：赤潮异湾藻（*Heterosigma akashiwo*）培养物。

（2）实验器材：50 mL 和 1.5 mL 离心管、微量移液器、枪头、高速冷冻离心机、载玻片、盖玻片、荧光显微镜。

（3）试剂：20 × SET buffer（NaCl，3. 00 mol/L；EDTA，20 mol/L；Tris HCl，0. 40 mol/L，pH 值 7. 80）；95% 乙醇、荧光素 FITC 标记的探针。

【实验步骤】

（1）寡核苷酸探针设计：寡核苷酸探针通常以 rRNA 基因为模板来设计，通常是先对目标赤潮藻的 rDNA 进行 PCR 扩增、测序和 BLASTn 分析或直接通过登陆 NCBI 网站，在主页下拉菜单，选择"Nucleotide"，在"Search"处键入"物种拉丁名"＋"序列名称"，点击"Search"，再下载 GenBank 中的与之有最大相似性的序列，进行 Alignment 分析，找出其种特异性区域，作为探针设计区。用于赤潮藻细胞的寡核酸探针一般含 18～25 bp。设计好的探针通过登陆 NCBI 网站，验证探针的特异性。UniC（5' －GWATTACCGCGGCKGCTG－3'）和 UniR（5' －CAGCMGCCGCGGUAAUWC－3'）分别作为阳性和阴性对照探针。本实验检测赤潮异湾藻的探针序列为：HS_{lsu}：5′－CAGCATACCCGAGAGAGGAAC－3'。

（2）探针的合成与标记：探针合成可委托相关生物公司完成，一般用荧光素 FITC 进行标记。

（3）在 50 mL 的离心管中分别加入 1. 25 mL ddH_2O、3. 75 mL 20 × SET 和 25 mL 95% 乙醇，混匀配制好盐—乙醇固定剂。向离心管中加入 10 mL 的指数生长期的赤潮异湾藻培养物，静置约 1 min，小心反复颠倒几次，室温固定约 30 min，期间不时颠倒离心管以防止细胞沉淀。

（4）4℃，6 000 rpm，离心 2 min（转头型号：F34－6－38，Eppendorf 5810R），小心倒去上清，在通风处迅速吹干使乙醇挥发。

（5）4℃，6 000 rpm，离心 2 min，倒去上清，用 5 × SET 离心洗涤 2 次，离心条件同上。

（6）在离心管中加入 200 μL 的 5 × SET 杂交液，加入 10 μL HS－lsu、UniC 和 UniR，混匀，将离心管放于 40℃水浴锅中避光温育 30 min。

（7）4℃，6 000 rpm，离心 2 min，倒去上清，加入 1×SET 重悬细胞，45℃水浴锅中温育 3 min，离心洗涤（条件同上），重复 1 次。

（8）洗涤后的细胞用 50 μL 1×SET 重悬，直接进行荧光显微镜观察或避光保存于 4℃或－20℃以待分析。荧光显微镜观察时用 495 nm 的 FITC 激发滤光片，DM500 二相分光镜，520 nm 波长的滤过器。用显微镜自带的相机（Zeiss Axioplan HB50）进行显微拍照，在整个实验过程中保持显微镜的配置不变，手工调节使所有照片的曝光时间相同（3 s），并将相机的其他参数均设置为默认值。

【作业与思考】

（1）本实验中，使用对照探针的目的是什么？

（2）什么叫荧光原位杂交？荧光原位杂交为什么能使整个靶细胞呈现绿色荧光？

（3）荧光原位杂交鉴定微藻的特点是什么？

十七、有害微藻的等温扩增检测技术

【实验目的】

对有害微藻进行正确鉴定和检测是海洋环境监测的重要内容。当前的光镜技术是进行有害微藻鉴定和检测的常用手段，但其专业技术要求高，鉴定时间较长，耗时费力，且检测成本高，不适宜大批样品检测的需要。等温扩增技术（isothermal amplification）是一种有别于 PCR 的核酸检测技术，其检测灵敏度高、检测迅速且设备要求简单，可将其应用于微藻的快速鉴定和检测。本实验的目的就是要求学生掌握环介导等温扩增（Loop - mediated isothermal amplification，LAMP）技术对海洋有害微藻的检测方法。

【实验材料及用具】

（1）实验材料：东海原甲藻（*Prorocentrum donghaiense*）培养物。

（2）实验器材：50 mL 和 1.5 mL 离心管、微量移液器、枪头、高速冷冻离心机、水域锅。

（3）试剂：基因组 DNA 快速抽提试剂盒、DL 2000 DNA Ladder、dNTP Mixture（2.0 mM）、琼脂糖、甜菜碱、Bst DNA 聚合酶、SYBR Green Ⅰ。

三、实验步骤

（1）LAMP 扩增引物设计过程：登陆 NCBI 网站，在主页下拉菜单，选择“Nucleotide”，在“Search”处键入“Prorocentrum donghaiense” + “large subunit rDNA”，点击“Search”，下载 GenBank 中的东海原甲藻核糖体大亚基 D1 - D2 区序列；登录网页 http：//primerexplorer.jp/elamp4.0.0/index.htmL，将下载的序列带入计算机软件 PrimerExplorer V4，设计获得 LAMP 检测引物如下：

①PLF3：CCTGCCTTGTGTGTCAACG；

②PLB3：AGTCATCGTCTTTGCGTCAG；

③PLFIP：CCGCAAATGAGTTCTGCCAAGGTTTTGCGATCGAGGAAAACTCCA；

④PLBIP：GTCTGGTTGCAGTGTCTTTGGCTTTTAAATGCCCAAGTCACCTGG。

（2）引物的合成与溶液配制：引物的合成可委托相关生物公司完成，将合成的引物配制成 10 μM。

（3）基因组 DNA 的制备：取指数生长期的骨条藻培养液，用 50 mL 的离心管，4 000 rpm，4℃离心 2 min，弃去上清液，用灭菌 ddH_2O 离心洗涤藻细胞，离心条件同上；按照基因组 DNA 快速抽提试剂盒的说明书进行基因组 DNA 的制备。

（4）等温扩增体系：在冰上按下表进行 LAMP 扩增体系的配制，同时设置对照（基因组 DNA 换成去离子水)；反应程序为：反应物在 94℃加热 5 min 后置冰上冷却，加入 Bst DNA 聚合酶，扩增温度 62 °C，扩增时间 90 min，80℃加热 10 min 终止反应。

表 8－2 LAMP 反应体系

成分	反应浓度（μL）
dH_2O	定容至 25
10 × Buffer（含 $MgCl_2$）	2.5
Betaine（2.5M）	10.0
dNTP（10mM）	1.0
FIP（5 μM）	1.0
BIP（5 μM）	1.0
F3（40 μM）	1.0
B3（40 μM）	1.0
DNA	1.0
Bes DNA polymerase（8 U/μL）	1.0

（5）凝胶电泳分析：将 LAMP 产物进行 2% 的电泳，以 DL2000 Marker 作为对照，分析实验结果，成功 的 LAMP 的扩增产物为梯形条带。

【作业与思考】

（1）本实验中，使用对照的目的是什么?
（2）什么叫等温扩增？等温扩增较传统的 PCR 有什么优点?
（3）除了本实验中采用的 LAMP 外，还有其他什么等温扩增技术?

参考文献

Amos Richmond. 2014. 微藻培养指南：生物技术与应用藻类学. 黄和，高振，宋萍，译. 北京：科学出版社.

B. 福迪. 1980. 藻类学. 罗迪安译. 上海：上海科学技术出版社

C. J. 达维斯. 1989. 海洋植物学. 厦门大学植物生态研究室译. 厦门：厦门大学出版社.

R. E. 李. 2012. 藻类学. 段德麟，胡自民，胡征宇，译. 北京：科学出版社.

陈峰，姜悦. 1999. 微藻生物技术. 北京：中国轻工业出版社.

陈明耀. 1998. 生物饵料培养. 北京：中国农业出版社.

崔或，张士达，毕从斌，等. 1998. 关于裙带菜全人工苗种与半人工苗种相结合的几点建议［J］. 水产科学，17（4）：40－42.

方宗熙，欧毓麟，崔竞进，等. 1978. 海带配子体无性繁殖系培育成功［J］. 科学通报，2：115－116.

福建省水产局. 1979. 坛紫菜人工养殖［M］. 福州：福建人民出版社.

韩博平，韩志国，付翔. 2003. 藻类光合作用机理与模型［M］. 北京：科学出版社.

纪明侯. 1997. 海藻化学［M］. 北京：科学出版社.

金振辉，刘岩，张静，等. 2009. 我国海带养殖现状与发展趋势［J］. 海洋湖沼通报，1：141－150.

李凤晨. 2003. 裙带菜的筏式养殖技术［J］. 河北渔业，5：33－45.

李宏基. 1990. 海带筏式全人工养殖法的研究［J］. 海水养殖，1（2）：41－48.

李宏基. 1996. 中国海带养殖若干问题［M］. 北京：海洋出版社.

李伟新，朱仲嘉，刘凤贤. 1982. 海藻学概论［M］. 上海：上海科学技术出版社.

梁英，孙世春，魏建功. 1998. 海水生物饵料培养技术. 青岛：青岛海洋大学出版社.

林伟，陈弱，刘秀云. 2000. 海洋微藻除菌及除菌与自然带菌微藻生长特点比较. 海洋与湖沼，31（6）：647－652.

林小园，刘红全，袁卫生. 2014. 海洋微藻的玻璃化冻存技术研究进展［J］. 江苏农业科学，42（1）：190－194.

刘焕亮，黄樟翰. 2008. 中国水产养殖学［M］. 北京：科学出版社.

刘恬敬，王素平，张德瑞，等. 1981. 中国坛紫菜（*Porphyra haitanensis* T. J. Chang et B. F. Zheng）人工增殖的研究［J］. 海洋水产研究，3（3）：1－67.

刘志媛. 2010. 微藻生物柴油. 海南：海南出版社，三环出版社.

农业部工人技术培训教材编审委员会. 1995. 海藻养殖. 北京：中国农业出版社.

逄少军，费修绠，肖天，等. 2001. 通过控制卵子和精子的排放实现羊栖菜人工种苗的规模化生产［J］. 海洋科学，25（4）：53－54.

逄少军，费修绠，肖天，等. 2000. 羊栖菜生殖托的离体培养的初步研究［J］. 海洋科学，24（3）：1－3.

钱树本，刘东艳，孙军. 2005. 海藻学［M］. 青岛：中国海洋大学出版社.

施之新. 2006. 中国淡水藻志. 第十三卷 红藻门 褐藻门［M］. 北京：科学出版社.

孙建璋，方家仲. 1997. 羊栖菜苗种技术初步研究［J］. 中国海洋药物，2：39－43.

索如瑛，刘德厚，田铸平．1988. 海带养殖［M］．北京：中国农业出版社．
王飞久，孙修涛，汪文俊，等．2008. 海带苗种培育及无公害养殖技术（三）．科学养鱼．9：14－16.
王飞久，孙修涛，汪文俊，等．2008. 海带苗种培育及无公害养殖技术（四）．科学养鱼．10：14－15.
王素娟．1994. 海藻生物技术．上海：上海科学出版社．
王英典，刘宁，刘全儒，等．2010. 植物生物学实验指导．北京：高等教育出版社．
夏邦美，张峻甫．1999. 中国海藻志．北京：科学出版社．
许璞，张学成，王素娟，等．2013. 中国主要经济海藻的繁殖与发育．北京：中国农业出版社．
曾呈奎，王素娟，刘思俭，等．1985. 海藻栽培学［M］．上海：上海科学技术出版社．
曾呈奎，张德瑞．1954. 紫菜的研究Ⅰ．甘紫菜的生活史［J］．植物学报，3（3）：287－302.
曾呈奎，张德瑞．1955a. 紫菜的研究Ⅱ．甘紫菜的丝状体阶段及其壳孢子［J］．植物学报，4（1）：27－46.
曾呈奎，张德瑞．1955b. 紫菜的研究Ⅲ．紫菜的有性生殖［J］．植物学报，4：153－166.
曾呈奎，张德瑞．1956. 紫菜壳孢子的形成和放散条件及放散周期性［J］．植物学报，5（1）：33－48.
曾呈奎．1962. 海带养殖学［M］．北京：科学出版社．
曾呈奎．1962. 中国经济海藻志［M］．北京：科学出版社．
曾呈奎．1998. 21世纪中国海藻栽培事业展望［J］．世界科技研究与发展，20（4）：15－17.
曾呈奎．2009. 中国黄渤海海藻［M］．北京：科学出版社．
湛江水产专科学校．1980. 海洋饵料生物培养．北京：农业出版社．
张德瑞，曾呈奎．1960. 福建紫菜一新种：坛紫菜［J］．植物学报，9（1）：32－36.
张德瑞，郑宝福．1962. 中国的紫菜及其地理分布［J］．海洋与湖沼，4（3）：183－188.
张学成，秦松，马家海，等．2005. 海藻遗传学．北京：中国农业出版社．
张展，刘建国，刘吉东．2002. 羊栖菜的研究述评［J］．海洋水产研究，23（3）：67－74.
张志良．1990. 植物生理学实验指导．北京：高等教育出版社．
赵培，王雪青，朱潮峰，等，2007. 3种常用抗生素应用于海洋微藻无菌化培养的研究．天津师范大学学报（自然科学版），27，27－30.
郑柏林，刘剑华，陈灼华．2001. 中国海藻志．北京：科学出版社．
郑宝福，李钧．2009. 中国海藻志．北京：科学出版社．
郑严，马志珍，周利．2004. 现代生物饵料培养及开发利用．北京：中国农业出版社．
中国科学院海洋研究所．1978. 条斑紫菜的人工养殖［M］．北京：科学出版社．
周云龙．2011. 植物生物学．北京：高等教育出版社．
Arnon DI. 1949. Copper enzymes in isolated chloroplasts polyphenoloxidases in Beta vulgaris［J］. Plant Physiol.，24：1－15
Benemann J R. 2008. Opportunities and challenges in algae biofuels production. A Position Paper by Dr. John R. Benemann in line with Algae World 2008.
Bergman B, et al. 1997. N_2 fixation by non－heterocystous cyanobacteria. FEMS Microbiol. Rev. 19：139－85.
Bouck G B. 1965. Fine structure and organelle associations in brown algae. J. Cell Bilo. 26：523－37
Buchanan B B, Gruissem W, Jones R L. 2002. 植物生物化学与分子生物学．北京：科学出版社，467.
Burkholder P R. 1963. Drugs from the Sea［M］.
Burritt DJ, Larkindale J, Hurd K. 2002. Antioxidant metabolism in the intertidal red seaweed Stictosiphonia arbuscula following desiccation［J］. Planta，215：829－838.
Cock JM, Sterck L, Rouzé P, et al. 2010. The Ectocarpus genome and the independent evolution of multicellularity in brown algae［J］. Nature，465：617－621.

Davison IR, Pearson GA. 1996. Stress tolerance in intertidal seaweeds. Journal of Phycology, 32: 197 -211.

Dromgoole FI. 1980. Desiccation resistance of intertidal and subtidal algae [J]. Botanic Marina, 23: 149 - 159.

Fabregas J, Herrero C, Abalde J, et al. 1986. Biomass production and biochemical variability of the marine microalga Dunaliella tertiolecta with high nutrient concentration. Aquaculture, 53, 187 - 199.

Fabregas J, Herrero C, Cabezas B, et al. 1986. Biomass production and biochemical composition in mascultures of the marine microalga Isochrysis galbana Parke at varying nutrient concentrations. . Aquaculture, 53, 101 - 113.

Gabrielson P W, Garbary D J , Scagel R F. 1985. The nature of the ancestral red alga: Inferences from a cladistic analysis. Biosystems 18: 335 -46.

Graham LE, Graham JM, Wilcox LW. 2009. Algae [M]. New York, Benjamin Cummings.

Guillard RR, Ryther JH. 1962. Studies of marine planktonic diatoms. I. Cyclotella - nana Hustedt and Detonula confervacea (Cleve) Gran [J]. Can J Microbiol. 8: 229 -239

Lee JJ, McEnery ME, Terkuile B, et al. 1989. Identification and distribution of endosymbiotic diatoms in larger foraminifera [J]. Micropaleontology, 35: 353 -366.

Lobban CS, Wynne MJ. 1981. The biology of seaweeds [M]. 1st version. California: the University of California Press.

Meeks JC, Elhai J. 2002. Regulation of cellular differentiation in filamentous cyanobacteria in free - living and plant - associated symbiotic growth states. Microbiol. Mol. Biol. Rev. 66: 94 - 121.

Meeks JC. 1974. Chlorophylls. In Algal Physiology and Biochemistry, ed. W. D. P. Stewart. Berkeley: Univ.. Calif. Press.

Molina Grima E, Acién Fernández F, García Camacho F, et al. 1999. Photobioreactors: light regime, mass transfer, and scaleup. J Biotechnol, 70, 231 -247.

Murakami et a1. 2004. Chlorophyll' d in an epiphytic cyanobacterium of red algae. Science 303: 16331

Müller KM, Oliveira MC, Sheath RG, et al. 2001. Ribosomal DNA phylogeny of the Bangiophycidae (Rhodophyta) and the origin of secondary plastids [J]. American Journal of Botany, 88: 1390 - 1400.

Oates BR, Murray SN. 1983. Photosynthesis, dark respiration and desiccation resistance of the intertidal seaweeds Hesperophycus harveyanus and Pelvetia fastigiata F. gracilis [J]. Journal of Phycology, 19: 371 -380.

Oliveira MC, Bhattacharya D. 2008. Phylogeny of the Bangiophycidae (Rhodophyta) and the secondary endosymbiotic origin of algal plastids [J]. American Journal of Botany, 7: 482 -492.

Ravan P H, Evert R F, Eichh S E. 2005. Biology of plant. 7th ed. New York: Worth Publishers Inc.

Reed. 1985. Osmoacclimation in Bangia atropurpurea (Rhodophyta, Bangiales): The osmotic role of floridoside. Br. Phycol. J., 20: 211 -18

Richmond A. 2013. Handbook of microalgal culture: biotechnology and applied phycology.

Staal M, Meysman F J R, Stal L J. 2003. Temperature excludes N2 - fixing heterocystous cyanobacteria in the tropical oceans. Nature 425: 504 -7.

Smith G M. 1950. Freshwater Algae of the United States. New York: McGraw - Hill.

Stiller JW, Hall BD. 1997. The origin of red algae: Implications for plastid evolution [J]. PNAS, 94: 4520 - 4525.

Sánchez Mirón A, Cerón García M - C, Contreras Gómez A, et al. 2003. Shear stress tolerance and biochemical characterization of Phaeodactylum tricornutum in quasi steady - state continuous culture in outdoor photobioreactors. Biochem Eng J, 16, 287 -297.

UNESCO. 1966. Determinations of photosynthetic pigments in seawater, Rep. SCOR/UNESCO WG 17, UNESCO Monogr. Oceanogr. Methodol. , 1, Paris

van den Hoek C, Mann DG, Jahns HM. 1995. Algae: an introduction to phycology. 1st version. London: Cambridge University Press.

Wang WJ, Sun XT, Wang GC, et al. 2010. Effect of blue light on indoor seedling culture of Saccharina japonica (Phaeophyta) . Journal of Applied Phycology. 22 (6): 737 – 744.

Wang WJ, Wang GC, Gao ZQ, et al. 2007. Characterization of Gracilaria lemaneiformis Bory (Gracilariaceae, Rhodophyta) cultivars in China using the total soluble proteins and RAPD analysis. Bot Mar. 50: 177 – 184.

Wang WJ, Zhu JY, Xu P, et al. 2008. Characterization of the life history of Bangia fuscopurpurea (Bangiaceae, Rhodophyta) in connection with its artificial cultivation in China. Aquaculture. 278: 101 – 109.

后　记

海洋藻类是一群生活在海洋中的最古老的低等植物，是海洋中的初级生产者。本书介绍了海洋藻类的分类、生态分布、细胞和繁殖等基本生物学特性，以及主要经济藻类的生产等基本内容。此外，作者将多年积累的藻类生物学实验技术附于书后，以供读者参考。

本书的出版受到海南省国际科技合作专项（KJHZ2014 - 07）基金以及海南大学教改课题：本科教学质量与教学改革工程——海洋科学专业综合改革试点项目的支持。

很多同仁在繁忙的教学科研中抽出宝贵的时间全情投入编写工作，包括刘志媛（海南大学海洋学院），陈国福（哈尔滨工业大学（威海）海洋学院），乔洪金（山东省海洋资源与环境研究所），汪文俊（中国水产科学研究院黄海水产研究所）。具体分工如下：第一章藻类概述（刘志媛），第二章蓝藻门（刘志媛），第三章红藻门（刘志媛 、汪文俊），第四章褐藻门（刘志媛），第五章绿藻门（刘志媛），第六章微藻生物技术（刘志媛、陈国福、乔洪金），第七章大型海藻栽培技术（陈国福、汪文俊、刘志媛），第八章藻类生物实验技术（刘志媛、陈国福、乔洪金、汪文俊）。此外，海南大学海洋学院陈雪芬，中国热带农业科学院王家保以及海南大学海洋学院梁文思、隋阳、吴越、姚磊、陈周、郎筱宇、丁梦迅、谢灵玉、彭宇飞为本书的编辑和出版做了大量工作。同时，我们的导师中国科学院海洋研究所“藻类生理学及发育调控研究方向学术带头人”、第七届中国藻类学会理事长王广策研究员对本书出版亦给予了鼓励与支持。在此书付梓之际，诚挚感谢给予热心帮助和有益支持的专家和同仁。

本书可作为高等院校海洋生物专业本科生教科书，也可作为相关专业教学和科学研究的参考书。最后，感谢每一位读到这本书的朋友，希望本书能给您提供有益的借鉴。

编者

2014 年 10 月